微细/常规电火花加工中的相关理论与技术研究

刘 宇 张生芳 著

科 学 出 版 社

北 京

内 容 简 介

本书是作者在电火花加工领域多年不断的科研探索和实践、学习和积累的总结。作者将微细电火花加工和常规电火花加工在理论、实践中遇到并解决的共性问题进行合理总结，形成本书的基本内容。全书共 6 章：第 1 章概述微细/常规电火花加工技术及国内外研究现状；第 2 章研究微细/常规电火花加工放电机理；第 3 章研究高频脉冲电火花加工的集肤效应及其影响；第 4 章为电蚀产物排出过程仿真研究；第 5 章研究电极损耗及形状变化规律；第 6 章研究电火花加工表面质量。本书不仅注重理论模型、基本原理的介绍，还运用仿真与试验相结合的研究方法，研究结果具有较高的参考价值。

本书可供先进制造领域的科研和工程技术人员参考，也可作为机械工程、车辆工程等专业研究生的参考书。

图书在版编目（CIP）数据

微细/常规电火花加工中的相关理论与技术研究 / 刘宇，张生芳著.—北京：科学出版社，2020.11

ISBN 978-7-03-066801-1

Ⅰ. ①微… Ⅱ. ①刘… ②张… Ⅲ. ①电火花加工—研究 Ⅳ. ①TG661

中国版本图书馆 CIP 数据核字（2020）第 220963 号

责任编辑：杨慎欣 赵朋媛 / 责任校对：樊雅琼
责任印制：吴兆东 / 封面设计：无极书装

科 学 出 版 社 出版
北京东黄城根北街16号
邮政编码：100717
http: //www.sciencep.com

北京厚诚则铭印刷科技有限公司 印刷
科学出版社发行 各地新华书店经销
*
2020 年 11 月第 一 版 开本：720 × 1000 1/16
2020 年 11 月第一次印刷 印张：17 1/4
字数：348 000

定价：128.00 元

（如有印装质量问题，我社负责调换）

本书由

大连市人民政府资助出版

The published book is sponsored

by the Dalian Municipal Government

前　　言

针对目前微细/常规电火花加工中普遍存在的加工效率低、电极损耗严重、电蚀产物排出困难、表面质量差等问题，在国家自然科学基金重点项目“微细电加工及其微小装备的基础研究”（50635040）、国家自然科学基金青年项目“微细复杂曲面电火花加工成形规律及多材质电极损耗机理研究”（51405058）、国家自然科学基金面上项目“颗粒增强金属基复合材料电火花高效喷爆加工机理及工艺研究”（51875074）等的资助下，作者以过程仿真和试验验证相结合的研究方法对微细/常规电火花加工放电机理、高频脉冲加工影响下的集肤效应、电蚀产物排出过程、电极损耗及形状变化、加工表面质量等方面的原理及内在规律开展了较为系统、全面的研究。研究内容对微细电火花加工、常规电火花加工机理的理解和工艺过程的指导具有很好的学术价值和应用价值。

本书所述内容都是当前微细电火花加工、常规电火花加工中研究的热点问题。虽然微细电火花加工和常规电火花加工在应用领域、工艺方法等方面有很大的不同，但在加工机理、电蚀产物排出过程、电极损耗、加工表面质量影响等理论和规律方面，二者具有较高的相似性。这些理论模型、基本规律、实践经验的总结，可以为科学研究和工业生产提供理论支持和技术参考。书中内容紧紧围绕微细/常规电火花加工相关理论与技术这一核心工作，开展深入、引领性的基础研究与应用研究，在对加工机理及工艺过程的仿真与试验研究中，提出的一些新观点和新方法具有较为独到的学术见解和创新性。本书彩图请扫封底二维码。

本书与国内外已出版的同类书籍比较，具有以下特点。

（1）独创性。本书所涵盖的研究成果均为在本领域现有国内外研究基础上，经一线科研人员多年潜心研究提出的新见解和新理论的成果累积，具有新的研究高度和较强的独创性。

（2）全面性。本书涵盖电火花放电机理、高频脉冲影响下的放电过程、电蚀产物运动及排出工程、电极损耗、加工表面质量分析等多方面内容，涉及微细/常规电火花研究的大部分领域，内容较为系统、完整。

（3）严谨性。本书基于仿真及试验得到的数据，运用严谨规范的科学语言、形式和术语向读者表述科研成果。

（4）时效性。本书介绍的研究成果均是围绕电火花加工领域最新研究热点而取得的近期研究成果，具有较强的时效性。

感谢一直以来对本书的创作提供建设性意见的沙智华教授、阎长罡教授、马付建副教授、杨大鹏博士和黄文丽博士，感谢为本书编写付出时间与精力的张文超、黄琳博士研究生，王炳超、刘创业、刘国良、李小明、李博、苏全宁、张瀚文、张赞宇、刘国鹏等硕士研究生。特别感谢国家自然科学基金委员会对相关科研课题的资助，感谢科学出版社对本书的大力支持。

本书的出版获得大连市人民政府资助，在此表示感谢。

本书作者是多年从事电火花加工理论技术研究的一线科研人员，具有较为扎实的理论基础及丰富的实践经验，但书中仍难免存在疏漏和不足之处，恳请读者不吝赐教。

刘　宇　张生芳

2020 年 3 月

目　录

1 绪　　论

1.1 引　　言

随着材料科学的迅速发展，大批性能优异的新型金属工程材料不断涌现，如高性能钢铁材料、稀有金属新材料、高温合金、高熵合金、粉末合金、高温结构金属间化合物、金属基复合材料等，这些材料与传统金属材料相比具备更好的强度、硬度、延展性、耐高温性、抗腐蚀性等特性或其他特殊功能，广泛应用于航空航天、交通运输、生物医疗、光电通信、能源化工、模具制造等技术领域，并成为一些关键零件制造的首选材料。这些关键零件因用途功能与工作环境的特殊要求常带有复杂形状与特征，甚至是微小特征，兼具高的精度与表面质量要求，并且由于应用于不同工况的特殊场合，加工对象具有个体性、复杂性。由于特殊的材料属性及加工要求，这些新型金属工程材料成为传统零件加工制造领域的难加工材料[1-3]。

传统机械加工方法在难加工材料及复杂、微小特征加工的切削过程中产生的高温、高应力、高颤振，会导致加工条件恶化、刀具寿命短、加工效率低、表面质量差等问题，尤其是当材料的工程性能较为优异时，加工问题更加突出，有时甚至无法进行加工[4]。

电火花加工（electrical discharge machining，EDM）技术是利用工具电极与工件之间脉冲性火花放电产生的放电蚀除现象来去除工件材料的一种特种加工方法。由于具有非接触加工、加工过程几乎无切削力、不受材料的强度和硬度限制等特点，电火花加工技术特别适用于各种特硬、特脆、特韧、特软等难加工导电材料，以及微细、薄壁、大深径比微小零件特征的高精度、无变形制造。以电火花加工技术为基础，对高性能金属、合金及金属基复合材料等难加工材料进行高效、高精度、高质量加工，已成为先进材料制造研究领域中的热点之一[5]。

微细电火花加工（micro EDM）技术是将常规电火花加工工艺微细化，实现微细尺度零件特征加工。微细电火花加工技术特别适用于高精度、无变形的微小零件特征的加工及硬脆难加工材料的微细加工，加之其良好的数控兼容性，被认为是加工三维复杂微细结构较具潜力的方法之一。微细电火花加工技术特殊的加工原理将其加工区域限制在工具电极周边的极小范围内，这决定了它是最适合微细曲面特征加工的微细加工方法。

虽然微细电火花加工、常规电火花加工在应用领域、工艺方法等方面有很大的不同，但微细电火花加工源于常规电火花加工，二者在加工机理、电蚀产物排出、电极损耗、加工质量影响等理论和规律方面具有较高的相似性，本书在涉及二者的共性问题时，将其合并称为微细/常规电火花加工。

除了上述加工优势之外，微细/常规电火花加工自身也有一定的局限性，如加工中普遍存在的加工效率低、电极损耗严重、电蚀产物排出困难、表面质量差等问题，限制了电火花加工技术的应用和发展，导致这一现状的原因是相关人员对微细/常规电火花的加工机理和工艺掌握得不够清楚，具体体现在以下几个方面。

1）复杂环境中的材料放电蚀除机理

电火花加工涉及电磁、热、流体等多个物理场及各物理场之间的相互作用，本身就是一个复杂、瞬时、随机的过程，而新型金属工程材料具有多相材料的特殊属性，给放电材料蚀除过程增加了更多的复杂性。多相材料及相间界面的引入，对放电通道生长、振荡及消逝阶段电热效应的微观转化过程、电蚀产物的抛出机制及微观表面形成机制的影响，是经典电火花放电理论难以解释的。而在材料蚀除的微观过程中，对于金属材料热蚀状态变化、抛出力动态特性及电蚀产物去除形式等内在机制的研究尚未成熟。

2）微尺度（时间、空间）条件下的放电过程

在电火花加工中，放电脉冲宽度（简称脉宽）一般在微秒级，微细电火花加工有时甚至达到纳秒级，以实现加工时微小的放电去除量和高的表面质量。为保证加工效率，脉冲频率也相应提高，可达兆赫兹级以上。微纳秒量级的短时间内和超高频脉冲情况下的放电击穿、放电通道的形成、电热效应的微观转化过程、电蚀产物的抛出机制等，都是电火花放电理论目前难以解释的。此外，电火花加工放电凹坑的尺度在微米量级，尺度效应对微观物质运动、能量传输的影响也增加了电火花加工机理的复杂性。复杂的放电过程导致加工中材料蚀除机理及电极损耗机理不明确，是制约微细/常规电火花加工发展的根本原因。

3）深孔加工中电蚀产物的排出问题

导致电火花深小孔、复杂型腔加工困难的核心因素是加工中电蚀产物的排出问题。由于加工间隙缩小，加工过程中电蚀产物难以从狭窄的放电间隙中有效排

出，残留的电蚀产物在加工区域聚集，改变了间隙放电状态，增加了非正常放电概率，加剧了电极损耗，破坏了加工稳定性，严重时甚至无法继续加工。由于对加工中电蚀产物运动规律欠缺了解，目前的电蚀产物排出方法只能起到一定的改善作用，无法从根本上解决极间电蚀产物排出的难题。随着加工深度的增加和外加冲液作用的迅速衰减，加工效果仍不理想。

4）微细、精密电火花加工中的电极损耗问题

在微细、精密电火花加工中，由于对加工精度的严格要求，电火花加工中不可避免的电极损耗就成为影响加工精度与质量的关键问题。由于电极损耗规律涉及材料的相关物理属性，单一材质电极和多材质电极放电过程中会产生经典电火花放电理论难以解释的材料耦合效应，电极损耗和形状变化规律也会发生变化，造成难以预测的电极损耗，进而影响补偿精度甚至无法补偿，影响最终的加工精度。

5）电火花加工表面质量问题

电火花加工中，表面质量是评价加工效果的重要指标。尽管电火花加工可以获得较高的精度和表面质量，但是加工后表面微观缺陷的存在严重影响了电火花加工表面的完整性。因此，通过分析电火花加工中的表面微观形貌、微裂纹和表面剥落的形成过程及影响因素，探索加工工艺参数对表面微观缺陷的影响规律，进而提出改善加工质量的工艺措施，也是电火花加工方面亟待解决的重要问题。

1.2 微细/常规电火花加工技术概述

电火花加工是在 20 世纪 40 年代逐步兴起的一种新工艺、新技术。不同于采用机械能、切削力实现加工的传统切削加工，电火花加工是利用正负电极间火花放电的电热效应去除材料而实现加工的一种特种加工技术，在特种加工领域中占有举足轻重的地位。由于其独特的加工原理，电火花加工技术可以完成各种难加工材料、复杂表面和某些特殊或极端要求零件的加工工作，成为现代生产技术中不可替代的加工方法。图 1.1 为一种典型的电火花加工机床，其主要由床身、工作液槽、主轴头、立柱、电源箱、工作液箱等部分构成。

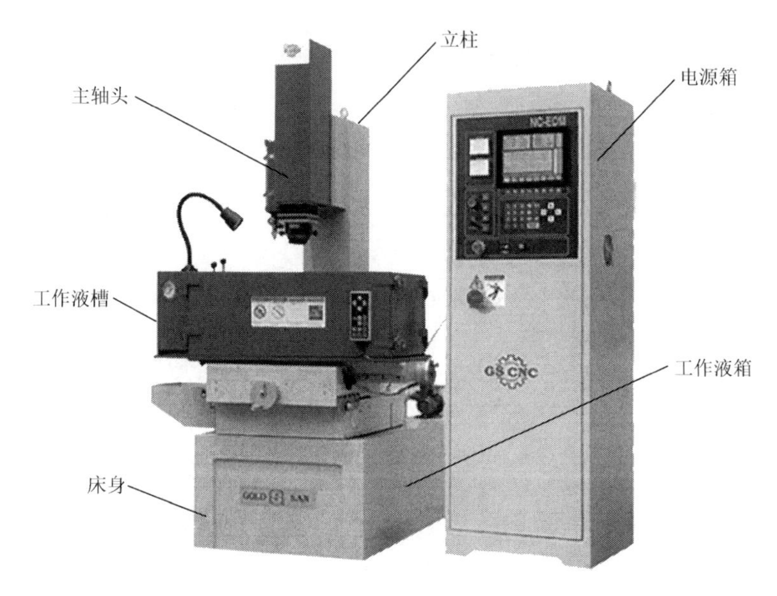

图 1.1 电火花加工机床结构组成

1.2.1 微细/常规电火花加工过程的微观描述

在电火花加工过程中，脉冲性火花放电击穿距离极近的两电极中的绝缘介质，火花放电的电热效应在两极同时蚀除相应材料。通过微观蚀除的不断累积，实现整个特征或零件的加工。

加工过程主要在工作液槽中进行，加工电源传出的电脉冲两极分别与浸没在工作液中的工具电极和工件相连接，工具电极与工件在伺服系统的控制下，由传动系统驱使逐渐靠近。随着两极间距离的不断缩小，施加于工具与工件之间的脉冲电压使得极间电场强度不断增大。当两极间距离减小到某一极小间隙范围（通常为几到几百微米）时，由于材料表面微观不平度或形状突变而形成的电场畸变，局部电场强度可超出绝缘介质的介电强度（一般为 100V/μm 量级），放电击穿将在极间电场最强的几个放电位置中随机地发生。放电击穿时间很短（约为 10^{-8}s），一旦发生，脉冲能量就会由两极释放出来。由于周围工作介质的压缩效应和放电时磁场力的箍缩效应，脉冲能量将集中于放电通道这一极细、狭长的范围内。放电通道中的工作介质由于电离而形成等离子体，在电场的作用下，带电粒子高速运动、相互碰撞并高速轰击电极表面，产生大量的热量，通道内部电流密度和能量密度都很大，并使放电通道温度瞬间达到极高值（5000～20000℃），这一极高温度将瞬间熔化甚至气化局部范围内的所有材料，将工具与工件表面相应区域的局部材料熔融，形成熔池。由熔融材料局部过热气化形成的热爆炸力和放电通道急剧膨胀形成的内爆炸力，可将熔池内的熔融金属挤出或喷出，此外，由放电通道振荡而产生的压力波动也将利于部分熔融材料抛出。残余的熔融材料将在放电结束时被工作介质冷却而重新凝固，形成放电凹坑。与此同时，放电通道由于脉冲结束而消散，电离的粒子在极短的时间内重新复合，两极间又恢复绝缘状态。火花放电在一个脉冲周期内（几到几十微秒）完成了介质击穿、放电通道形成，能量的转换、分布与传递，电极材料的抛出和极间介质的消电离四个连续阶段，而在工具和工件表面各留下了一个微小的放电凹坑。电火花加工就是利用无数次这样周而复始的放电过程将成千上万个细小的凹坑叠加成宏观的几何特征，将工具电极的形状反拷在工件上，完成加工过程。

由此可见，电火花加工的物理过程是非常短暂而复杂的，每个周期的放电过程都是电动力、电磁力、热动力、流体动力及电化学作用等效应综合作用的过程。

1.2.2 电火花加工技术的基本原理

目前，对于电火花加工过程的理解普遍认可的理论解释是四阶段理论，认为电火花的加工过程就是连续的四个阶段周而复始的叠加过程。

1）极间介质的击穿与放电

当脉冲电压施加于工具电极与工件之间时，两极之间立即形成一个电场。电场强度随着极间电压的升高或是极间距离的减小而增大。由于工具电极和工件的微观表面凹凸不平，极间距离又很小，极间电场强度是很不均匀的，一般情况下，两极间离得最近的突出点或是尖端处的电场强度最大。在电场作用下，液体介质中的带电粒子迅速在电场强度最大处聚集、接链、搭桥，使极间电场强度更不均匀，当阴极表面某处的电场强度达到 10^6V/cm 以上时，就会产生场致电子发射，由阴极表面逸出电子。在电场作用下，电子高速向阳极运动并撞击介质中的分子和中性原子，产生碰撞电离，形成带负电的电子和带正电的离子，碰撞电离持续产生导致带电粒子雪崩式增加，使介质击穿而放电。从雪崩电离开始到建立放电通道的过程非常迅速，一般为 10^{-7}～10^{-8}s，间隙电阻迅速从绝缘状况降低到几分之一欧姆，间隙电流迅速上升至最大值。由于通道直径很小，通道中的电流密度可高达 10^5～10^6A/cm^2。

2）能量的转换、分布与传递

极间介质一旦被击穿，脉冲电源就会通过放电通道瞬时释放能量，将电能转换为热能、动能、磁能、光能、声能及电磁波辐射能等。其中，电能大部分转换成热能，使两极放电点和通道本身温度剧增，该处随即产生局部熔化或气化，通道中的介质也气化或热裂分解，还有一部分热量在传导、辐射过程中消耗掉。传递给电极上的能量是造成材料蚀除的原因，能量传递的形式有如下几种：①在电场作用下，带电粒子（电子和正离子）对电极表面的轰击；②电极材料的蒸气在电极之间的能量交换；③放电通道的辐射；④放电通道中高温气体质点对电极表面的热冲击。

3）电极材料的抛出

脉冲放电初期，瞬时高温会使放电点的局部金属材料熔化或气化。由于气化过程非常短促，必然会产生一个非常大的热爆炸力，使被加热至熔化状态的材料挤出或溅出。在脉冲放电的初始阶段或脉冲放电持续时间较短时，这种热爆炸力抛出效应比较显著。而在整个脉冲放电期间，则主要是电动力和流体动力的作用。放电过程中产生的气泡内的压力很高，放电结束后，气泡温度不再升高，但液体介质惯性作用使气泡继续扩展，致使气泡内压力急剧降低，甚至降到大气压以下，形成局部真空，使在高压下溶解于熔化和过热材料中的气体析出，并使材料本身在低压下再次沸腾。由于压力的骤降，熔融金属材料及其蒸气从凹坑中再次爆沸飞溅而被抛出。

4）极间介质的消电离

一次脉冲放电结束后，应有一段间隔时间，使间隙介质消电离，恢复本次放电通道处间隙介质的绝缘强度，进而在两极相对最近处或电阻率最小处顺利形成下一放电通道击穿，以免总是在同一处重复发生电弧放电。这一脉冲间隔（简称脉间）的选择，不仅要考虑介质本身消电离所需的时间（与脉冲能量有关），还要考虑电蚀产物排离放电区域的难易程度（与工作液流动性强弱、放电间隙大小及加工面积有关）。

1.2.3 电火花加工技术的发展动向

除了常规的电火花成型加工外，电火花加工技术还发展出了如下一些重要的分支。

1）微细电火花加工

电火花加工技术具有强大的微尺度制造能力，由于其加工机理的特殊性，只需调节脉冲电源的相关参数就能实现微小的单位去除量，且具有非接触加工、设备简单、可实施性强、所能处理的材料广泛及可实现三维加工等特点，电火花加工的微细化已成为当今微细加工领域的研究热点。1985 年，日本东京大学的Masuzawa 等[6]开发出线电极电火花磨削技术，突破性地解决了微细电极在线制作这一加工难题，使得微细电火花加工技术飞速发展，逐步进入实用化阶段。应用微细电火花加工技术已可重复加工直径 1μm 的微细轴和直径 5μm 的微细孔。微细电火花不仅可用于微孔、微槽、微轴等简单形状微细零件的加工，采用微细电火花铣削加工技术也可加工出形状复杂的三维微小零件与特征，满足各领域微细、精密加工的需求。

2）电火花线切割加工

电火花线切割加工是利用连续移动的细金属丝作为电极，对工件进行脉冲火花放电蚀除金属、切割成型的工艺形式。经过半个世纪的发展，线切割加工技术已经达到了相当高的工艺水平。由瑞士和日本等国的公司生产的低速走丝电火花线切割加工机床，其最高切割速度可达 500mm^2/min，最佳表面粗糙度 Ra 可达 0.008μm，最高加工尺寸精度可控制在±1μm 范围内，具备 0.02mm 直径细丝切割功能及自动穿丝功能，代表了线切割加工机床的顶级水平。这些机床不但加工精度高，而且表面无变质层，可以直接完成零件特征的精密切割，其加工质量可与磨削加工相媲美。另外，我国研制的高速走丝线切割机床能稳定切割 1.2m 的超厚工件。

3）混粉电火花加工

20 世纪 80 年代末，日本学者在常规电火花加工工作液中添加了一定量的铝、硅等粉末颗粒，并通过控制粉末浓度等加工条件，使电火花加工表面的粗糙度得到较大改善，可达到类似镜面的效果，从而提出了混粉电火花加工技术。混粉电火花加工中，由于粉末介质的混入增大了火花放电间隙，分散了极间放电点分布，加粗了放电通道直径，减小了极间寄生电容，形成了大而浅且分布均匀的微观电蚀凹坑，从而达到显著降低表面粗糙度的效果。在混粉电火花加工方面，各国学者纷纷从加工工艺、粉末特性、放电机理等角度进行了研究，并取得了丰硕的成果。目前，除了常规大面积表面的镜面加工外，应用混粉电火花加工已成功实现大面积自由曲面的镜面加工、混粉电火花表面改质、混粉电火花表面镀覆及混粉电火花沉积加工。

4）气中放电电火花加工

气中放电电火花加工是采用薄壁管状电极中喷出的高速气流作为工作介质进行放电加工的新工艺。高速喷出的气流除了诱发火花放电外，还可以迅速去除熔化、气化的工件材料，防止熔融的加工产物再次附着，并起到清理放电间隙、吹除等离子体、冷却间隙的作用。气中放电电火花加工避免了油基工作液加工时的火灾隐患及对环境的污染，它的突出特点是加工中工具电极损耗非常小，并且几乎与脉宽无关，因而使得采用窄脉宽的高频脉冲进行微细电火花铣削加工成为可能。此外，采用氧气作为加工介质可显著提高加工速度，并可获得极薄的重铸层，减小对加工面的损伤。

5）电火花铣削加工

电火花铣削加工起步于20世纪90年代，国内外学者借鉴数控铣削的方法尝试采用简单形状电极（如柱状电极），在数控系统的控制下按照特定的轨道做成型运动，实现复杂三维结构与型腔的电火花加工，取得了巨大的成果。尤其是将分层制造理论引入电火花铣削加工以后，电火花铣削加工成为一种典型的面向快速制造的特种加工技术，获得了更加广泛的应用。随着计算机辅助设计（computer aided design，CAD）和计算机辅助制造（computer aided manufacturing，CAM）技术、柔性制造技术和网络制造技术的飞速发展，加之研究人员对电火花铣削加工电极损耗补偿技术成果的不断更新，电火花铣削加工技术已经成为三维材料加工的重要加工手段并不断走向成熟。

6）电火花表面改性和沉积加工

电火花表面改性技术是指利用工件和电极之间的火花放电，将作为电极的导电材料熔渗进工件表层金属，在工件表面形成一层合金化的表面处理层，从而实现工件表面的物理、化学和机械性能的改善。传统的表面改性技术起步于20世纪50年代，利用不同金属之间的火花放电达到表面强化与改性的目的。此后，先后涌现出了液中放电沉积表面改性处理，气中放电沉积等表面改性、着色及沉积加工方法等。此外，冷轧辊进行电火花表面毛化也是电火花表面改性处理技术的一个成功应用。通过对轧钢用轧辊进行电火花表面毛化处理，使得被加工表面形成致密的表面微小凹坑并具有一定的表面粗糙度，可显著提高轧钢板的深冲性和涂装性，进而增强钢板表面的耐腐蚀性和美观性。采用气中放电沉积技术还可以堆积加工出所需要的零件特征，通过火花放电的极性效应原理，“生长”出堆积造型，突破了传统材料加工的局限性。

7）特殊材料的电火花加工

（1）超硬材料电火花加工。超硬材料（如聚晶金刚石、立方氮化硼、导电陶瓷等）具有硬度高、熔点高、电阻率高等特性，采用常规加工方式，材料去除极为困难、加工效率低。电火花加工这些超硬材料是靠火花放电时的高温将导电的黏结剂蚀除，从而促进整个材料微粒自行脱落。通过特殊的放电回路大幅度增加放电击穿电压，使加工速度明显提高。

（2）半导体材料电火花加工。半导体材料电火花加工目前主要用于加工单晶锗、硅和砷化镓、锑化镓等半导体材料，在生产中常与机械加工、超声加工、腐蚀抛光加工等联合使用。此外，其在硅的微细电火花加工方面显示出了良好的潜力。

（3）绝缘材料电火花加工。绝缘材料由于不具备导电性，不能直接进行放电加工。采用辅助电极方法加工绝缘陶瓷，可以满足实际加工的需求，这种方法是20世纪90年代由日本学者毛利尚武等提出来的[7]，具体操作为，采用金属薄板或金属网作为辅助电极，利用电极和辅助导电电极之间的火花放电，使煤油工作液热分解出的碳沉积在绝缘陶瓷加工表面形成导电膜，从而使绝缘陶瓷的加工表面具有导电性，利用放电过程的热作用蚀除辅助电极周围的绝缘陶瓷材料。

8）电火花复合加工

在电火花加工中引入工具电极的超声振动进行超声电火花复合加工，可以显著改善火花放电的间隙状况，从而大大提高生产率。目前，常用的超声电火花复合加工方法主要有超声电火花复合抛光和超声电火花复合制孔，多用于小孔、窄缝、异形孔及表面光整等精微加工。通过采用超声频信号调制高频电火花脉冲电源，可实现电火花超声复合加工。采用超声电火花复合加工方法进行微细加工可以有效改善微细电火花加工放电环境，从而提高加工效率与品质。

此外，还有液体束流电火花微孔加工，这是一种具备电解加工和放电加工中某些特性的复合加工。它的工作原理如下：导电液体在一定压力下通过有微孔的喷头形成微细束流射向被加工件，同时在喷头与被加工件间施加高强直流电压形成电压场，使带电粒子高速冲击工件而放电，实现加工。该方法可高效且高质量地加工超硬、超薄导电工件的微孔。

9）高速电火花小孔加工

高速电火花小孔加工采用中空的管状电极，利用电极管中高压工作液的冲刷作用强制去除加工屑，可以实现高速、高质量的深小孔加工。其加工速度一般可达 60mm/min，比机械钻削小孔快得多，且能够加工出深径比达 300∶1 的直径为 0.3～3mm 的小孔。

1.3 微细/常规电火花加工技术国内外研究现状

1.3.1 放电加工机理研究现状

自电火花加工方法创立以来，各国学者相继开展了电火花加工理论的相关研究。在电火花加工材料熔蚀过程研究方面，目前主流的观点认为极间放电产生的瞬时高温使材料熔化甚至气化，高温来自放电击穿所形成的放电通道，其热流密度分布遵循高斯热源分布。Weingärtner 等[8]通过仿真分别研究了点热源、盘状热源和时变热源产生的温度场，研究发现时变热源更符合实际加工结果。Yadava 等[9]在电火花磨削加工的温度场方面进行了计算机仿真分析，主要考虑磨削的矩形热源与电火花加工中高斯分布热源共同作用产生的温度场对材料的影响，通过试验验证了有限元分析的合理性。Lasagni 等[10]建立了电火花加工阴极材料温度场及材料相变有限元仿真研究，研究了不同气体压力下产生的凹坑半径、深度和体积。高阳等[11]基于 ANSYS 软件对建立的数学物理模型进行了温度场有限元仿真，结果表明，在不同峰值电流和脉宽下，该模型对蚀坑深度及半径变化都有较好预测。刘媛等[12]采用有限元分析软件对聚晶金刚石和 YG15 硬质合金材料电火花加工时的温度场进行了仿真分析。于丽丽等[13]采用有限元的方法模拟了不同参数下绝缘工程陶瓷双电极电火花加工材料的温度场分布，研究表明，随着脉宽和加工电流的增大，放电蚀坑深度、半径和热影响区内的温度增高。陈日等[14]考虑大电流参数条件下的电火花加工，对球缺计算公式进行了修正，并利用 ANSYS 软件进行了均匀热流分布的温度场模拟仿真。铝合金电火花加工试验结果对比表明，均匀热源模型能够较好地预测放电凹坑特征。

在电火花加工材料抛出试验研究方面，Tohi 等[15]通过单脉冲放电过程中的电极受力试验，推测材料的抛出主要是由于气泡破裂对电极的冲击作用，以此证实了热爆炸力作用的存在。Yoshida 等[16]研究了不同放电间隙和放电能量密度情况下气体中电蚀产物的分布情况。研究结果表明，相对液体环境，空气环境的材料蚀除较小，分析原因为空气环境对气体膨胀的阻碍作用相对液体较小，放电瞬间很难产生像液体那样的高压，所以热爆炸力作用不明显。在小放电间隙、大放电能量密度的情况下，热爆炸力作用和材料抛出较明显，说明气体中放电加工与正常的工作液内加工同样是依靠热爆炸力作用来去除工件材料的[17, 18]。胡传锦等[19]通过彩色高速摄影方法观察材料电火花熔蚀现象，发现放电发生时工作液内几乎立即产生气泡或气团，气泡有扩张、缩小、破裂的过程，气团也有相似的状况。放电结束后材料的熔蚀过程有时仍继续，并且不同电参数和加工间隙下的材料腐蚀过程基本相似。刘媛等[20]在放电爆炸力影响材料蚀除的机理方面进行了试验研究，结果表明热爆炸蚀除是材料蚀除的主要机理，即材料首先被放电通道的瞬间高温熔化，然后处于熔化状态的材料在放电爆炸力的作用下被抛出。杨晓冬等[21]对单脉冲放电加工碳纤维增强复合材料的凹坑特性进行了试验研究，发现单次放电也会产生多个放电凹坑，分析其主要原因为碳纤维增强复合材料电阻率较高，并且脉宽越大，其产生多个凹坑的概率则越大。Tao 等[22]通过计算流体力学软件 FLUENT 对电火花加工工具钢材料蚀除凹坑的形成过程进行了仿真并通过试验验证了其仿真结果的正确性。另外，Tao 等将材料蚀除过程分为高斯热流密度分布的等离子体加热材料热蚀阶段和放电通道内高压气泡破裂冲击熔融材料阶段。Shabgard 等[23]利用 ABAQUS 软件对放电通道等离子体冲击材料去除效率的影响进行了仿真研究，并利用基于回归模型建立的等离子体冲蚀效率公式预测了电极的重铸层厚度。

1.3.2 集肤效应对放电过程影响的研究现状

在微细电火花加工中，脉宽一般都在 5μs 以下，有时甚至达到纳秒级，因而脉冲电源将产生高频的电压、电流信号，频率甚至可达兆赫兹级。在这种高频脉冲的作用下，集肤效应的影响变得显著，因此应考虑集肤效应对放电过程的影响。

在导体集肤效应的研究方面，万建成等[24]针对 Morgan 公式中计算钢芯铝绞线涡流和磁滞损耗时，电流在导体中均匀分布的假设进行了改进，并对计算方法进行了试验论证，结果表明，该算法在计算绞线的涡流和磁滞损耗时具有优越性。陈清伟等[25]利用 ANSYS 软件进行电磁场中集肤效应的仿真，论述了理论基础、具体步骤和注意要点等，通过对比不同脉冲频率时集肤效应云图的变化，验证了频率对集肤效应是有影响的，此分析为电磁场仿真问题提供了有效的参考。费烨等[26]对直流分流器集肤效应的影响进行了理论分析，提出合理选择圆柱导体的截面半径可以有效减小集肤效应的影响。

在微细电火花中电极集肤效应的研究方面，Liu 等[27]探讨了在集肤效应和面积效应影响下工具电极直径对微电火花加工的影响。结果表明，机床的加工速度、电极损耗率和电极锥度随工具电极直径的增大而变化。由于集肤效应和面积效应，较大的电极直径会导致较高的材料去除率和较高的电极损耗率。Liu 等[28]探讨了高频脉冲作用下集肤效应对微细电火花加工的影响，分析了集肤效应影响下微细电火花加工放电点位置、放电蚀除过程、电极加工形貌的变化规律。Schacht 等[29]研究了集肤效应下脉冲频率对电火花切割线阻抗的影响，进而说明了集肤效应对高频电火花线切割的重要性。

1.3.3 电蚀产物排出方法及排出过程研究现状

电火花加工过程中会产生大量的电蚀产物，通常认为这些电蚀产物近似于球形颗粒，其大小与放电参数等其他原因相关。由于电火花脉冲放电脉宽短、极间加工间隙极小，加工过程中产生大量气泡、碳氢化合物和杂质等，极间工作液流通及电蚀产物排出极为困难。如果这些电蚀产物不能及时排出，将会影响加工效率和精度，甚至无法完成加工。为了提高工作液流动能力，降低极间电蚀产物浓度，不少学者基于计算机有限元仿真的方法探究该类问题，并提出了许多有效的方法。

Lonardo 等[30]研究发现，受冲液和电蚀产物的影响，正对冲液方向的电极表面损耗严重，尤其是电极边缘位置，这极大降低了工件加工的质量，影响了加工材料的表面质量，甚至会导致无法完成加工。Koenig 等[31]建立了冲液加工底部间隙流场数学模型，并利用数学方法计算出了流场压力和速度。Cetin 等[32]建立了电火花深小孔加工间隙流场的仿真模型，通过模拟加工中的不同抬刀高度，分析了极间流场电蚀产物的运动状态对孔内壁表面质量的影响，最后通过试验证明了仿真结果的正确性。Havakawa 等[33]通过观察发现，放电点发射出的红色光轨迹线可用来表征电蚀产物的运动轨迹。这些游离的电蚀产物在气泡的驱动下向放电点四周运动，穿过气泡表面后减速进入工作液中，气泡表面振荡驱使电蚀产物运动，最终在气泡表面停止。上海交通大学的储召良[34]开展了周期性的电极抬刀运动对电蚀产物浓度的影响研究，并通过试验与仿真相结合的方式证明了周期性的抬刀运动能够有效降低加工间隙内的电蚀产物浓度，有利于提高放电效率和加工的稳定性。王津等[35]考虑到气泡对电蚀产物的影响并通过仿真发现气泡的扩展运动是排出极间电蚀产物的重要原因，通过试验验证了仿真的正确性。文武等[36]利用有限元仿真，建立了盲孔内花键电极的流体力学数学计算模型，研究认为由于电极阻碍冲液作用，液体流速下降，在电极周围的流速都相对较小，在较小深径比时对电蚀产物的排出有一定的促进作用；在较大深径比时，加工液难以进入间隙，不利于电蚀产物有效排出。李建功等[37]利用有限元仿真软件 FLUENT 计算了不同电极转速下极间工作液及电蚀产物的运动情况，得到速度场和压力场分布图，试验表明在某一转速下的加工效率是最佳的，高于或低于此转速均会降低加工效率。Xie 等[38]研究了在高频超声辅助情况下矩阵电极上下移动对电蚀产物的影响，试验结果表明，振幅和频率越高，电蚀产物越容易从间隙排出，从而提高了加工稳定性。李磊[39]使用外径为 2.5mm、内径为 1.2mm 的紫铜管制成的集束电极加工 SKD61 模具钢，粗加工时的材料去除率是普通电极的 4.53 倍，加工效果良好。由于集束电极冲液加工会增加工具电极的损耗，不适宜进行电火花精密加工。叶明国等[40]用 FLUENT 软件模拟了深小孔加工中的流场，以及有无磁场条件下的加工排屑过程，分析了流场对电蚀产物排出的作用及磁场对电蚀产物在流场中运动规律、速度和滞留时间的影响。

1.3.4 电极损耗及形状变化规律研究现状

电极材料蚀除在宏观上表现为电极损耗，电极的损耗程度会影响工件的形状和加工精度。在实践生产中，人们总是想尽办法提高工件材料的蚀除速度，以获得较高的生产率。同时，尽可能地降低工具电极的损耗，实现高效能低损耗加工。

Yilmaz 等[41]通过多种试验研究了黄铜电极和锻铜电极对小孔材料去除率的影响，研究结果表明，使用单孔中空电极加工可以获得更高的材料去除率和更低的电极损耗率，多孔中空电极则能获得更好的小孔加工质量。Pradhan 等[42]研究了电火花放电脉宽、脉间，以及电流对加工稳定性和加工质量的影响，建立了材料表面粗糙度和去除率理论模型，得出了材料去除率的经验公式。Han 等[43]研究了在精、中、粗不同电火花加工需求下不同脉冲放电电流的加工质量，研究表明当放电脉宽为50～80μs时，材料相对损耗率达到最小。Zingerman[44]的研究表明，电火花加工时，工作液中损失的能量仅占总能量的 3%左右，可忽略不计。Motoki 等[45]指出，阴极发射的电子流主要影响阳极和阴极上的能量分配，认为气中电火花加工电极损耗率非常低。Kibria 等[46]研究采用煤油、去离子水对材料蚀除率、电极损耗率的影响。试验结果表明，使用去离子水加工工件时，材料蚀除率和电极损耗率比煤油工作液高。王续跃等[47]利用 ANSYS 软件模拟出了不同电参数下工件表面温度的分布情况，试验结果证明，实际加工中钛合金单脉冲体积蚀除率和模拟结果近似，能较准确地预测电火花加工凹坑蚀除体积。强华等[48]采用紫铜电极在火花油中对 TC4 钛合金开展了电火花成型加工试验，测得电极相对损耗率接近 45%。孙炳华[49]研究了添加剂在电火花加工中的应用，研究表明，在加工时添加适量添加剂至煤油工作液，可以增加极间胶体系统的稳定性，促进表面黑膜的生成，降低电极损耗率。加入添加剂后，采用负极性加工的电极损耗率可比之前减少 40%左右。陈湛清等[50]根据胶体化学理论，研究了电火花加工中的极间胶体系统，指出电蚀过程所产生的胶体粒子不仅参与了击穿放电过程，促使放电点顺利转移，而且还会在电场作用下定向泳动，吸附在电极表面，降低工具电极损耗率。陆纪培等[51]研究了在煤油介质中用紫铜电极加工钢时，电极表面的黑膜与峰值电流、脉宽、脉间等电参数的关系，认为利用黑膜的动态补偿作用保护电极材料是实现低损耗的主要方法，并阐述了利用黑膜进行低损耗精加工的可行性。王祥志等[52]研究发现，具有氧化特性的工作介质可在加工过程中使电极氧化，并在电极表面形成氧化保护膜，降低电极绝对损耗。王元刚等[53]通过对电火花微小孔加工时柱状电极端面的损耗进行仿真，认为棱边部位的电场集中导致其放电概率远大于其他部位，从而导致电极初期的损耗，并且随着电极棱边的不断减小，电极损耗逐渐趋于均匀分布。哈尔滨工业大学的郑春花[54]在电极等损耗原理的基础上采用正交试验对电极损耗规律进行验证，研究了电火花分层铣削加工中峰值电流、脉冲宽度和间隔、电极截面面积、冲油压力、加工深度对电极损耗的影响程度，并对电极损耗规律进行讨论，最终提出了各加工参数合理配置的优化加工方案。孙万运等[55]针对电极损耗补偿提出一种简便方法，可以忽略烦琐的测量和补偿过程，即在电极损耗的影响因素上建立数学模型，并在每次放电加工之前用该数学模型计算出所需要的电极补偿量，再通过分层线性补偿进一步提高工件加工精度，该种方法比未补偿下的电极相对损耗率降低了 24.1%，材料去除率提高了 11.7%。吕奇超等[56]在单脉冲放电的基础上，对微细电火花小孔加工的仿真模型进行改进，研究了工具电极的形状变化过程，试验表明，该模型能很好地预测电极损耗情况和加工后工件的形状变化。

1.3.5 加工表面质量研究现状

电火花加工后的表面通常可作为精加工表面使用，因此加工表面质量问题，尤其是电火花加工中表面裂纹的存在严重影响了加工零件的机械性能与使用寿命。电火花加工表面出现的微裂纹会在长期交变载荷作用下扩展，并最终导致零件的疲劳破坏。因此，众多学者对加工后工件表面质量开展了相关研究。

Bellows 等[57]详细解释了电火花孔加工表面完整性的定义，认为表面完整性的特点是，在制造过程的影响下，材料的表面状态和性能未受到损害或有所增强。Lee 等[58]使用铜钨合金电极进行了小面积电火花放电，并进行了表面完整性的相关试验，研究得出，在微细电火花加工中，尤其是在微模具与高质量模具的生产中，表面完整性是评估加工成功的关键。Lee 等[59]通过在硬质合金电极加工试验中对电火花加工表面的观察，发现了粗糙的表面和表面剥落现象。Gripenberg 等[60]通过观察不同的微细电火花加工过程，并记录分析，认为微细电火花加工是一个瞬态过程，脉冲加工时电极表面所经历的全部变化在脉冲断开时作为冷却效果保留下来，导致表面和次表面质量发生变化。

1.4 本书主要内容

本书共 6 章。第 1 章绪论，主要介绍电火花加工机理，阐述电火花加工研究现状及本书的工作。

第 2 章微细/常规电火花加工放电机理研究，主要阐述加工过程中放电通道的击穿过程、工件材料受热熔化及熔融金属材料抛出，具体包括如下内容。

（1）通过建立放电击穿过程理论模型研究放电击穿过程，分析常规电火花微细化过程中加工条件的变化，结合常规电火花的加工机理，对微细电火花加工过程的放电击穿过程进行研究。

（2）通过模拟单脉冲放电通道高斯分布的热流密度和对流载荷，以表面热源作用于颗粒型复合材料工件电极上，分析工件材料加工区域表面温度场及熔池的深度、半径和深径比，进而获得工件的温度分布规律和熔池尺寸的变化规律。并且对不同材质电极电火花加工温度场及熔池尺寸的影响进行研究，得到相关规律。

（3）以单脉冲放电加工温度场和熔蚀过程的仿真结果为基础，结合对蒸气炬力的理论推导，建立单脉冲放电蒸气炬作用下的材料抛出动力学仿真模型。研究材料抛出后形成放电凹坑的深度、半径和深径比，分析材料去除规律。

第 3 章高频脉冲电火花加工的集肤效应及其影响，主要阐述高频脉冲对电火花加工的影响，总结高频脉冲作用下电场强度与电流密度分布的规律，具体内容如下。

（1）研究不同形式的脉冲电源在集肤效应影响下的能量分布情况，通过试验探究集肤效应影响下不同脉间对加工后电极形状的影响。

（2）通过仿真建模方式分析电火花加工过程中电极与工件达到临界放电过程时电极和工件的电流密度、电场强度分布情况。探究高频脉冲作用下集肤效应的影响因素，将高频电磁场中电极的集肤效应原理应用于微细电火花放电过程的分析中，分别讨论在高频微细电火花加工中，脉冲频率、电流、磁导率对电极集肤效应下电流密度、电场强度分布的影响规律。

（3）分析高频脉冲作用下的集肤效应对微细电火花加工过程的影响，理论验证集肤效应对微细电火花加工的显著影响，总结集肤效应对放电点位置分布、材料去除形式的影响规律。利用集肤效应对工具电极加工形状的改变规律，提出采用不同形状的修形后电极加工自由曲面零件的加工方法。

第 4 章电蚀产物排出过程仿真研究，主要阐述间隙流场中电蚀产物运动及排出过程，利用仿真手段，得到电蚀产物在不同加工条件下的分布情况，具体内容如下。

（1）考虑加工中电极自适应运动对极间流场的扰动作用，模拟连续放电时电蚀产物不断生成，分析不同加工条件下电蚀产物的运动分布规律，并得到加工区域流体压力场和速度矢量分布规律及电蚀产物在不同加工条件下的分布情况。

（2）开展超声辅助电火花微小孔加工电蚀产物运动仿真研究，分析加工参数对电蚀产物分布的影响规律。

第 5 章电极损耗及形状变化规律研究，主要阐述单材质和多材质电极的电极损耗与形状变化规律，基于图像处理技术的电极损耗研究方法，以及电火花-电解复合加工、外加磁场电火花加工的电极损耗规律研究，具体内容如下。

（1）采用单因素试验方法分别对单材质和多材质电极的电极损耗规律进行研究。分析电极材料、工件材料、加工极性对电极长度损耗和角损耗的影响，以及多材质电极各组分之间的相互影响关系。

（2）提出基于图像处理技术研究工具电极损耗、端面形状变化的研究方法，对加工后损耗电极图像轮廓特征的提取分析及损耗数据曲线函数进行拟合。

（3）进行电火花-电解复合加工试验研究，研究不同极性和电极材料条件下，工作液浓度对电极相对损耗、形状变化规律及加工精度的影响。

（4）研究外加磁场对铁磁性材料电火花小孔加工的影响，分析铁磁性电蚀微粒在加工区域中受外加磁场磁力作用的影响规律，通过试验研究在不同电极材料下，外加磁场对加工速度、电极损耗的影响。

第 6 章电火花加工表面质量研究，主要阐述电火花表面裂纹成因及分类，并总结得出抑制电火花加工中表面裂纹产生的方法，具体内容如下。

（1）通过电火花加工试验及对加工产生的表面裂纹的观察，将表面裂纹按形成原因的不同分类，理论分析各种表面裂纹的形成过程，并从中得出抑制电火花加工中表面裂纹的几种措施。

（2）研究电火花加工过程电极表面微观形貌的产生发展过程，借助扫描电镜、能谱分析等对电火花加工表面进行观测、研究，分析电火花加工中表面微观形貌、微裂纹、表面剥落的形成过程、影响因素，并讨论影响加工质量的表面微观结构的避免措施等。

（3）进行电火花表面沉积试验，研究不同放电参数对涂层厚度、涂层形貌、涂层表面粗糙度及涂层硬度的影响。

参 考 文 献

[1] Prihandana G S，Mahardika M，Hamdi M，et al. Accuracy improvement in nanographite powder-suspended dielectric fluid for micro-electrical discharge machining processes[J]. The International Journal of Advanced Manufacturing Technology，2011，56（1-4）：143-149.

[2] Khalid W，Ali M S M，Dahmardeh M，et al. High-aspect-ratio，free-form patterning of carbon nanotube forests using micro-electro-discharge machining[J]. Diamond and Related Materials，2010，19（11）：1405-1410.

[3] 朱荻，王明环，明平美，等. 微细电化学加工技术[J]. 纳米技术与精密工程，2005，3（2）：151-155.

[4] Rajurkar K P，Levy G，Malshe A，et al. Micro and nano machining by electro-physical and chemical processes[J]. Cirp Annals，2006，55（2）：643-666.

[5] 刘晋春，赵家齐，赵万生，等. 特种加工[M]. 4 版. 北京：机械工业出版社，2004.

[6] Masuzawa T，Fujino M，Kobayashi K，et al. Wire electro-discharge grinding for micro-machining[J]. Cirp Annals，1985，34（1）：431-434.

[7] 毛利尚武，齋藤長男. 表面改质放电加工[J]. 精密工学会志，1998，64（12）：1715-1718.

[8] Weingärtner E，Kuster F，Wegener K. Modeling and simulation of electrical discharge machining[J]. Procedia Cirp，2012，2：74-78.

[9] Yadava V，Jain V K，Dixit P M. Temperature distribution during electro-discharge abrasive grinding[J]. Machining Science and Technology，2002，6（1）：97-127.

[10] Lasagni A，Soldera F，Mücklich F. Quantitative investigation of material erosion caused by high-pressure discharges in air and nitrogen[J]. Zeitschrift Für Metallkunde，2004，95（2）：102-108.

[11] 高阳，刘林，郭常宁，等. 电火花放电蚀坑的有限元热分析[J]. 电加工与模具，2008（2）：8-11.

[12] 刘媛，曹凤国，桂小波，等. 聚晶金刚石单脉冲放电加工温度场模拟及加工机理分析[C]//第 13 届全国特种加工学术会议，南昌，2009：70-76.

[13] 于丽丽，刘永红，徐玉龙，等. 绝缘工程陶瓷电火花加工温度场模拟[J]. 自然科学进展，2008，18（2）：236-240.

[14] 陈日，郭钟宁，刘江文，等. 电火花加工过程的温度场仿真与研究[J]. 计算机仿真，2015，32（2）：219-222，427.

[15] Tohi M，Komatsu T，Kunieda M. Measurement of process reaction force in EDM using hopkinson bar method[J]. Journal of the Japan Society for Precision Engineering，2002，68（6）：822-826.

[16] Yoshida M，Kunieda M. Study on the distribution of scattered debris generated by a single pulse discharge in EDM process[J]. International Journal of Electrical Machining，1996，30（64）：27-36.

[17] Watanabe A，Hayakawa S，Itoigawa F，et al. Machining stability of electrical discharge machining at gas-liquid interface using deionized water[C]//Proceedings of Autumn Meeting of the Japan Society for Precision Engineering，2009：731-732.

[18] Hayakawa S，Kunieda M，Matsubara T. Numerical analysis of effect of gap distance on cross sectional shape of discharge crater[C]//Proceedings of 2006 Annual Meeting of the Japan Society of Electrical Machining Engineers，1998：71-74.

[19] 胡传锦，张富琦. 材料电火花腐蚀过程和几点新现象 利用高速摄影研究放电、气泡和材料的抛出过程[J]. 电加工，1984，（1）：1-8.

[20] 刘媛，曹凤国，桂小波，等. 电火花加工放电爆炸力对材料蚀除机理的研究[J]. 电加工与模具，2008（5）：19-25.

[21] 杨晓冬，黄潇南. 碳纤维增强复合材料的单脉冲放电凹坑特性研究[J]. 航空制造技术，2017（3）：16-19.

[22] Tao J，Ni J，Shih A J. Modeling of the anode crater formation in electrical discharge machining[J]. Journal of Manufacturing Science and Engineering，2012，134（1）：1-11.

[23] Shabgard M，Ahmadi R，Seyedzavvar M，et al. Mathematical and numerical modeling of the effect of input-parameters on the flushing efficiency of plasma channel in EDM process[J]. International Journal of Machine Tools and Manufacture，2013，65：79-87.

[24] 万建成，刘龙，冯亮，等. 基于电流集肤效应的改进磁滞和涡流损耗计算[J]. 中国电力，2014，47（1）：71-74，90.

[25] 陈清伟，邱望标，陈伟兴. 基于 ANSYS 的集肤效应分析[J]. 贵州科学，2012，30（1）：58-62.

[26] 费烨，王晓琪，吴士普，等. ±1000kV 特高压直流电流互感器集肤效应分析及结构优化[J]. 高电压技术，2011，37（2）：361-368.

[27] Liu Q，Zhang Q，Zhu G，et al. Effect of electrode size on the performances of micro-EDM[J]. Materials and Manufacturing Processes，2016，31（4）：391-396.

[28] Liu Y，Meenakshi S M，Zhao F，et al. Study on manufacturing freeform surface parts in micro EDM based on skin effect theory[J]. High Technology Letters，2011，17（4）：439-445.

[29] Schacht B，Kruth J P，Lauwers B，et al. The skin-effect in ferromagnetic electrodes for wire-EDM[J]. The International Journal of Advanced Manufacturing Technology，2004，23（11-12）：794-799.

[30] Lonardo P M，Bruzzone A A. Effect of flushing and electrode material on die sinking EDM[J]. Cirp Annals，1999，48（1）：123-126.

[31] Koenig W，Weill R，Wertheim R，et al. The flow fields in the working gap with electro discharge machining[J]. Cirp Annals，1977，25（1）：71-75.

[32] Cetin S，Okada A，Uno Y. Effect of debris distribution on wall concavity in deep-hole EDM[J]. JSME International Journal，2004，47（2）：553-559.

[33] Havakawa S，Itoigawa T D F，Nakamura T. Observation of flying debris scattered from discharge point in EDM process[C]//Proceedings of the 16th International Symposium on Electromachining，Shanghai，2010：121-125.

[34] 储召良. 电极抬刀运动与电火花加工性能研究[D]. 上海：上海交通大学，2013.

[35] 王津，韩福柱，卢建鸣，等. 连续放电过程中气泡和加工屑运动规律的观察[C]//第 14 届全国特种加工学术会议论文集，苏州，2011：63-67.

[36] 文武，王西彬，李忠新，等. 冲液对电火花加工电极损耗的影响研究[J]. 系统仿真学报，2011，23（7）：1363-1365.

[37] 李建功，许加利，裴景玉. 基于 Fluent 电火花深小孔加工间隙流场的研究[J]. 电加工与模具，2009（2）：18-22.

[38] Xie B，Zhang Y，Zhang J，et al. Numerical study of debris distribution in ultrasonic assisted EDM of hole array under different amplitude and frequency[J]. International Journal of Hybrid Information Technology，2015，8（5）：151-158.

[39] 李磊. 集束电极电火花加工性能研究[D]. 上海：上海交通大学，2011.

[40] 叶明国，杨胜强，曹明让. 永磁电火花复合深小孔加工流场排屑模拟[J]. 电加工与模具，2009（4）：17-20.

[41] Yilmaz O，Okka M A. Effect of single and multi-channel electrodes application on EDM fast hole drilling performance[J]. The International Journal of Advanced Manufacturing Technology，2010，51（1-4）：185-194.

[42] Pradhan B B，Masanta M，Sarkar B R，et al. Investigation of electro-discharge micro-machining of titanium super alloy[J]. The International Journal of Advanced Manufacturing Technology，2009，41（11-12）：1094-1106.

[43] Han F，Jiang J，Yu D. Influence of discharge current on machined surfaces by thermo-analysis in finish cut of WEDM[J]. International Journal of Machine Tools and Manufacture，2007，47（7-8）：1187-1196.

[44] Zingerman A S. Electric erosion of an anode as a function of interelectrode distance[J]. Soviet Physics，1959，3：361.

[45] Motoki M，Hashiguchi K. Energy distribution at the gap in electric discharge machining[J]. Cirp Annals，1967，14：485.

[46] Kibria G，Sarkar B R，Pradhan B B，et al. Comparative study of different dielectrics for micro-EDM performance during microhole machining of Ti-6Al-4V alloy[J]. The International Journal of Advanced Manufacturing Technology，2010，48（5-8）：557-570.

[47] 王续跃，胡辉，梁延德，等. 钛合金小孔电火花加工有限元仿真研究[J]. 中国机械工程，2013，24（13）：1738-1742，1748.

[48] 强华，张勇，黄楠，等. 电火花加工 TC4 钛合金时电极损耗的探讨[J]. 新技术新工艺，2006（10）：18-19.

[49] 孙炳华. 添加剂在电火花低损耗加工中的应用[J]. 电加工，1988（4）：26-28.

[50] 陈湛清，李明辉. 放电加工的极间胶体系统[J]. 电加工，1979（5）：1-9，18.

[51] 陆纪培，伍世荣. 黑膜对电极损耗的影响[J]. 电加工，1982（5）：1-8.

[52] 王祥志，刘志东，薛荣媛，等. 介质氧化特性对钛合金电火花加工电极损耗的影响研究[J]. 电加工与模具，2014（1）：5-8，21.

[53] 王元刚，赵福令，刘宇，等. 微细电火花加工中电极损耗机理的研究[J]. 中国机械工程，2009，20（17）：2116-2119.

[54] 郑春花. 电火花分层铣削加工电极损耗预测技术的研究[D]. 哈尔滨：哈尔滨工业大学，2007.

[55] 孙万运，刘永红，申泱. 高效电火花加工新型电极补偿方法[C]//第 16 届全国特种加工学术会议，厦门，2015：107-112.

[56] 吕奇超，赵福令，王津，等. 微细电火花小孔加工过程仿真[J]. 电加工与模具，2009（5）：14-17，29，60.

[57] Bellows G，Kohls J B. Drilling without drills[J]. American Machinist，1982，126（3）：173-188.

[58] Lee H T，Tai T Y. Relationship between EDM parameters and surface crack formation[J]. Journal of Materials Processing Technology，2003，142（3）：676-683.

[59] Lee S H，Li X. Study of the surface integrity of the machined workpiece in the EDM of tungsten carbide[J]. Journal of Materials Processing Technology，2003，139（1-3）：315-321.

[60] Gripenberg H，Siiriäinen J，Saukkonen T，et al. Effects of EDM on surface residual stresses in a TMCP steel[C]//The Sixth International Conference on Residual Stresses（ICRS-6），London，2000.

2　微细/常规电火花加工放电机理研究

电火花加工的本质是电能转化为热能、动能、磁能、光能、声能及电磁波辐射能的瞬时、随机的过程。在能量的加载、释放、转换、卸载的周期循环中，工具与工件电极的相应材料经历了剧烈的温度、压力及其他外界环境变化，产生一系列相变、质变、结合与分离，最终实现在加工环境内相应材料的重新分布，即完成加工过程。微细电火花加工的主旨思想是常规电火花加工的微细化，因此结合对常规电火花加工机理的理解，通过分析宏观电火花加工微细化过程中的变化因素，可得出微观条件下电火花加工放电过程机理的合理解释。本章只对微细/常规电火花加工中放电机理的共性问题进行论述。

2.1　极间介质击穿过程的研究

2.1.1　放电击穿过程的研究

1）工作介质的特性分析

电火花的整个加工过程都是在工作介质中完成的，从工作介质击穿、放电通道形成，到电蚀产物的抛出和消电离过程，所有加工现象的产生，以及加工区域中物质的运动、状态变化和相互作用都不能摆脱工作介质产生的影响。因此，电火花加工过程微观机理的研究，离不开工作介质特性分析。

电火花加工一般都是在液体介质中进行的，最常见的工作液是抗电强度很高的煤油，也有去离子水或添加多种添加剂的专用工作液，现仅以煤油为代表进行分析。

作为绝缘体，煤油是不易传导电流的物质，在高温、高压等外界条件影响下，会被“击穿”，从而转化为导体，电火花加工就是利用这一转化过程中快速释放的能量来完成加工的。在未被击穿之前，如果在煤油两端施加电压，材料中也将会出现微弱的电流。煤油中通常只有微量的自由电子，无法形成电流，而参加导电的带电粒子主要是煤油热运动离解出来的本征离子和杂质粒子。

作为液态的绝缘体，其不同于气态的主要特征是压缩了的分子间隙，它将导致电子的自由程缩小为气态的1/10～1/100，如图2.1所示，电子在其间的运动将受到更多限制，因此显著提高了击穿强度[1]。

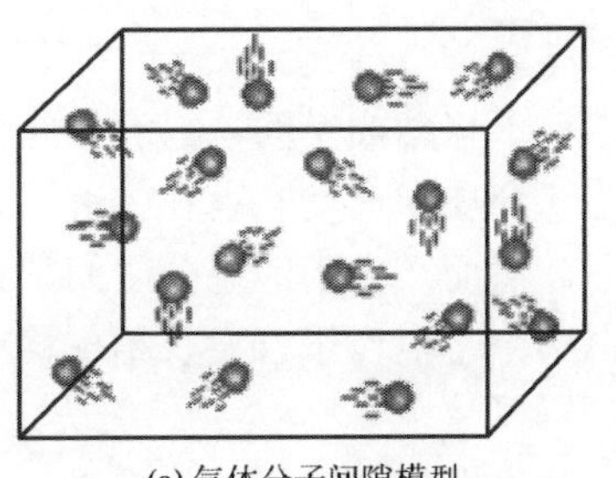

(a) 气体分子间隙模型

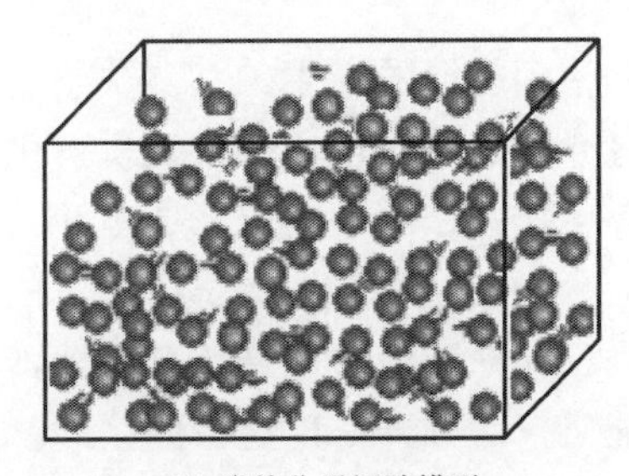

(b) 液体分子间隙模型

图 2.1　气体、液体分子间隙模型

从宏观角度来说，煤油等液态绝缘介质除了含有少数气泡、固态微粒等杂质外，是连续的压缩介质。但是从微观角度考虑，煤油是由非极性或弱极性的煤油分子组成的，分子间的作用力为短程的、微弱的范德瓦耳斯力。因此，即使在常温的情况下，液态晶格声子振动的热能也足以使某些分子链破裂，形成局部晶体位形破坏，导致煤油内部微孔或微坑等缺陷。然而，在整个煤油内部，这些缺陷的存在是动态的，分子链又会因为液态分子黏滞力而快速复合，缺陷没有固定的位置和形态，随机地产生、生长、萎缩、消亡，并重新在其他地方产生。这些自然缺陷的存在，对放电击穿过程是有利的。

对微细电火花加工而言，极间放电击穿过程几乎是瞬时的，短暂的击穿准备时间内不会存在普通电火花加工中工作液杂质的聚集、接链过程，煤油热运动离解出的本征离子也无法快速运动。因此，微细电火花的击穿过程中，煤油中杂质与本征离子移动的影响基本是可以忽略的[2]，两者的区别是分析微细/常规电火花加工击穿过程时应该注意的。

由此可以看出，作为绝缘体的煤油在常态下并不为放电击穿提供数量较多的带电粒子，也不为带电粒子的运动提供空间。因此，在以煤油为工作介质的电火花加工中，放电击穿过程需要产生足够的带电粒子，并且在打通带电粒子的传输路径后才可以实现。

2）放电击穿过程分析

电火花加工中，在正负电极之间施加脉冲电源，随着两极间距离在伺服系统的作用下慢慢减小，极间电场强度不断增大。在两极逐渐靠近的过程中，电极表面的微观不平及电极轮廓的宏观曲率突变使得极间电场强度分布非常不均匀，尖点、凸起或尖角、棱边处的电场强度要显著高于其他局部区域。由金属的阴极场致电子发射理论可知，部分金属的自由电子将由隧道效应透过因强电场而压缩的金属表面势垒，形成电子发射。由于煤油自身基本无法提供自由电子，用于碰撞电离的自由电子大部分产生于阴极场致电子发射。

（1）极间裂缝的产生。

绝缘介质若要导电，必须提供可供带电粒子移动的空间，只有如此，带电粒子在外界电场的作用下才能形成电流。在绝缘介质中，动态存在的液态分子间隙为带电粒子的移动和加速提供了一定的空间，然而，由于液态分子间隙狭小、位置不规则，无法形成导电通路。因此，强电场中带电粒子若要长距离移动，获得足够的能量，必须开辟出足够的空间。

煤油的放电击穿在绝缘介质中打开了一条导电的缝隙。总的来说，裂缝的产生有两种途径：一种是靠粒子高速运动、相互碰撞产生的内能加剧液态分子的振动，或是气化绝缘介质加大分子间隙而产生裂缝；另一种是靠粒子间的碰撞电离、高速电子轰击作用击碎分子共价键而形成裂缝。打开裂缝的工具就是高能电子，而高能电子需要电子在电场中充分加速才能实现。

图 2.2 给出了绝缘介质中一个典型的导电裂缝形成过程。由场致电子发射效应逸出的电子，一般都具有较高的能量，电子自阴极高速冲出进入绝缘介质中，如图 2.2（a）所示。场致发射电子在绝缘介质的分子间隙中受强电场的作用继续加速。由于液体中分子平均自由程很短，分子间隙较小（几乎是紧密排列的），很多电子在与绝缘介质分子发生碰撞时，并没有获得足够的能量而使分子激发释放出电子或光子，即没有发生碰撞电离。但是碰撞将自由电子的部分能量传递给与其发生碰撞的绝缘介质分子，这种碰撞提高了绝缘介质分子热运动的内能，产生了激励作用，如图 2.2（b）中的电子 1。与此同时，介质中高速运动的电子需要克服运动中的各种“摩擦力”，如液态黏滞力，所消耗的能量也都将转化为绝缘介质的内能。内能的提高加剧了液态绝缘介质的分子振动，可以加大分子间隙，有时甚至可以达到气化的效果[3]，这增加了电子在绝缘介质中的运动空间。而介质分子若能与自由电子发生碰撞电离，必须保证自由电子所带能量或者自由电子与介质分子积累的能量之和达到碰撞电离能量要求。绝缘介质内能的提高，提高了后续自由电子与介质分子碰撞时发生碰撞电离的概率。介质分子能量的累积过程，是可以通过多次电子碰撞完成的。同时，由于液态绝缘介质的分子间隙、自然缺陷的存在，必然会有部分场致发射电子在运动中获得足够的能量而与绝缘液中的分子发生剧烈的非弹性碰撞，如图 2.2（d）中的电子 3。很多在电场中未能充分加速的电子与提高了内能的介质分子碰撞，也有可能发生非弹性碰撞，如图 2.2（c）中的电子 2。

这些非弹性碰撞的结果导致碰撞电离，高能电子在碰撞过程中将能量传递给绝缘介质分子，由于原子能量激发、电子逃逸，伴随新的自由电子的形成，分子绝缘介质内共价键被打破，原本的分子链因为电子的轰击而破裂。由于煤油的分子链较长，碰撞电离的激发将只在局部进行，破裂将产生三种情况：①高能电子打破碳—碳共价键，煤油分子分解成自由电子、碳氢分子链（中性）和分子链自由基（正离子），如图 2.3（a）所示；②高能电子打破碳—氢共价键，煤油分子分解成自由电子、单个氢原子核（正离子）和碳氢分子链（中性）或分解成自由电子、单个氢原子（中性）及碳氢分子链自由基（正离子），如图 2.3（b）、（c）所示；③高能电子未打破任何共价键，原本的煤油分子分解成自由电子和分子链自由基（正离子），如图 2.3（d）所示。碰撞电离在产生自由电子和带电离子的同时，也打破了绝缘介质分子共价键，为电子在绝缘介质中的运动打开了缝隙。

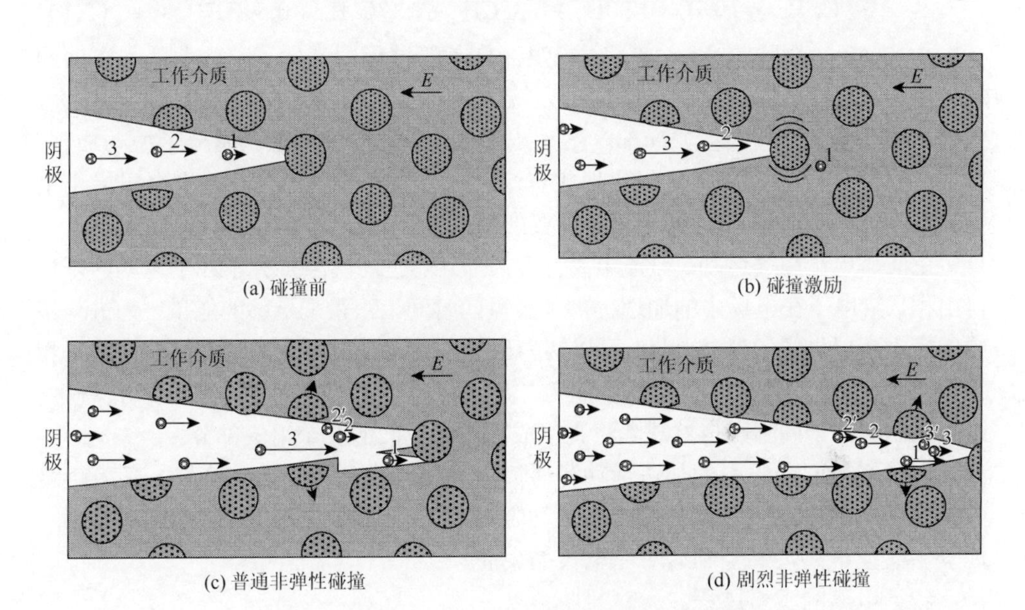

(a) 碰撞前　　(b) 碰撞激励

(c) 普通非弹性碰撞　　(d) 剧烈非弹性碰撞

图 2.2　绝缘介质中一个典型导电裂缝的形成过程

●为工作液分子；⊕为电子，箭头的长度表示电子的速度

(a) 打破碳—碳共价键

(b) 打破碳—氢共价键情况一

(c) 打破碳—氢共价键情况二

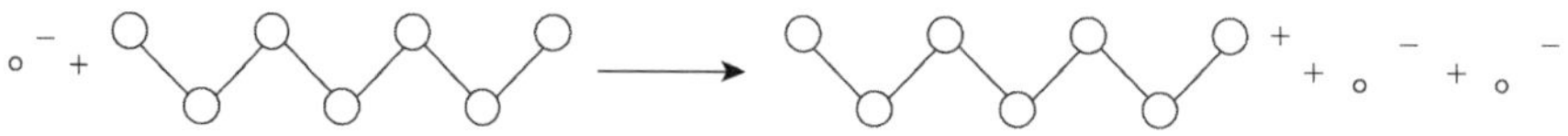

(d) 未打破任何共价键

图 2.3　碰撞电离导致共价键破裂的情况

煤油分子的电子轰击过程可以总结为如下化学方程式：

$$C_{15}H_{32} \approx 10.7C + 12.3H_2 + 0.38CH_4 + 1.37C_2H_2 + 0.59C_2H_5 \tag{2.1}$$

由式（2.1）可以看出，电子轰击煤油分子的过程中产生了一些非气态煤油的气体物质。分解过程产生的分解冲击力将生成的物质相互推开，缝隙进一步扩大。此外，碰撞电离过程中会使局部产生大量的热，导致周围绝缘介质分子振动加剧，局部有些液态绝缘介质甚至气化形成气泡[4]，这给大量电子介入绝缘介质提供了巨大的空间，也是形成导电缝隙的重要的空间来源。

空间靠电子高速运动、碰撞电离打开，打开的空间间隙扩大了粒子运动的平均自由程，给电子在电场中的加速提供了宝贵的时间，积累了足够的能量，为进一步的碰撞电离提供了条件。因此，可以认为碰撞电离与带电粒子运动空间的开辟是相辅相成的。裂缝就是在不断的电子碰撞中被一点一点地打开，在裂缝扩展的过程中，绝缘介质的分子间隙和自然缺陷将直接成为裂缝空间的一个组成部分。

电子在极间介质中的加速运动和碰撞电离过程为绝缘介质打开了一条可供带电粒子运动的缝隙，后续电子由于运动阻力小，都将趋向于沿着缝隙运动并不断地发生碰撞电离，直至到达对面电极的表面。

（2）电离的雪崩过程。

电子在强电场的作用下加速，与绝缘介质分子中的原子发生非弹性碰撞，使其产生电离或激发，碰撞电离会导致正负粒子数增加，激发则会导致光子发射。

表 2.1 和表 2.2 描述了碰撞电离与激发的作用过程，由表 2.1 可知，经过一次碰撞电离，电子的数量就增加一倍，这样的过程呈连锁式发展下去，电子数将“雪崩”式地增加，形成电子崩，使极间介质的电离度迅速增加。电子崩中，电子集中在崩头，正离子集中在崩尾，中部是既有电子又有正离子的等离子区。崩头的电子成为负空间电荷，加强阳极电场；崩尾的正离子形成正空间电荷，加强阴极电场，而中部的正、负离子混合区近似为一个等离子区，电场较弱（图 2.4）。由于电子崩对空间电场的强化，场致发射与碰撞电离将进行得更加猛烈。

表 2.1　电子的碰撞电离

序号	碰撞电离的种类	表达式
1	电子使基态原子电离	$\vec{e} + X \to e + X^{+} + e$
2	电子和激发原子相碰撞，发生逐次电离	$\vec{e} + X' \to e + X^{+} + e$

续表

序号	碰撞电离的种类	表达式
3	电子和正离子相碰，使正离子进一步电离	$\vec{e}+X^{+}\rightarrow e+X^{++}+e$
4	电子使分子电离	$\vec{e}+XY\rightarrow e+(XY)^{+}+e$

注：$\vec{e}$ 表示快速电子；e 表示慢速电子；X 表示基态原子；X^{+} 表示 X 一次电离的正离子；X' 表示激发原子；X^{++}表示 X 的二价正离子；XY 表示分子。

表 2.2 光子的产生及电离

序号	光子产生过程	表达式
1	电子碰撞激发	$\vec{e}+X\rightarrow e+X'$ $X'\rightarrow X+h\nu$
2	电子、正离子辐射复合	$e+X^{+}\rightarrow X+h\nu$
3	光致电离	$h\nu+X\rightarrow X^{+}+e+\Delta E$
4	康普顿效应	$h\bar{\nu}+\rightarrow X^{+}+e+h\nu$

注：$h\nu$ 表示光子；$h\bar{\nu}$ 表示高能光子。

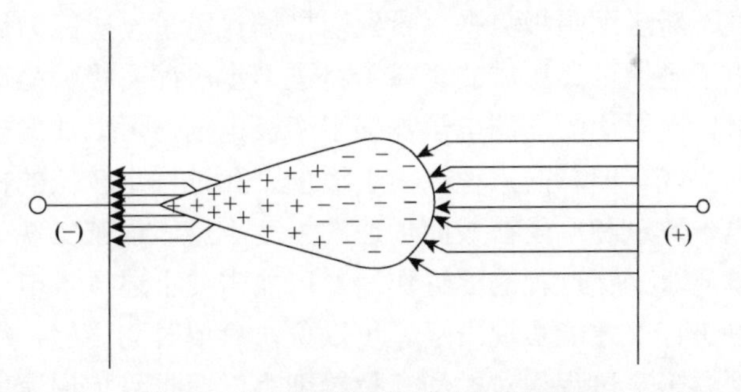

图 2.4 电子崩空间电荷对电场的影响

根据动量定理和能量守恒原理，碰撞电离产生的电子初速度方向基本与入射电子的运动方向一致，尽管量子学中认为其方向服从一定的概率分布，但由于电子将在极强电场的作用下加速运动，电子运动合成的轨迹方向总体趋势是沿电场线方向反向的。另外，碰撞电离产生的正离子形成的电场对电子的运动方向也起到了一定的引导作用，碰撞电离产生的电子初速度方向的改变使得裂缝在初始时期变得较为曲折。

（3）流光的作用过程。

流光理论以电子雪崩电离为基础，考虑了放电过程中的光现象，认为空间光致电离对电离的发展起重要作用[5, 6]。光子的产生及光致电离过程如表 2.2 所示。电子碰撞过程中激发原子释放光子的概率是很小的，因为这种情况只有在电子与绝缘介质分子中原子的原子核发生非弹性碰撞时才会发生，另一部分光子来源于电子崩中部的等离子区，这个区域的电子和正离子的浓度很高，容易复合而放出光子。光子一旦产生，其发生光致电离及康普顿效应的成功率是很高的。激发出的光子以极高的速度辐射，所到之处，立即激发形成次级电子崩，次级电子崩与初始电子崩在不断的发展中融会贯通，并最终到达阳极。当电子雪崩到达阳极时，极间绝缘介质中可供带电粒子运动的路径已经打通，所形成的贯通两极的高电导通道，就是放电通道。伴随着大量碰撞电离过程的发生，裂缝所到之处的周围的介质温度不断升高，液态绝缘介质的气化作用将加大裂缝的空间尺寸。

（4）击穿的两种过程。

在电火花加工中，由于加工过程材料蚀除、机构进给、伺服响应速度及进给机构与伺服控制二者之间的滞后等因素的影响，在放电击穿发生时，两电极之间的距离不是固定的。另外，加工设定的电参数也会有所不同，例如，不同的电压就会造成击穿过程的两种情况——缓慢击穿与瞬时击穿。①缓慢击穿，如果正负电极距离较远，脉冲到来时两极间并没有达到足够的击穿场强，阴极只有少数高能电子由隧道效应发射出来。少数的电子对提高极间介质内能和碰撞电离的力量有限，击穿过程无法爆发。发射出的电子在介质中碰撞电离，产生的正离子形成空间正电荷场，不断压缩阴极势垒，导致阴极场致电子发射能力逐渐增强，发射出较多电子，电子碰撞电离形成的正离子将进一步压缩阴极势垒形成更多的电子发射。与此同时，电子崩的前端电子加强了阳极电场，可以加速电子的前进，有利于放电击穿的实现。但总的来说，由于缓慢击穿过程中较低的极间电场强度，电极释放出的电子数量和电子在极间加速的力度不足，很难实现一次性击穿。考虑到电子雪崩电离对击穿过程的促进作用，可能需要上述场致电子发射和雪崩电离过程多次反复进行，才能实现击穿。可以说，只要时间足够，缓慢击穿是可以实现的，但是缓慢击穿过程相对柔和，裂缝细小、曲折且扩展速度缓慢，由于击穿过程延时较长，有时在一个脉冲期间甚至都无法实现有效击穿。②瞬时击穿，当正负电极距离较近时，脉冲的到来将瞬间在两极间施加极强的电场，强电场致使阴极势垒突然压缩，大量电子场致发射。数目众多的电子在极间介质中发生碰撞电离及光致电离，加之两极间距离较近，有时首批场致发射的电子就足够引起击穿过程，因而瞬时击穿过程击穿延时较短，击穿发生得较为迅速、猛烈。这种情况下，击穿电流非常大，作用区域温度升高非常快，有利于材料的加工蚀除。瞬时击穿节约了加工准备时间，提高了加工效率，但其击穿过程迅速、猛烈，容易使放电过程有拉弧倾向，导致加工的不稳定。

就电火花加工而言，击穿的快与慢都是相对的，因为用于放电的脉宽非常小，所以击穿延时稍长，击穿占整个脉冲时间的比例就会很大，而分配给后续火花维持过程的时间就会缩短，严重时将出现脉冲期间无法击穿的现象，降低加工效率，这种情况在电火花加工中是比较常见的。

一般来说，在电火花加工初期发生缓慢击穿的可能性较大，因为这时绝缘介质的介电能力强，之前的数次脉冲很可能都无法实现击穿，只是为后续的击穿作用作铺垫。但是击穿作用一旦发生，发生瞬时击穿的可能性就会大大增加，因为前面击穿过程的作用结果将引导后续击穿过程迅速、猛烈地进行。

3）火花维持过程

极间介质在碰撞电离、光致电离的雪崩作用下，开辟了一条导电的裂缝，当裂缝最终延伸到阳极表面时，放电通道形成，至此即完成了击穿过程。放电通道刚刚建立时是一条树枝状的曲折、狭窄的缝隙，仍保留着击穿过程中大量电子碰撞电离的运动轨迹。但是，由于极间状态瞬间由绝缘变为导电，脉冲电源作用将导致大量自由电子通过放电通道，局部电流密度可高达 10^3～10^4A/mm^2，其宏观上的度量接近于加工设定的电源峰值电流。数量巨大的电子通过狭小的放电通道时，将会产生更多的碰撞、摩擦、电离和复合，处于放电通道周围的介质分子、正离子等将成为电子的主要轰击对象。在这种强大的轰击作用下，放电通道中心及周围任何物质都将被击碎，通道中极间介质、正离子的分子链将不复存在，取而代之的是相对分子质量较小的带电粒子或单质，自由电子将做不受任何阻力的高速运动，原本呈树枝状的曲折、狭窄的放电通道变得笔直而粗大。碰撞、摩擦、电离和复合过程在瞬间出现，而且遍布整个放电通道，放电通道中将产生瞬间的高温高压（瞬时温度可达 10000～20000℃，瞬时压力可达 1000MPa），这就是等离子体的内爆作用。等离子体内爆作用使放电通道在空间自由向外扩张，形成一个近似于圆柱状的等离子体区域。

在放电通道形成初期，放电通道的扩张现象还是比较明显的，随后由于带电粒子高速运动产生的空间磁力箍缩效应及极间介质自身压力的约束作用，放电通道扩张受阻并最终达到一个平衡状态（放电时间足够的情况下）。由此可以推断，在微细电火花加工中，由于脉宽时间较短，缓慢击穿的击穿延时占去了大部分时间，可能导致放电通道在没有扩张到平衡位置之前，脉冲就已经结束，缓慢击穿过程形成的放电通道直径将小于瞬时击穿。而在常规电火花加工中，由于脉宽时间较长，这种现象会明显减少。但在电极间隙较大的情况下，缓慢击穿导致放电周期内无法实现击穿的现象也有一定的存在概率。

在放电通道等离子体的高温作用下，放电通道边缘界面处极间介质的温度极高，液态介质在高温下气化和热分解形成气泡。气泡迅速膨胀，但在极间介质惯性力的阻碍下，气泡的扩张受到了限制。气泡将在消电离过程中溃散，散落到加工区域各处。

4）消电离过程

若放电时间持续过长，将造成局部过热的拉弧放电，不但容易烧伤工件表面，而且会降低加工效率，甚至无法实现正常加工。因此，消电离的过程是有必要的。随着脉间的到来，电极两端电场强度迅速降低为零，火花放电无法维持，粒子之间的复合过程压倒性地超过了电离过程。在消电离过程中，放电通道逐渐消散。正负带电粒子的复合速度非常快，消电离过程将在几微秒内完成。但是，极间介电性能的恢复却需要很长时间，这是由于极间电蚀产物和气泡在放电结束后不能及时消散和排出放电区域。随着脉冲的结束，放电通道内温度和压力迅速降低，温度和压力的改变将击散电蚀产物及气泡。气化的煤油分子由于温度的降低重新液化成煤油，而热分解产生的气体将仍然以气泡的形式存在于加工区域中。由于电火花加工中的加工间隙狭窄，电蚀产物及气泡都难以排出，除了部分电蚀产物和气泡将随工作液的输运及浮力作用被带离加工区域外，残余的电蚀产物和气泡将分布于两极间介质中，或者附着于加工电极的表面，这一部分残余物质将对下一周期加工的击穿过程起到引导作用。

图 2.5 为电火花加工消电离过程，由图可知，极间消电离过程中的残余气泡对下一周期电火花加工的击穿过程的影响是显著的。由于气体的介电系数要比液体大很多，残余气泡存在的区域电场强度比其他区域大很多，另外，气体中分子的自由程也较长，这为电子的碰撞电离提供了累积能量的条件。这些因素都会导致放电击穿过程易于穿过气泡发展，大大降低了击穿电场强度。

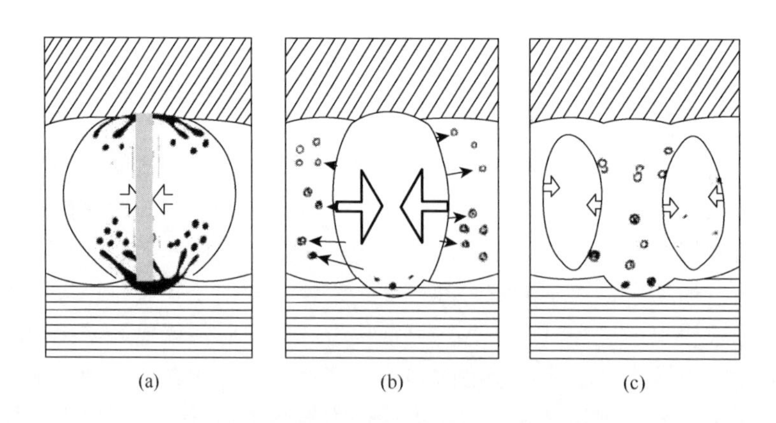

图 2.5　电火花加工消电离过程示意图

此外，极间介电性能恢复的充分性还取决于极间介质的温度。若脉间较短，极间介质冷却不够充分，液态介质分子内能较高，分子振动较为剧烈，这将有利于介质分子气化扩散，有利于提高自由电子碰撞电离的成功率，缩短预击穿时间，形成瞬时击穿，这也是为什么一次击穿之后的重复击穿过程会比单脉冲击穿更加容易的原因。

2.1.2 放电击穿过程的理论模型

在电火花加工中，加工间隙工作液的击穿过程机理一直是备受关注的热点问题。目前，人们对电火花加工间隙工作液击穿过程的解释，大多借助汤森放电理论的电子雪崩过程[7]。随后，Meek 和 Loeb 提出了流光理论，对解释汤森放电理论的击穿时间起到了补充作用[5, 8]。然而，按照正、负流光理论，击穿过程所提供的电子数量对形成放电通道是远远不够的。为此，本节提出运用正离子场致电子发射理论解释击穿过程电子发射模型，对放电击穿模型的完善做出有益的补充。

1）流光理论模型

流光理论是以汤森电子雪崩理论为基础的。电子在强电场的作用下加速，与介质间分子或原子发生非弹性碰撞，使介质间分子或原子产生电离或激发，非弹性碰撞导致的电离或激发结果可由表 2.1 和表 2.2 中的表达式 1 表示，碰撞电离会导致正负粒子数增加，激发则会导致光子发射[9]。

流光理论正是在电子雪崩的基础上考虑放电空间辐射光子造成的体积光电离过程而形成的。当电子雪崩发生时，整个过程形成一个向阳极运动的负流光，流光内产生强烈的短波辐射。由于光子的速度要高于电子在介质中的迁移速度，光子会跑在电子雪崩的前边，沿途引起电离和激发，产生次级雪崩。在负流光到达阳极后，正离子运动相对缓慢，极间形成浓度较大的正离子群，正电荷产生的场强比极间电压产生的场强还要强很多，使光子引起的电子雪崩向正离子群汇集，从而使正流光向阴极迅速扩展，如图 2.6 所示[10]。

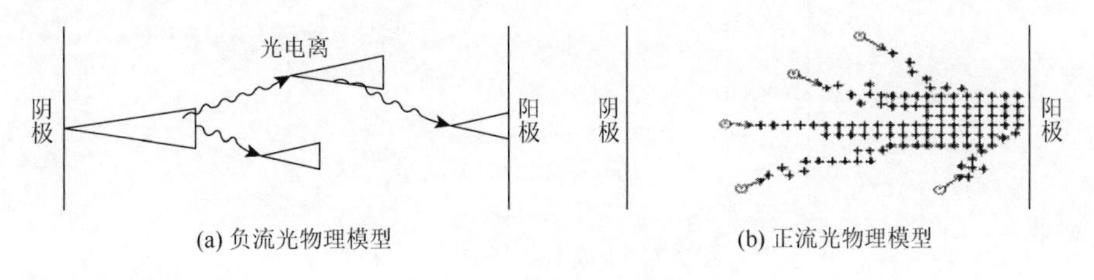

(a) 负流光物理模型 (b) 正流光物理模型

图 2.6 流光理论模型

流光过程发展很快，约为 10^{-8}s，它为击穿时间很短提供了解释，是对汤森理论的补充。由流光理论不难看出，其击穿的整个过程中获得的电子只由一代电子产生的雪崩电离形成。由汤森理论可知，极间介质由雪崩碰撞电离产生的电子数 n 为

$$n = n_0 e^{\alpha d} \tag{2.2}$$

式中，n_0 为原自由电子个数；d 为极间距离；α 为电子的碰撞电离系数，即单位距离内电子发生电离碰撞的次数。

由式（2.2）可知，尽管电子总数是按指数递增的，但是初始情况下 n_0 较小，d 也在微米量级，所形成的电子和离子数目是不足以迅速形成击穿通道的。

2）正离子场致电子发射

由场致电子发射理论可知，在金属电极表面施加很强的电场，可以压缩金属表面的势垒，使势垒的最高点降低并使势垒变薄，电子由于隧道效应而穿过势垒形成发射。电子雪崩电离过程中形成的正离子对极间电场强度的影响是不容忽视的：在阴极附近，尽管正离子的浓度很小，但由于距离阴极很近，形成了一定强度的局部电场；随着距离的不断增大，尽管单位正离子形成的局部电场强度减弱，但由于碰撞电离产生的正离子数目与电子数目同时按指数规律递增，在空间中形成了电场强度更强的局部电场。若将与阴极距离相同的正离子用平行于阴极表面的截面表示，则每个截面与阴极表面形成的一个小的平板电容器如图 2.7 所示，由碰撞电离形成的正离子对阴极产生的总电场强度 E_a 为各个截面形成的局部电场强度 E_i 的叠加，见式（2.3）。

$$E_a = \sum_{i=0}^{n} E_i \tag{2.3}$$

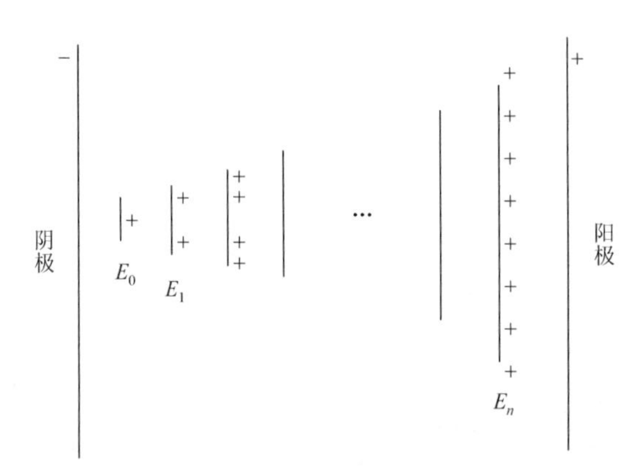

图 2.7 正离子致场强分布图

由此可知，考虑碰撞电离形成的正离子对阴极的影响，阴极表面电场强度将显著增加。此外，正离子受极间电场力的作用还将缓慢向阴极移动，使得阴极表面电场强度进一步增强，这将导致阴极金属表面势垒被进一步压缩。

根据场致电子发射理论，势垒的压缩将导致电子隧道效应的透射系数迅速增大，进而引起阴极场致电子发射电流密度的显著增强。这里把由极间介质碰撞电离产生的正离子所形成的电场叫做极间正离子场，由极间正离子场引发的阴极电子发射叫做正离子场致电子发射。由正离子场致电子发射引发的阴极发射出来的大量电子在电场的作用下与极间介质发生碰撞电离，继而又使正离子急剧增多，增加的正离子进一步增强了阴极表面的电场强度，形成更强的阴极发射。如此，极间正离子场的电场强度与阴极表面发射电子电流密度相辅相成，导致在阴极附近极薄的区域内，正粒子数量迅速增加，并在电场力的作用下聚集。由于距离极近，阴极表面产生极强电场[11]（图 2.8），大量电子从阴极表面瞬间发射，形成介质击穿。

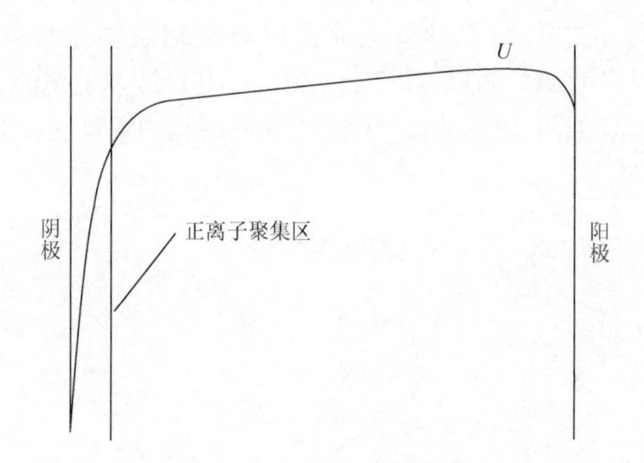

图 2.8　电火花加工极间电势分布图

需要说明的是，由极间碰撞电离所形成的正离子对场致电子发射的影响是伴随着电子雪崩电离而始终存在的。也就是说，早在第一代电子第一次碰撞电离后，正离子所形成的电场强度就开始影响阴极的电子发射了。随着流光向着阳极的前进，阴极也源源不断地发射电子并且发射电子越来越强烈。极间正离子场场强和阴极发射电子电流密度的相互促进作用，使得在流光向阳极传播并由阳极向阴极扩展的过程中，极间介质已经获得了足够的带电粒子，具备了击穿条件。

3）阴极表面场强与阴极电子发射的关系

（1）极间电场强度与场致发射电流的对应关系。

由金属场致发射的电流积分公式，可得场致发射电流密度与阴极表面电场强度的对应关系[12]：

$$j=\frac{4\pi ekT}{h^3}\int_0^{\infty}\exp\left[-\frac{8\pi\sqrt{2m}}{3h}\frac{|P_0|^{3/2}}{eE}\theta(y)\right]\ln\left[1+\exp\left(-\frac{\xi^2-2mE_{\mathrm{F}}}{2mkT}\right)\right]\xi\mathrm{d}\xi \tag{2.4}$$

式中，e 为电子的电荷量；k 为玻尔兹曼常量；T 为热力学温度；h 为普朗克常量；

m 为电子的质量；P_0 为电子的能量；E 为外加电场强度；$\theta(y)$ 为诺德海姆函数；ξ 为电子的动量；E_F 为费米能级。

式（2.4）难以进行积分计算，故以 $T=0K$，$\xi^2/2m > E_F$ 时的解来对式（2.4）近似求解。考虑到费米能级 E_F 等于电子逸出功 ϕ，并将各常数代入，得到 0K 时的场致发射电流为

$$j(0)=\frac{1.54\times10^{-5}E^2}{\phi}\exp\left[-\frac{6.83\times10^7\phi^{3/2}}{E}\theta\left(3.79\times10^4\frac{\sqrt{E}}{\phi}\right)\right] \tag{2.5}$$

取铜作阴极为例，铜元素的电子逸出功 $\phi=5.24\text{eV}$，并将诺德海姆函数作近似简化，得到 0K 时场致发射电流密度与阴极表面电场强度的对应关系（图 2.9），由图可以看出，阴极表面电场强度 E 与场致发射电流 j 之间大致为以 10 为底的对数关系。因而，电场的每一微小变化对阴极的场致发射作用都是显著的。

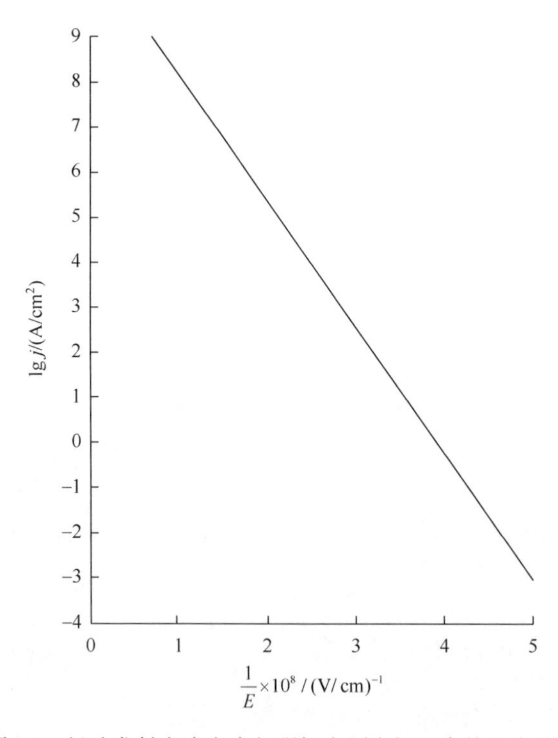

图 2.9　场致发射电流密度与阴极表面电场强度的对应关系

当然，场致电子发射除了与外加电场有关外，还与阴极周围环境温度有关，温度升高会使阴极电子发射强烈。但对于极间介质放电击穿过程，温度仍比较低（$T<1000K$），温度的影响可以忽略，所以常温下电火花加工场致发射电流与阴极表面电场强度的对应关系也大致如图 2.9 所示。

（2）空间正离子场对场致发射的影响。

随着时间的变化，空间正离子的数量不断增多，正离子对阴极表面场强的影响便不能忽略。借助于平行平面系统的泊松方程$\frac{d^2U}{dx^2}=-\frac{\rho}{\varepsilon_0}$（$\rho$为空间正离子密度，$\varepsilon_0$为真空介电常数）来解决这一问题[13]，其结果为

$$4bjU^{3/2}-3UE_0^2=9b^2j^2x^2-3xE_0^3 \tag{2.6}$$

$$b=\frac{1}{\varepsilon_0}(m/2e)^{1/2} \tag{2.7}$$

式中，U为离阴极表面距离为x处的空间电位（设阴极的电位为零）；E_0为阴极表面的场强。

当表面电场较弱，发射电流密度较小时，式（2.6）两边的第一项与第二项相比可以忽略，就有$E_0=U/x$；当表面电场较强，空间正离子数量较多时，式（2.6）两边的第一项远大于第二项，于是有

$$j=4U^{3/2}/9bx^2 \tag{2.8}$$

图 2.10 为正离子场对场致电子发射的影响曲线。其中，虚线 AE 是忽略空间正离子效应的情形，与图 2.9 一致。点划线 BD 对应于空间正离子场存在的情况，它由式（2.8）得出。考虑空间正离子场对场致电子发射影响的实际曲线为实线 ACF，它是由两曲线叠加而成的。

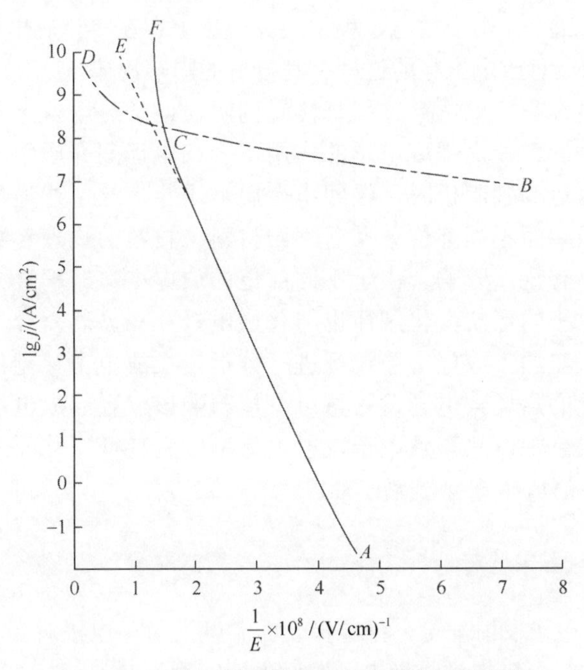

图 2.10 正离子场对场致电子发射的影响曲线

由图 2.10 可见，由正离子形成的空间电场对场致电子发射的影响是显著的。尤其是随着介质击穿过程的不断深入，极间正离子数目急剧增多，正离子致电场强度也会迅速增强，导致阴极电子发射爆发式增强，因而在极短的时间内发生击穿，形成放电通道。实际加工过程中，当阴极表面电场强度 $E = (2\sim3)\times10^7$V/cm 时，其电流密度只有 0.3A/cm^2；而 E 为 10^8V/cm 的数量级时，电流密度即可达到 10^9A/cm^2。

由此，对于放电击穿过程的理论模型，可以作如下简要概括：①极间介质击穿过程中，伴随着正、负流光的传播与扩展，阴极场致电子发射也同时进行；②由碰撞电离产生的空间正离子形成阴极表面的正离子场，该局部电场对阴极表面电子发射影响显著；③由阴极场致电子发射形成的进一步碰撞电离同时导致极间正离子场场强的显著增强；④阴极场致电子发射与正离子场场强的相互促进，使极间介质在短时间内获得足够的电离粒子，形成击穿。

2.1.3　多材质电极放电击穿概率的研究

多材质电极电火花加工与传统电火花加工的区别在于工具电极的变化，多材质电极电火花加工材料、结构不同的电极组分在加工时产生的电极损耗不同，形成电火花成型加工中工具电极不同部位的形状变化差异，可实现微小复杂曲面高效高精度电火花加工。由于放电过程中工具电极上存在多材质电极材料同时参与击穿，多材质电极对放电击穿的过程有其自身的影响规律。

实际上，电火花放电击穿过程直接受到阴极电子热场致电子发射的影响。热场致电子发射后，在高强度电场的作用下，在电极间介质中产生电子雪崩电离，当电子快速运动到阳极时，极间电介质被击穿，放电通道形成。对多材质电极而言，电极端面不同部位分布着不同材料，材料的物理参数等对不同部位的放电击穿概率有直接影响。由于不同部位的放电击穿概率直接影响局部电极损耗，多材质电极的形状变化规律也与普通电极存在显著差异。因此，需要对多材质电极电火花加工放电击穿过程进行分析。在放电击穿过程的初期，阴极电子在某一位置的热场致电子发射量可直接影响该位置的放电击穿概率。而热场致电子发射的量则以热场致电子发射电流密度为特征，从而进行单次放电和连续放电条件下的放电击穿概率研究。

1）单次放电击穿过程

根据热场致电子发射理论，当电极表面温度为 T，电极对上施加以电场强度为 E 的强电场时，可以得到阴极电子发射电流密度为[14]

$$j(T) = N(T)\,j(0) \tag{2.9}$$

式中，$j(T)$ 为在温度为 T 时场致电子发射电流密度，单位为 A/cm^2；$N(T)$ 为在温度为 T 时的电流密度相对于 0K 时电流密度的修正系数；$j(0)$ 为在 0K 时的场致电子发射电流密度，单位为 A/cm^2。

$N(T)$ 的表达式为

$$N(T) = \frac{Q}{\sin Q} \tag{2.10}$$

$$Q = 2.77 \times 10^4 \frac{T\sqrt{\phi}}{E} \tag{2.11}$$

对于两种不同材质的电极铜（Cu）和铁（Fe），取相同的电子发射条件；$T = 300K$，$E = 4 \times 10^7 V/cm$，诺德海姆函数 $\theta(y)$ 近似等于 1。那么式（2.5）、式（2.9）～式（2.11）的参量中只有电子逸出功 ϕ 不同，表 2.3 为常见金属电子逸出功[15]。

表 2.3 常见金属电子逸出功

材料	电子逸出功 ϕ / eV
紫铜	5.24
黄铜	3.34～5.24
锌	3.34
铁	4.47
铜钨合金	4.54～5.24
钨	4.54

基于热场致电子发射理论，可以使用热场致电子发射电流密度来表征击穿概率。热场致电子发射电流密度越大，越容易形成放电击穿，击穿概率也会进一步增加。使用击穿概率的比率系数 R_p 来表征不同电极材料的热电子发射电流密度的数值比较，$R_{p(\text{Fe-Cu})}$ 的比率系数计算如式（2.12）所示：

$$R_{p(\text{Fe-Cu})} = \frac{j(T)_{\text{Fe}}}{j(T)_{\text{Cu}}} \tag{2.12}$$

Cu、Fe 的电子逸出功分别为 5.24eV、4.47eV，代入式（2.5）、式（2.9）～式（2.11）中并进行比较，可得 Cu、Fe 材料的 $j(0)$ 是大致相等的，Cu、Fe 材料的 $N(T)$ 也是大致相等的，因此当前温度场下两者的场致电子发射电流密度大致相等，这意味着不同材料对击穿过程的影响基本相同。

2）连续放电击穿过程

对连续的火花放电来说，前次击穿过程形成的放电环境的改变，能够引导本次击穿过程在前次击穿放电通道周围发生，其中对击穿过程影响最大的两个因素为极间介质介电性能的变化和放电通道周围温度的改变[16]。极间介质介电性能的改变主要与介质消电离能力和极间电蚀产物的分布有关，与电极材料材质的关系不大，这里不予讨论。放电通道周围温度的变化主要是前次击穿形成火花放电的电热效应使得放电通道等离子体的温度急剧升高（放电通道中心区域温度可达10273K 以上），即使是电极材料抛出过程中部分热量被电蚀产物和极间介质带走，其放电凹坑处残余材料的温度也很高。而在脉间内，放电凹坑处，残余材料温度由于热传导作用而降低。

式（2.13）即傅里叶导热定律：

$$\mathrm{d}Q = -\lambda \frac{\partial T}{\partial n} \mathrm{d}A\mathrm{d}t \tag{2.13}$$

式中，Q 为传导热量，单位为 J；λ 为材料导热系数，单位为 W/(m·K)；$\frac{\partial T}{\partial n}$ 为温度梯度；A 为导热面积，单位为 m^2；t 为传导时间，单位为 s。

传导热量 Q 与温度变化 ΔT 的关系式则由式（2.14）给出：

$$Q = \Delta T c \rho V \tag{2.14}$$

式中，c 为材料的比热容，单位为 J/(kg·K)；ρ 为材料的密度，单位为 $\mathrm{kg/m^3}$；V 为材料的体积，单位为 m^3。

假设两种材质电极放电凹坑大小一致，温度梯度相同，材料的导热系数与比热容随温度变化较小，传导时间为脉间。则由式（2.13）和式（2.14）可以得出 Cu 和 Fe 两种材料电极脉间内、放电凹坑处热传导前后温度变化 ΔT 的比率系数 $R_{\Delta T(\mathrm{Cu\text{-}Fe})}$ 为

$$R_{\Delta T(\mathrm{Cu\text{-}Fe})} = \frac{\Delta T_{\mathrm{Cu}}}{\Delta T_{\mathrm{Fe}}} = \frac{\lambda_{\mathrm{Cu}}}{\lambda_{\mathrm{Fe}}} \cdot \frac{c_{\mathrm{Fe}} \rho_{\mathrm{Fe}}}{c_{\mathrm{Cu}} \rho_{\mathrm{Cu}}} \tag{2.15}$$

根据表 2.4 可知，式（2.15）的比值为 3.83，说明铜材料由于导热系数高于铁材料，其放电区域因热传导而降低的温度变化将是铁材料放电区域温度变化的 5 倍左右。对初始温度为 3500K 的放电区域来说，若铁材料电极因热传导而降低的温度为 200K，则铜材料电极的降温将达到 1000K 左右。此时，由于放电区域温度的差别，式（2.10）中电流密度的温度修正系数 $N(T)$ 的取值将发生变化，进而引起式（2.9）中热场致发射电流密度 $j(T)$ 的显著差异。

表 2.4 常见金属的物理参数

材料	密度 ρ/(kg/m^3)	比热容 c/(J/(kg·K))	导热系数 λ/(W/(m·K))
紫铜	8930	386	381
黄铜（Zn35）	8500	377	118
铁	7870	444	80
铜钨合金（W70）	14100	207	220

此时，热场致发射电流密度 $j(T)$ 为

$$j(T)=\frac{4\pi emkT}{h^3}\int \exp\left(-c+\frac{P_0-E_F}{d}\right)\cdot\ln\left[1+\exp\left(-\frac{P_0-E_F}{kT}\right)\right]\mathrm{d}E_e \quad (2.16)$$

式中，e 为电子的电荷量；m 为电子质量；k 为玻尔兹曼常量；h 为普朗克常量；P_0 为电子的能量；E_F 为费米能级。

用表 2.5[17]所示的电流密度对数值代替上述已知参数，可知铁材料电极导热性能差，放电区域高温不易传导，从而导致铁的热场致发射电流密度 $j(T)_{Fe}$ 为相同条件下铜材料电极的 53.7～83.2 倍。也就是说 $R_{p(\text{Fe-Cu})}$ 的比率系数为

$$R_{p(\text{Fe-Cu})}=\frac{j(T)_{Fe}}{j(T)_{Cu}}=53.7\sim 83.2 \quad (2.17)$$

表 2.5 不同条件下电流密度的对数值

ϕ/eV	E/(V/cm)	T/K				
		1500	2000	2500	3000	3500
4.0	2×10^7	1.72	3.43	4.64	5.46	6.05
	4×10^7	5.72	6.11	6.56	6.98	7.35
4.5	2×10^7	–1.46	2.20	3.64	4.63	5.38
	4×10^7	4.53	5.01	5.61	6.17	6.65
5	2×10^7	–1.63	0.91	2.63	3.78	4.63
	4×10^7	3.28	3.87	4.63	4.34	5.99

因此，在相同放电条件下，连续脉冲放电加工后，铁电极比铜电极更容易击穿。表 2.6 给出了在初始温度为 3500K，热传导温度下降 200K 的条件下铜与不同材料的温度差异比率 $\Delta T_{Cu}/\Delta T_{(i)}$ 和不同材料与铜的热场电子发射电流密度比率 $j(T)_{(i)}/j(T)_{Cu}$ 的计算结果。从表 2.6 可以看出，在相同条件下，黄铜的热场致发射电流密度最高为紫铜的 61.7～87.1 倍，铜钨合金为紫铜的 10.5～16.2 倍，这意

味着不同材料对连续放电击穿过程的影响差别很大。热场致发射电流密度越大就会导致越高的击穿概率，在相同的条件下，黄铜的击穿概率最高，其次是铁，再次是铜钨合金，紫铜的概率最小。

表 2.6　不同材料的 $R_{\Delta T(\mathrm{Cu}-i)}$ 和 $R_{p(i-\mathrm{Cu})}$ 计算结果

材料	$R_{\Delta T(\mathrm{Cu}-i)}(\Delta T_{\mathrm{Cu}} / \Delta T_{(i)})$	$R_{p(i-\mathrm{Cu})}(j(T)_{(i)} / j(T)_{\mathrm{Cu}})$
铁	4.83	53.7～83.2
黄铜（Zn35）	3.00	61.7～87.1
铜钨合金（W70）	1.47	10.5～16.2

2.1.4　多材质电极放电击穿试验与结果分析

1）放电击穿试验条件

试验所使用的装置为自行搭建的电火花加工机床，它主要包括自动进给装置、电源箱、工作台。该电火花加工机床主轴移动速度的最小变化量为 0.1m/s，可根据放电情况自适应调节主轴移动速度以满足不同工况下的加工需求，防止拉弧放电，加工更为稳定且操作简单。采用电火花浸液式加工方法，以去离子水为工作液。电火花加工多材质电极放电击穿试验参数如表 2.7 所示。

表 2.7　放电击穿试验参数

项目	内容
工件材料	模具钢
电极材料	铁-紫铜、铁-铜钨合金、黄铜-紫铜
加工极性	正极性
工件厚度/mm	4
脉宽/μs	12.5
脉间/μs	7.5
火花维持电压/V	45
峰值电流/A	0.8
电极直径/mm	2
放电时间/s	3
工作液	去离子水

所制备的多材质电极是将两种不同材料的圆柱电极并列固定在一起形成的，

电极的端部打磨得非常平滑，由紫铜和铁制备的多材质电极如图 2.11 所示。将多材质电极进行连续脉冲放电试验，每种电极组合形式做三次，然后用高倍电子显微镜观测不同组合电极的电极端面并记录放电凹坑的分布状态，运用面积识别软件计算放电击穿的面积，进行放电击穿概率的比较。

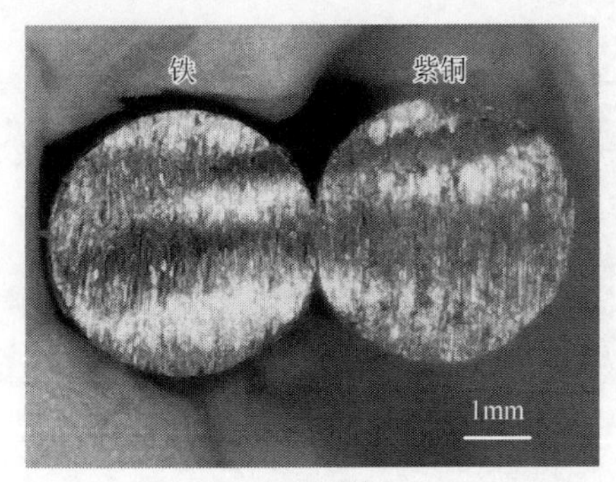

(a) 侧视图

(b) 底视图

图 2.11 紫铜和铁制备的多材质电极

2）放电击穿试验结果

图 2.12～图 2.14 分别显示了铁-紫铜、黄铜-紫铜、铜钨合金-紫铜多材质电极的试验结果。由图可见，在相同放电条件下，铁电极上的放电点数量大于紫铜电极，同样，黄铜电极的放电点数量大于紫铜电极，铜钨合金电极的放电点数量大于紫铜电极。由图 2.12 可以看出，对于相同的放电击穿条件，当放电结束时，放电点主要分布在铁电极的表面上，铜电极的表面上仅存在少量放电点，这表明铁的放电概率明显高于紫铜。比较两种材料的导热性，可以发现铁的导热系数远小于紫铜，这表明连续放电后，由于铁的低导热性，很少的一部分热量由铁向外部传导，同时，由于铁的比热容高于紫铜，相同温度的铁含有较高的热量，铁的温度降低程度要比紫铜小得多。另外，铁电极与紫铜电极相比，其表面的温度较高，促进了电极表面上的阴极热电子发射，从而提高了铁电极的放电概率。图 2.12（a）所示的铁电极表面的高温烧痕也可以证明连续放电后铁电极表面存在高温。从图 2.13 可以看出，在紫铜电极和黄铜电极的表面上分布大量放电点，并且黄铜电极表面上的放电点远多于紫铜表面的放电点，两者之间的差别小于紫铜和铁电极之间的差异。这是因为黄铜电极的导热系数略高于铁电极，其比热容与紫铜相似，在连续放电条件下，多材质电极左右两侧的温差不如铁-紫铜电极大，因此其放电点分布的差异较铁-紫铜电极小。从图 2.14 以看出，虽然铜钨合金电极表面的放电点数量大于紫铜电极，但左右两端的放电点数量差异明显减小，这主要是因为铜钨合金的导热系数小于紫

铜，其比热容也小于紫铜，这两个方面因素对铜钨合金和紫铜之间的温差具有相同的影响，都会导致铜钨合金的表面温度高于紫铜。铜钨合金表面的放电概率高于紫铜的原因可能是铜钨合金的密度较大，这可以增加同一体积材料中所含的热量，并弥补了比热容较小的缺点。而由于铜钨合金的导热系数低于紫铜，所以铜钨合金材料的表面温度会较高，其放电概率也会增加。

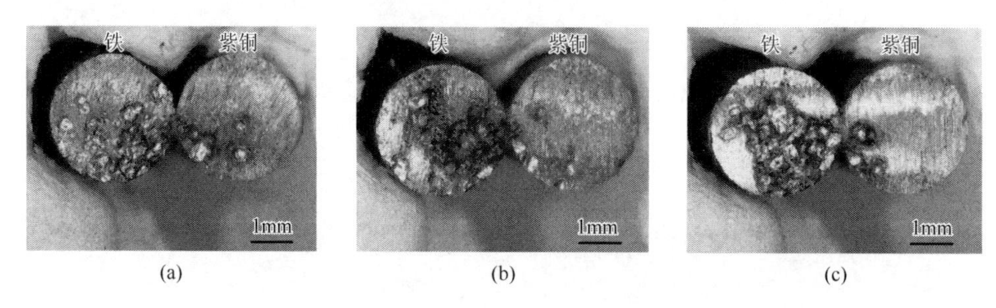

(a) (b) (c)

图 2.12 铁-紫铜多材质电极表面放电点分布

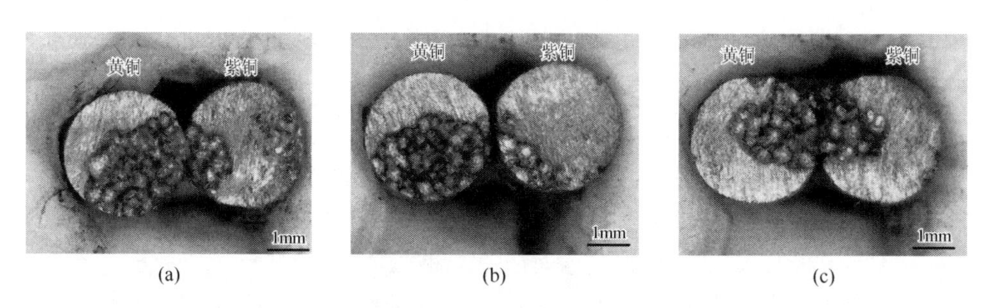

(a) (b) (c)

图 2.13 黄铜-紫铜多材质电极表面放电点分布

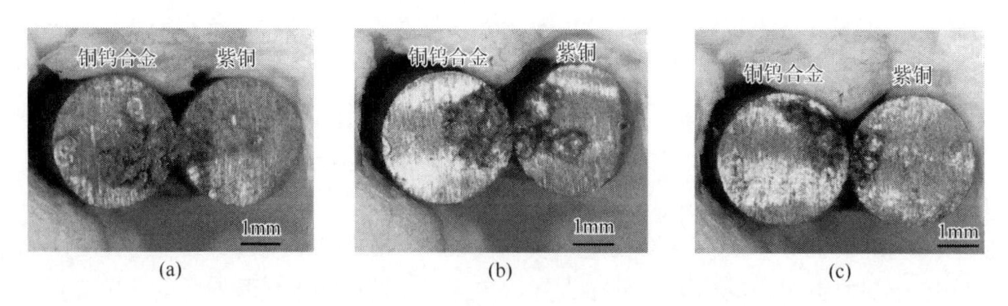

(a) (b) (c)

图 2.14 铜钨合金-紫铜多材质电极表面放电点分布

利用图像处理软件 MATLAB 的像素分析功能，利用电极表面的放电影响区域，定量描述分布在不同电极上的放电点数量。像素分析是使用图像处理软件准确地分析不规则图像的面积的方法，利用图像像素与图像面积之间的比例关系，通过计算测试图像的显示像素，来分析测试图像的实际面积。根据图像像素与实际面积的比例关系，可以得到参照面积与待测面积间关系的一个等式，如式（2.18）所示。

$$\frac{\text{参照面积}A_r}{\text{待测面积}A_t}=\frac{\text{参照面积所占像素}P_r}{\text{待测面积所占像素}P_t} \tag{2.18}$$

分析放电影响区域时，参照面积 A_r 是已知量，因为在加工过程中圆柱形电极的直径是 2mm，为了便于计算，将边长为 2mm 的正方形作为参照图像，那么参照面积是 $4mm^2$，参照面积所占的显示像素 P_r 也是已知量，它是图像处理软件中参照区域的相应像素。待测面积所占像素 P_t 是图中选择的放电影响区域对应的像素。放电影响区域在不同的电极表面上是不同的，并且待测面积所占像素是不同的。因此，通过在软件中获得待测面积像素，将已知量的参照面积和参照面积所占像素代入，可以由式（2.18）精确地计算电极表面上的放电影响区域，从而计算不同多材质电极表面的放电影响区域面积，即放电面积，如图 2.15 所示。

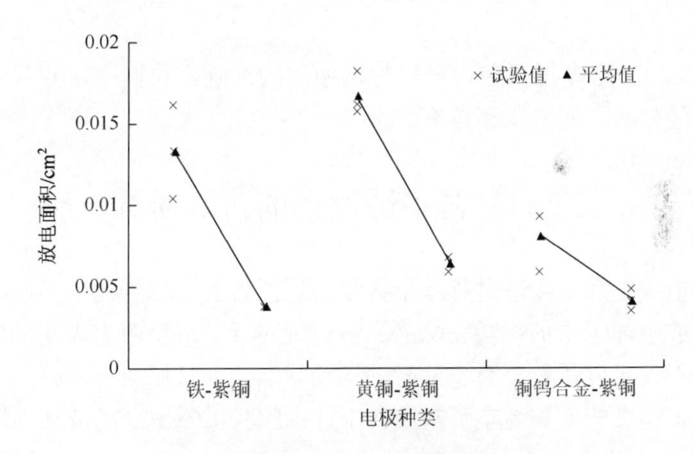

图 2.15　不同多材质电极表面放电面积

从图 2.15 可以看出，放电面积从大到小依次为黄铜、铁、铜钨合金、紫铜。紫铜的放电面积在每组数据中最小，黄铜、铁和铜钨合金电极的放电面积大于紫铜，其放电面积与紫铜的放电面积具有倍数关系，这是因为紫铜的导热系数大于其他材料的导热系数，并且其比热容相对较小，所以具有最小的放电概率，这与击穿概率比值系数的分析结果一致。在铁-紫铜多材质电极端面上，铁表面的平均放电面积约为紫铜表面的 3.5 倍；在黄铜-紫铜多材质电极端面上，黄铜表面平均放电面积约为紫铜表面的 2.5 倍；而在铜钨合金-紫铜多材质电极端面上，铜钨合金与紫铜放电面积比小于 2 倍。在不同的多材质电极中，紫铜的放电概率在与铁、黄铜及铜钨合金组合时，差异逐渐减小。这是因为铁的导热系数小于其他材料的导热系数，比热容大于其他材料，因此具有最大的放电概率差异。此外，在铁、黄铜、铜钨合金中，铜钨合金的导热系数较大，其比热容最小，因此与其他三种材料相比，铜钨合金与紫铜的放电概率差异是三种材料中最小的。另外，从图 2.15 中可以看出，黄铜-紫铜多材质电极的放电面积大于其他两组，这可能是因为黄铜中锌的电子逸出功低，有助于提高电极放电击穿的成功率，从而增加了黄铜表面的放电次数。同时，在放电击穿的影响下，紫铜表面的放电次数也有所增加。

根据试验结果分析，可以得到不同材料与铜相比的击穿概率 $P_{b(i-\mathrm{Cu})}$：

$$P_{b(i-\mathrm{Cu})}=\frac{\text{待测材料面积}A_i}{\text{待测材料面积 }A_i+\text{铜待测面积}A_{\mathrm{Cu}}} \tag{2.19}$$

根据击穿概率与温差比率 $R_{\Delta T(\mathrm{Cu}-i)}$ 和击穿概率比率系数 $R_{p(i-\mathrm{Cu})}$ 的对应关系，采用 MATLAB 自适应拟合方法进行公式拟合，给出不同材料与铜相比的击穿概率拟合公式：

$$P_{b(i-\mathrm{Cu})}=0.7658+0.07448\sin(\pi R_{\Delta T(\mathrm{Cu}-i)}R_{p(i-\mathrm{Cu})})-0.269\exp[-(0.1093R_{p(i-\mathrm{Cu})})^2] \tag{2.20}$$

从式（2.20）可以得到某种材料与铜相比的准确击穿概率，并且还可以获得任意两种不同材料之间的击穿概率。

2.2 材料熔蚀过程的仿真研究

实际的电火花加工物理过程是十分复杂而短暂的，作为加工的独立单元，研究单次火花放电加工中的材料去除的完整过程对于分析整个电火花加工是十分必要的，这样不仅可以了解材料去除时的运动状态，而且还会得到新的工艺优化思路，提高加工精度和效率，本节采用的工件为颗粒增强型金属基复合材料。

2.2.1 材料熔蚀过程物理模型

考虑工件材料的熔蚀主要是表面热源的作用，其能量从放电通道中传递到工件表面。在介质击穿和通道形成、能量分配与传递的两个阶段内，由于高斯分布热源的作用，在放电点周围的部分材料达到熔沸点后会产生相变。对应在工件表面形成中间深四周浅的凹坑，其内部均为熔融液相金属。

由于单次火花放电加工颗粒增强型复合材料放电过程的复杂性，材料熔蚀的热源及抛出作用力过于复杂，需要对仿真过程进行适当的简化。

（1）假设单脉冲放电中材料的熔蚀及抛出作用均为轴对称分布。

（2）单脉冲放电加工过程中只产生一个理想化的圆柱体放电通道，并且加载的热源满足高斯分布。

（3）只考虑热传导和热对流传递形式，忽略其他的热量传递形式。

（4）工件材料相变忽略微小区域的气化，只考虑大部分的熔化过程。

图 2.16 为单脉冲放电加工颗粒增强型复合材料熔蚀物理过程。在电火花加工的过程中，工具电极向工件运动，当两极间距离达到一个极小值时，极间的绝缘介质被击穿形成放电通道，通道内的能量主要以热传导的形式传入工件，还有一部分会在放电点周围以热对流的形式耗散到放电间隙内的工作液介质中。

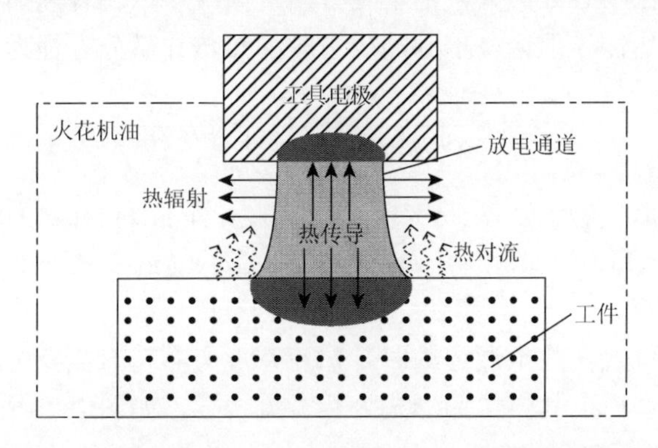

图 2.16　单脉冲放电加工颗粒增强型复合材料熔蚀物理过程

2.2.2　材料熔蚀过程数学模型

1）单脉冲放电能量分析

在电火花加工单脉冲放电释放能量的过程中，电能被转化成热能、动能和磁能等。能量的释放则通过热传导、热对流及热辐射等形式被电极或者工作液吸收。两极间的能量分配方程为

$$W_t = \int_0^T U(t)I(t)\mathrm{d}t = W + W_a + W_c \tag{2.21}$$

式中，W_t 为总的放电能量；$U(t)$ 为极间放电电压，单位为 V；$I(t)$ 为极间放电电流，单位为 A；W 为分配到放电通道上的能量；W_a 为分配到阳极上的能量；W_c 为分配到阴极上的能量。

η 为阳极工件的能量分配系数，通过前人的研究结果[18, 19]，在金属基复合材料正极性电火花加工的特定情况下，有大约 30%的能量被分配到阳极工件，所以能量分配系数 η 选取 0.3，则单个脉冲放电阳极分配的能量为

$$W_a = \eta W_t \tag{2.22}$$

而一次脉冲放电期间传递到阳极工件上的总能量又可分成四部分：

$$W_a = W_a^e + W_a^u + W_a^t + W_a^\varphi \tag{2.23}$$

式中，W_a^e 为电子轰击阳极表面时所传递的能量；W_a^u 为辐射传递到阳极表面的能

量；W_a^t为放电通道中的气体介质质点冲击阳极表面所传递的能量；W_a^φ为放电时从阴极表面喷爆出的金属蒸气炬传递到阳极表面的能量。

2）单脉冲放电热源分析

将放电时放电点周围产生的热源考虑为表面热源，通道内的粒子分布也是不均匀的，其密度在中心处最大，沿半径方向逐渐减小，符合高斯分布规律。

根据傅里叶热传导理论，单脉冲放电时的热传导微分方程为

$$\lambda\left(\frac{\partial^2 T}{\partial z^2}+\frac{1}{r}\frac{\partial T}{\partial r}+\frac{\partial^2 T}{\partial r^2}\right)=c\rho\frac{\partial T}{\partial t} \tag{2.24}$$

式中，λ为热导率，单位为W/(m·K)；T为温度，单位为K；t为时间，单位为s；c为比热容，单位为J/(kg·K)；ρ为密度，单位为kg/m^3；r、z为放电区域坐标，单位为m。

当工件表面位置在放电通道内时，热流密度分布符合高斯分布；当位置在放电通道以外时，理论上其热传递形式为热对流传导，如图2.17所示。

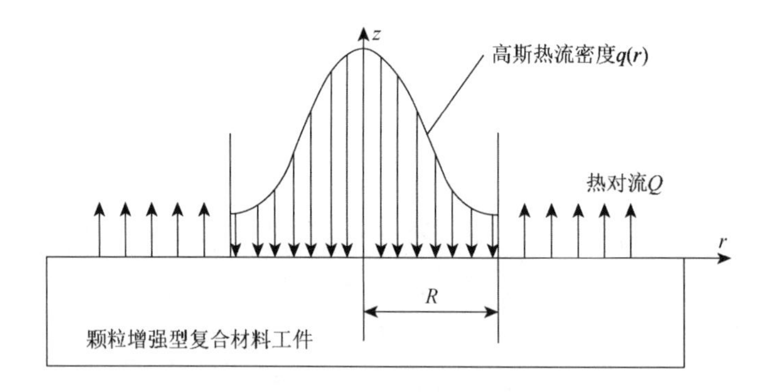

图2.17　工件表面热传递

工件表面热传递可以表达为

$$\lambda\frac{\partial T}{\partial z}=\begin{cases}q(r), & r\leqslant R(t)\\ h(T-T_0), & r>R(t)\end{cases} \tag{2.25}$$

式中，$q(r)$为高斯分布的热流密度函数；$h(T-T_0)$为热对流函数；$R(t)$为t时刻的放电通道半径，单位为m。

（1）高斯热流密度分布。

在电火花加工的热源数学模型中，热流密度分布符合高斯分布，在放电通道内距离放电点中心位置为r处点的热流密度可表达为

$$q(r) = q_{\mathrm{m}} \exp\left(-k \frac{r^2}{R^2(t)}\right) \tag{2.26}$$

式中，q_{m} 为表面最大热流密度，单位为 J/(m²·s)；k 为热源集中系数，取值为 3。

因为在工件表面的热源近似呈圆形，沿半径方向无穷远处为 0，所以热源在放电区域内总的输入功率 P 可通过积分求解，在积分内存在未知量 q_{m}，推导得[20]

$$P = \int_0^{2\pi}\int_0^{+\infty} q(r) r\mathrm{d}r\mathrm{d}\theta = \int_0^{2\pi}\int_0^{+\infty} q_{\mathrm{m}} \exp\left(-k\frac{r^2}{R^2(t)}\right) r\mathrm{d}r\mathrm{d}\theta = \frac{\pi R^2(t)}{k} \tag{2.27}$$

$$q_{\mathrm{m}} = \frac{kP}{\pi R^2} = \frac{k\eta U(t) I(t)}{\pi R^2} \tag{2.28}$$

将式（2.28）推导出的 q_{m} 代入高斯热流密度分布式（2.26）中得

$$q(r) = \frac{k\eta U(t) I(t)}{\pi R^2} \exp\left(-k\frac{r^2}{R^2(t)}\right) \tag{2.29}$$

确定热流密度的分布还需了解放电通道的半径大小，众多国内外学者对放电通道半径展开过相关研究。其中，日本学者井上洁[21]根据大量试验总结出了放电通道半径与电流和脉宽之间的关系式，上海交通大学的楼乐明[22]基于井上洁的经验公式通过优化分析得到了优化后的放电通道半径公式：

$$R = \begin{cases} 2.85 i_{\mathrm{p}}^{0.53} t_{\mathrm{f}}^{0.38}, & t_{\mathrm{f}} > t_{\mathrm{b}} \\ 2.85 i_{\mathrm{p}}^{0.53} t_{\mathrm{b}}^{0.38}, & t_{\mathrm{f}} \leqslant t_{\mathrm{b}} \end{cases} \tag{2.30}$$

式中，i_{p} 为峰值电流，单位为 A；t_{f} 为放电时间，单位为 μs；t_{b} 为最佳脉宽，单位为 μs。

其中，t_{b} 与峰值电流 i_{p} 的关系可以表达为[23]

$$t_{\mathrm{b}} = -0.00001552 i_{\mathrm{p}}^4 + 0.002343 i_{\mathrm{p}}^3 - 0.004692 i_{\mathrm{p}}^2 + 2.581 i_{\mathrm{p}} + 2.142 \tag{2.31}$$

（2）热对流。

工件表面除了受热流密度的影响，还会产生热对流效应。这是由于工件与工作液产生温差，温度会由高温物体传向低温物体，产生热量的传递，这种因温差所产生的热量传递称为热对流。在 FLUENT 中应用了热对流基本公式，该公式定义为

$$Q = h(T - T_0) \tag{2.32}$$

式中，Q 为单位面积的固体表面与流体在一定时间内交换的热量，称为热流密度，单位为 W/m²；h 为表面对流换热系数，单位为 W/(m²·K)，本章采用的工作液为煤油，其对流换热系数取 458W/(m²·K)；T、T_0 分别为固体表面温度及流体介质的温度，单位为 K。

2.2.3 材料熔蚀过程仿真模型的建立

本节所建立的材料去除模型是将材料熔蚀和材料抛出两个过程整合到一起建立的，即在第一阶段材料熔蚀结束后提取熔蚀仿真结果，作为第二阶段材料抛出的初始条件。然后修改模型的边界条件及应用模块，再次建立材料抛出过程的仿真模型。进而仅在FLUENT仿真软件中就完成了材料熔蚀和抛出两个过程的分析，较好地保证了仿真准确性和操作的简洁性。模型建立、网格划分及边界条件的设置在Gambit软件中进行。

如图2.18所示，观察WC-Co复合材料单脉冲放电凹坑形貌，可知放电凹坑半径 $R \approx 300\mu m$，并考虑放电凹坑中的材料抛出到坑外等因素，本节建立仿真模型的工件边长为700μm、高度为200μm。在材料熔蚀阶段选用“wall”壁面边界条件，而在材料抛出阶段修改为“interface”边界条件使两区域产生数据交换，实现熔融材料及颗粒的自由运动。为了减小计算量，选取1/2对称模型计算，对称轴为“symmetry”边界条件。由于电极尖端呈一定角度，形状较复杂，为了保证网格质量，网格划分采用非结构化网格进行。模型中采用Tri网格及Pave方式进行网格的生成，在Gambit软件中生成的单脉冲放电材料去除过程仿真模型如图2.19所示。

图2.18 WC-Co复合材料单脉冲放电凹坑形貌

工件材料是通过粉末冶金工艺制成的，材料的颗粒体积分数为92%，通过粒子注入的方法将碳化钨颗粒分布到工件内部，模拟颗粒增强金属基复合材料。对于热源的加载则通过FLUENT二次开发接口完成，其提供的DEFINE_PROFILE函数可以将对应位置温度分布的数学模型加载到指定面上，从而实现电火花加工材料熔蚀过程的模拟。

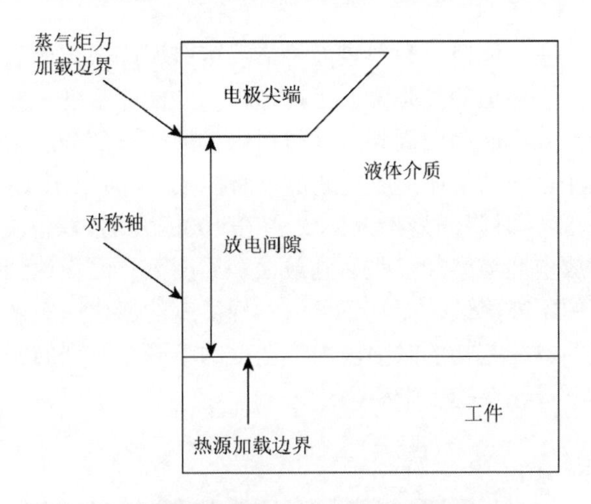

图 2.19　单脉冲放电材料去除过程仿真模型

2.2.4　材料熔蚀过程仿真与结果分析

仿真采用铜作为电极正极性加工 WC-Co 复合材料工件，单脉冲放电加工仿真电参数如表 2.8 所示，放电峰值电压为 45V，峰值电流为 20A，放电脉宽为 100μs。通过查阅文献得到阳极能量分配系数为 30%[18, 19]。仿真时将热流密度中心施加在电极中心(0, 0)处。

表 2.8　单脉冲放电加工仿真电参数

电极材料及加工极性	阳极能量分配系数	峰值电压	峰值电流	放电脉宽
阳极：WC-Co 复合材料 阴极：铜	30%	45V	20A	100μs

1）材料温度场变化过程分析

如图 2.20 所示为在峰值电流为 20A、峰值电压为 45V、放电脉宽为 100μs 的放电条件下，WC-Co 复合材料内部温度场的形成过程。从图中可以观察得到，在单脉冲电源的放电时间内，材料表面的加热面积及温度影响区域随着脉冲时间的增加逐渐增大。在初始时刻（0μs）材料表面温度为室温 300K，当脉冲时间为 1μs 时，材料表面的峰值温度瞬间达到了 7450K 左右，这是由于半径小、能力高的放电通道初步形成后，在工件表面产生一个极高温度的热源，并且温度分布面积较小，大部分能量并未通过热传递方式及时地向工件材料内部扩散，因此能量都聚集在放电点附近。在 5μs 时，材料表面峰值温度有所降低，达到 5750K。温度降低的原因考虑为放电通道的扩张降低了通道内部的能流密度，并且能量还会以热传递、热辐射等方式不断向四周和工件材料内扩散，一部分能量损失造成了温度的降低。随着脉冲时间的增加，放电通道不断扩张，峰值温度逐渐减小，在 10μs 时降低为 5450K，50μs 时降低为 5130K。最终在 100μs 左右，峰值温度稳定在 4760K 不再变化，此时放电通道半径扩张达到最大，温度分布面积达到最大。从图中不仅可以看出温度的不断降低，而且还可以发现温度的变化速率是随着脉冲时间的增加而逐渐递减的。在起初的时间段内，温度的下降是剧烈的，而随着脉冲时间的不断增加，其下降速率趋于平稳。

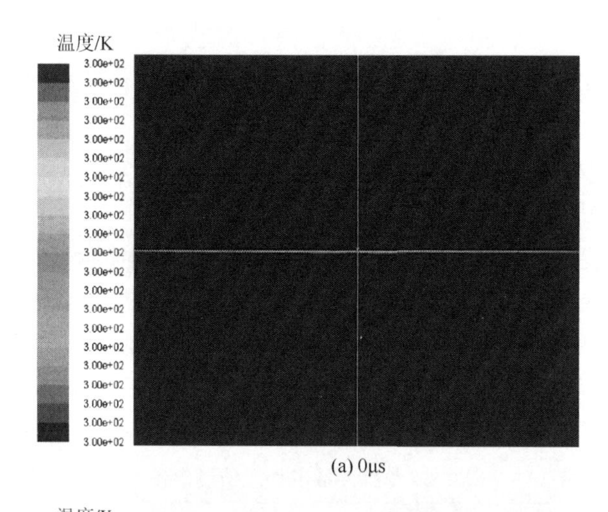

(a) 0μs

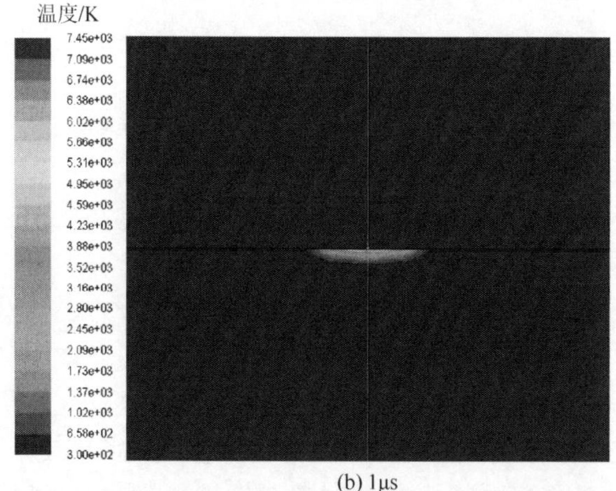

(b) 1μs

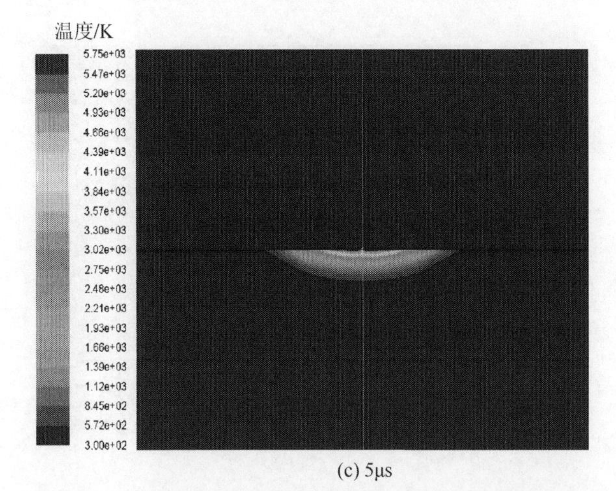

(c) 5μs

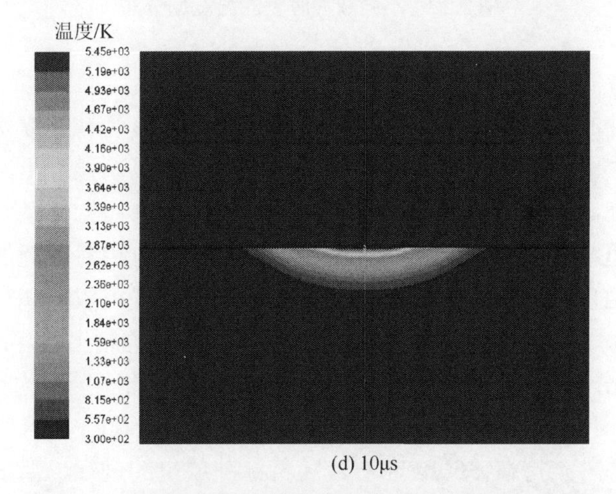

(d) 10μs

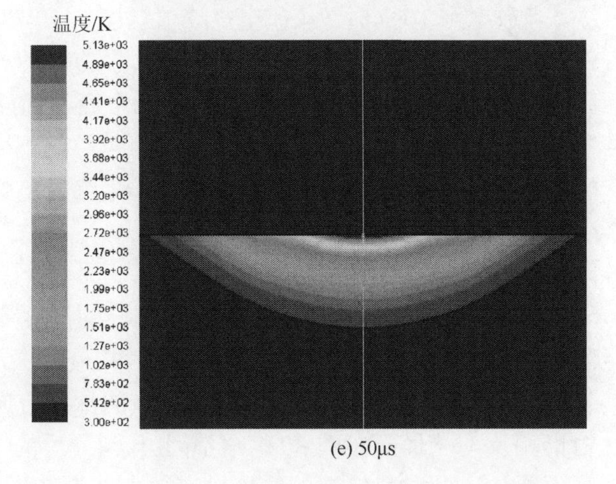

(e) 50μs

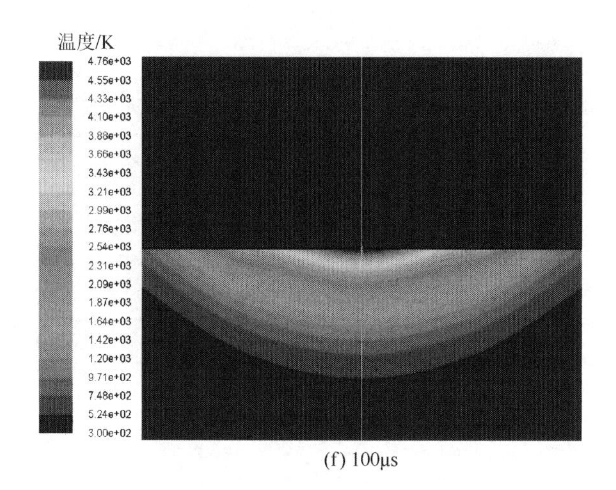

(f) 100μs

图 2.20　不同脉冲时刻的温度场分布

（1）半径方向的温度变化。

在不同脉冲时刻，材料表面沿半径方向产生的温度变化情况如图 2.21 所示。图中显示了自放电开始后 6 个时刻下的温度变化，可以明显看出温度的分布呈中心点最高、逐渐向半径方向递减的规律，近似于高斯分布。并且可以发现在放电点附近的温度随脉冲时间的增加而逐渐减小，离放电点相对较远的位置其温度反而逐渐升高，这也归结于放电通道的扩张引起能量向外扩散。观察得出在脉冲时刻为 0～1μs 的区间内，温度分布在坐标原点(0, 0)附近急剧上升。而脉冲时间达到 1μs 时，温度场分布集中在放电点附近半径为 80μm 的极小区域内，其温度发生骤降，从 7450.9K 迅速降至 343.8K。而沿半径方向 80～700μm 的区间范围内温度变化十分微弱，基本维持在 300K 左右。随着脉冲放电的进行，温度沿半径方向的变化逐渐趋于平缓。当放电到 10μs 时，从放电点峰值温度 5450.7K 降低到了沿半径方向距离中心 300μm 位置的 300.5K，比 1μs 时刻沿半径方向的温度变化相比更加平稳。而最终到 100μs 时，温度沿半径方向降低得更加缓慢，峰值温度从 4760.7K 降至 300.5K，半径方向的长度变化为 700μm。因此，可以总结规律为：放电初期温度场分布为陡峭型，随着放电时间的增加趋于稳定，最终放电即将结束时，温度场分布变为平缓型。

（2）深度方向的温度变化。

图 2.22 所示为不同脉冲时刻的材料表面沿深度方向的温度变化，从图中可以看出，随着脉冲时间的增加，放电点温度逐渐降低，从最初 1μs 时的 7402.3K 逐渐降低到最终 100μs 时的 4773.3K。而在远离放电点的深度方向为 50μm 位置处，其温度变化恰恰相反，从最开始的 300K 不断上升到最后的 1521.4K，这是因为热传导使能量不断传递到材料较深的位置。在放电初期（0～1μs），峰值温

度从 300K 激增至 7402.3K。放电 1μs 时刻，深度方向上温度的变化与半径方向相似，但其趋势类似于指数分布的规律。其温度在半径 10μm 的范围内迅速降低到 300K 左右，在大于半径 10μm 的范围外温度基本没有太大的变化，维持在 300K 左右。放电时间达到最后的 100μs 时，放电点(0, 0)与距深度方向 100μm 位置的温差约为 3000K，相比放电初期二者温度相差 7000K 而言，其分布基本已趋于平稳。由于能量不再集中，而向四周扩散，材料表面的峰值温度与最低温度相差较小，直至放电结束。

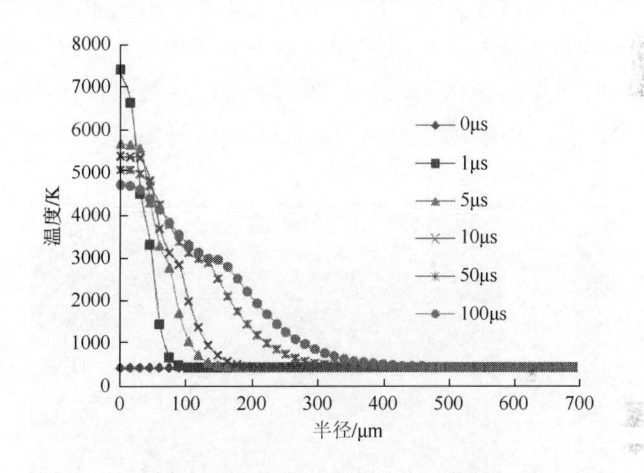

图 2.21　不同脉冲时刻材料表面沿半径方向的温度变化曲线

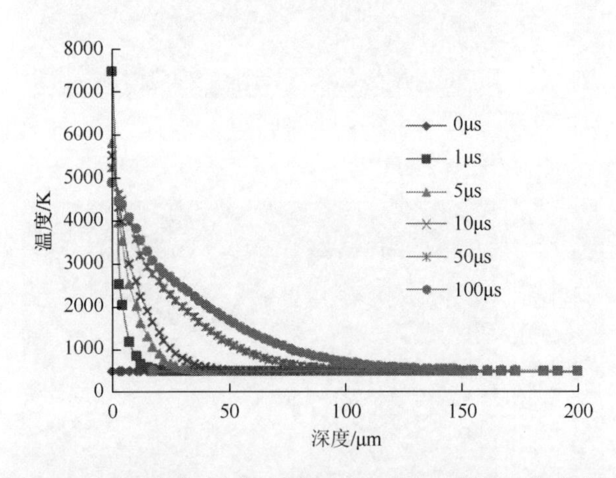

图 2.22　不同脉冲时刻材料表面沿深度方向的温度变化曲线

2）材料熔池形貌变化过程分析

图 2.23 展示了脉冲放电过程中工件表面熔池形成的过程，图中数值表示液相

率。液相率为 1 代表煤油工作介质和液态熔融金属材料；液相率为 0 代表固态工件材料，而在 0 与 1 之间的则是固相和液相之间的一层很薄的渐变过渡带，这是在 FLUENT 软件中为避免固相与液相之间突然的相变而形成的承接两相计算的模糊区域。从图中可以看出，在 0μs 时刻，工件表面平整，无任何畸变。随着放电的进行，工件表面会迅速形成高温热源，温度的升高会带来金属材料的熔蚀。在 1μs 时刻，工件表面迅速出现微小的凹陷，其凹陷部分为熔融态金属材料。而在 5μs 的脉冲时间内，材料的凹陷区域迅速向外扩散，横向扩散速度大于纵向，其主要原因为放电前期的放电通道扩张引起了工件表面热源的扩散。之后的时间里，工件材料的熔化凹陷区域继续变大。在 50μs 时刻，凹坑基本成形，熔池形貌整体呈扁平状。之后的时间里，形状变化逐渐趋于平缓，这是由扩张的放电通道内部能流密度逐渐减小，温度逐渐降低造成的。在 100μs 时刻，工件材料表面的凹陷大

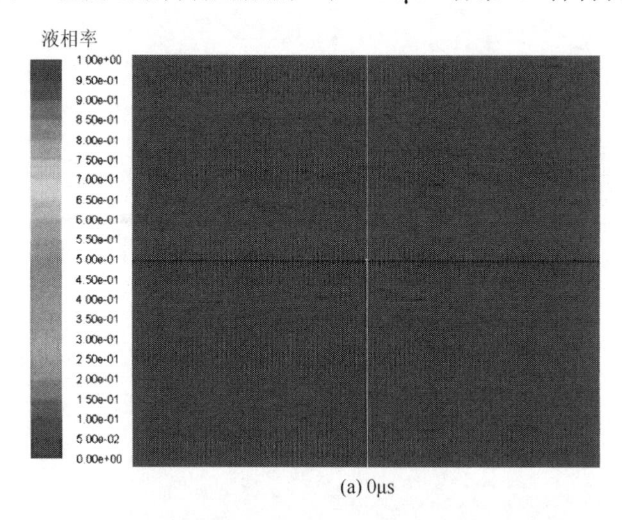

(a) 0μs

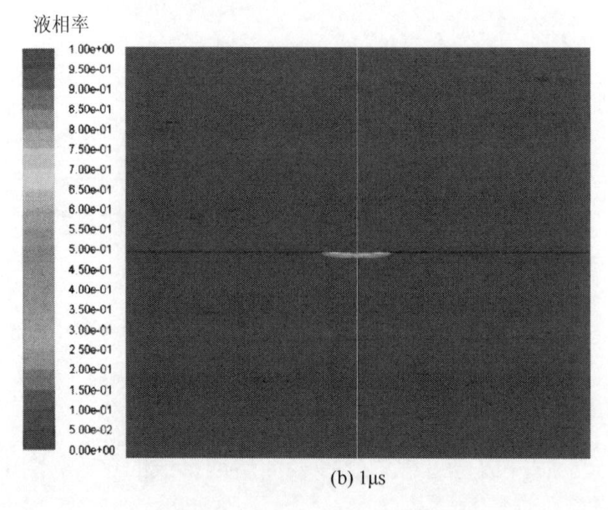

(b) 1μs

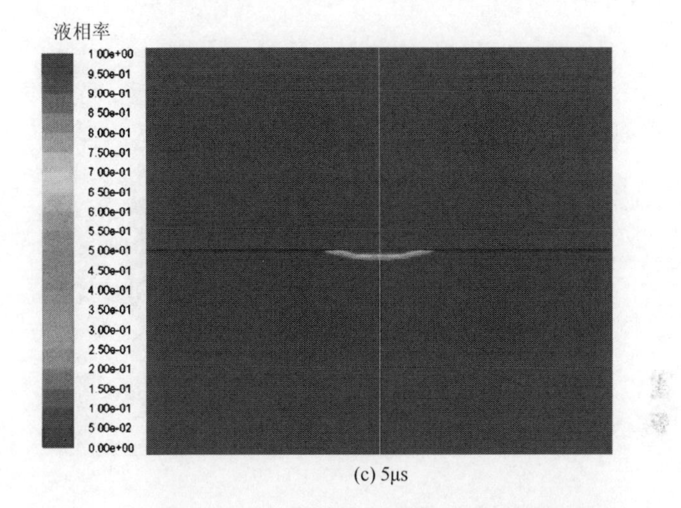

(c) 5μs

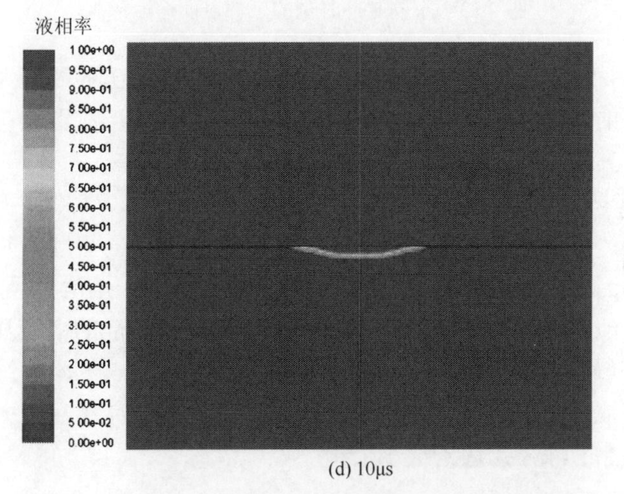

(d) 10μs

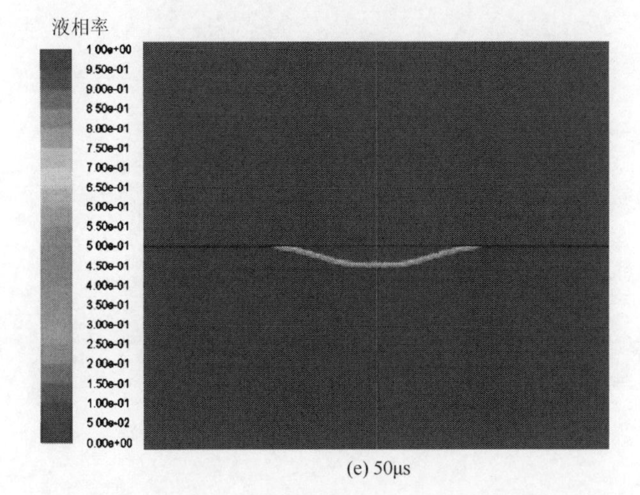

(e) 50μs

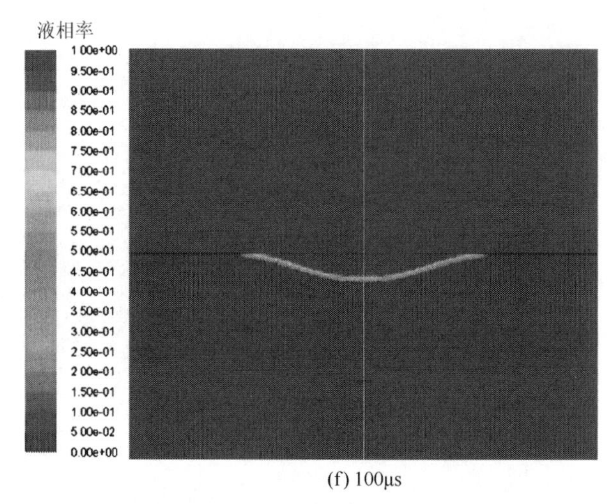

(f) 100μs

图 2.23 不同脉冲时刻的工件表面熔池形貌

小与 50μs 时刻相差不大，原因为通过热传导等方式传递出的能量大于放电通道向工件表面输入的能量，用于熔化材料的温度减少。最终形成电火花加工工件材料的表面熔池，其形貌趋于扁平。

如图 2.24 所示，分别统计了 1μs、5μs、10μs、50μs、100μs 五个时刻的材料表面熔池半径、深度尺寸的变化情况，由图可知，两者的尺寸随时间的变化率逐渐减小，在 50μs 以后，熔池深度尺寸基本不再发生变化，熔池半径变化逐渐缓慢，最终形成的熔池半径为 156μm。通过观察可以发现，熔池的半径及深度的变化在前 10μs 内增长较剧烈，随后的时间里开始减缓。图 2.25 为不同脉冲时刻的材料表面熔池深径比，可以看出随着时间的增加，深径比先减小后增大，当脉冲时刻为 5μs 时，熔池的深径比达到最小值。

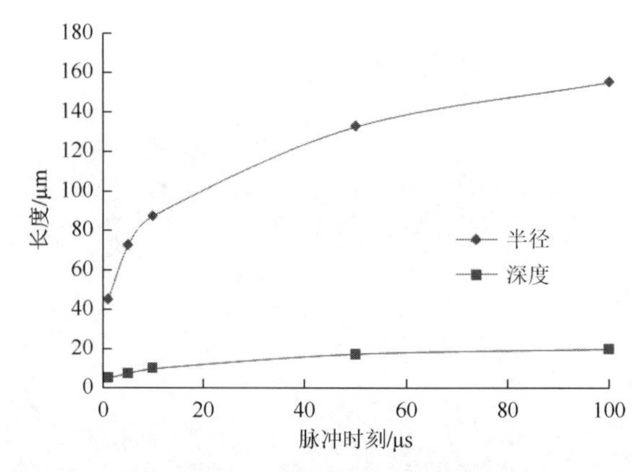

图 2.24 不同脉冲时刻的材料表面熔池半径、深度变化

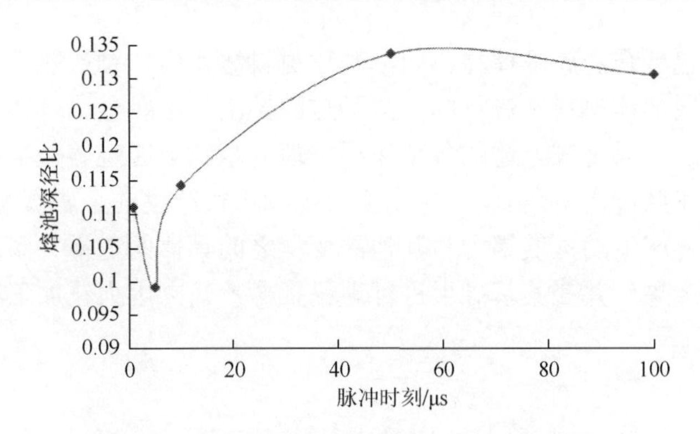

图 2.25 不同脉冲时刻的材料表面熔池深径比

2.3 材料抛出过程的仿真研究

2.3.1 抛出力作用机理的探究

1）抛出力作用机理

电火花加工的材料抛出过程是十分复杂的，早在 1960 年，Золотых 首次提出流体动力是电极材料抛出的主要作用力，并且利用高速摄影进行了试验验证[17]。在电火花加工过程中电极材料的抛出主要是由液相完成的，气相作用只占一小部分，主要过程可描述如下：放电间隙的工作液介质被击穿后，电子和离子的轰击使得材料表面形成平面热源，热源作用的微小区域将被瞬时加热到金属材料的沸点以上。由此，在脉冲作用的第一个阶段，金属蒸气首先被抛出，蒸气的抛出速度和能量取决于电极材料的热学性能和脉冲放电的特性。金属蒸气会将电极的能量传递到与之相对的工件表面，其能量的传递在一定情况下可与电子轰击相比拟。研究发现，采用高沸点材料作为工具电极时产生的蒸气流能量较高，这种蒸气流对电极的冲击就像流体喷射加工一样，会对工件表面熔池产生极大的冲击压力，使得材料熔化、气化和抛离电极表面，因此将这种蒸气流称为蒸气炬。此过程中产生的动能很大，材料的去除是十分可观的。喷出的金属蒸气与高温气化的工作液一同在放电通道附近形成气泡。随着放电结束后的热源消失，通道及电极端面不再产生蒸气，熔融材料上方通道内部温度的降低及气泡收缩使得熔融材料表面瞬间产生压力变化，这将造成熔池中的材料再次喷爆而出，额外地抛出一部分材料。至此，在电极表面形成一个放电凹坑。综上可知，无论是气泡运动还是材料的抛出，其主要影响因素都可归结为蒸气炬的作用。

如图 2.26 所示为蒸气炬力作用下，熔融金属与颗粒增强型复合材料的抛出过程示意图。经研究得出，材料的抛出速度最高可达 200m/s。复合材料中的硬质颗粒主要附着和包裹在金属基体材料内，基体材料熔化后，颗粒的抛出过程主要是伴随熔融的金属基体材料来进行的，故颗粒的抛出与熔融金属基体材料的抛出作用机理是相似的，只是在上述的各个作用机理的基础上通过熔融金属基体材料二次传递而作用在颗粒上，而材料的抛出主要受到电极产生的金属蒸气炬力的作用，那么就需要研究产生的蒸气炬力与其他的变量之间具体的定量关系。本节总结各国学者的研究成果，并在其基础上进行理论推导，建立电火花加工材料抛出力的数学模型。

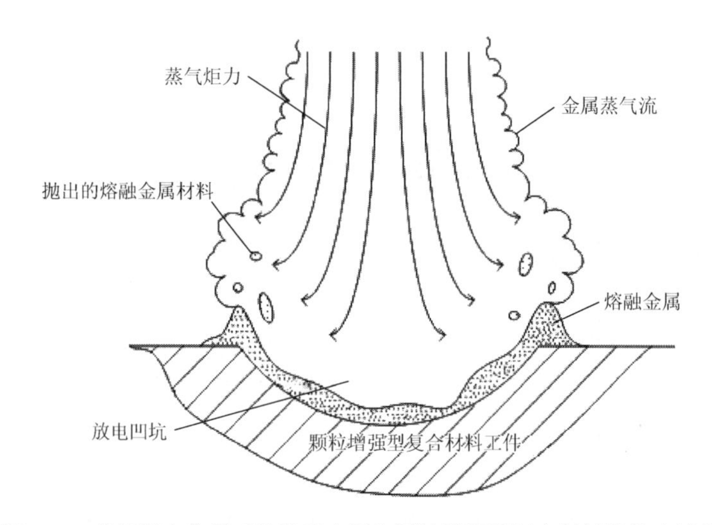

图 2.26　蒸气炬力作用下的熔融金属与颗粒增强型复合材料的抛出过程

2）蒸气炬力的数学模型

对于电火花加工过程中金属蒸气产生的相关研究相对较少，查阅大量文献可得到关于金属材料在瞬时高温的气化过程。金属蒸气产生的主要机理可简单叙述如下：产生金属蒸气喷射在一个周期内的变化可分为 4 个阶段，即材料蒸发阶段、金属蒸气激增阶段、金属蒸气爆炸分离阶段、分离后的金属蒸气团逐渐消散阶段。这里可以把蒸气炬力作用过程详细解释为：在一次火花放电加工过程中，放电通道内部高温可使电极端面材料瞬间气化，如此快的气化速度足以产生大量蒸气、能量及巨大的冲击压力（即反冲压力）。气化金属材料克服金属表面张力作用，射出电极端面并对相对的工件材料产生强大的冲击效果，熔融态的金属基体材料和颗粒材料被冲击离开熔池，进而实现材料的去除。

关于电火花加工中蒸气炬力的大小如何确定，国内外学者在此方面做的研究甚少。根据文献[24]和[25]可以了解到，当激光束照射作用在铝材料表面时，由于金属的气化特性，气化金属瞬间膨胀并喷离铝靶表面，产生的金属蒸气的运动状态类似于从小孔喷出的自由射流状态。图 2.27 所示为激光与铝靶相互作用产生点源辐射并在靶上烧出小孔的蒸气喷出自由射流模型。同时，气化将产生非常大的激波和极大的速度，其最大速度将超过声速。这个过程实质上与电火花加工时高温放电通道作用在工件表面气化的机理基本相同，都属于点热源辐射使材料气化。由此得到启发，电火花加工蒸气炬的运动状态和自由射流相吻合。

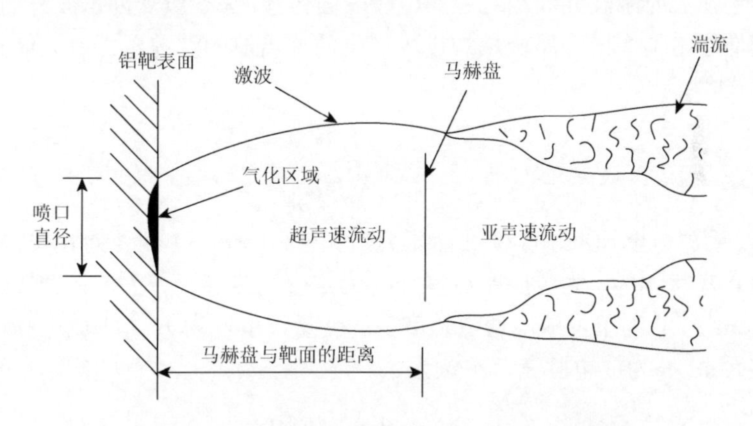

图 2.27 激光烧蚀铝靶的蒸气喷出自由射流模型

关于热辐射气化点附近金属蒸气的喷出压力大小，可以以熵平衡原理为基础，分析小孔自由射流形成的克分子熵的变化。在此基础上引入初末状态下的热力学特性，计算出气化过程中的熵变化，最终得出一个关于气化喷出压力与喷口直径和马赫盘位置的关系式：

$$P=\left(\frac{1}{0.67}\frac{X_{\mathrm{M}}}{d}\right)^2 P_0 \tag{2.33}$$

式中，X_{M} 为马赫盘与铝材料表面的距离，单位为 m；d 为射流喷口处的直径，单位为 m；P_0 为环境压力，单位为 Pa。

式（2.33）很好地表征了金属气体的气化喷出压力与喷口直径和马赫盘位置的具体关系，但从计算公式中可以看出，如需得到金属气体的气化喷出压力，必须得到其产生马赫盘的位置。考虑在电火花加工中马赫盘位置的测量难度相对较大，通过这种方法计算出气化喷出压力值还是有一定的难度，但是具有十分重要的参考意义。

电火花加工中金属蒸气产生的过程也可以这样理解：当电火花加工两极的放电通道形成以后，电极表面受到放电通道辐射热源的影响，能量不断被材料吸收，放电能量在材料吸收的过程中将电能转化为热能，电极端面材料温度不断升高。当温度升高到熔点以后，固体金属材料开始熔化为熔融液态金属。而在热源继续作用一段时间后，作用点中心温度达到 10000℃，远远超过沸点，熔融液态金属将受热再次产生气化现象。因此，金属气化过程中蒸气的喷射本质上是固体金属受热熔化再气化后膨胀爆炸的过程，并且时间十分短促。通过分析气化过程可以看出，电火花加工中金属蒸气炬力实质上是熔融液态金属在极短时间和微小空间内气化爆炸，金属蒸气高速喷出并释放巨大能量的过程中所产生的，在这个过程中还会产生强大的激波并向相对应的电极表面传播。关于爆炸冲击波方面的研究，津格尔曼推导出了不同介质中爆炸过程产生的冲击波的波前压力最大值与放电能量的表达式[26]：

$$P_{\max}=\beta\sqrt{\frac{\rho W_l}{t_{\mathrm{r}}t_{\mathrm{f}}}} \tag{2.34}$$

式中，$P_{\max}$ 为放电爆炸冲击波的波前压力最大值，单位为 Pa；β 为 C_p/C_v 的复杂积分，约为 0.7，其中 C_p 为定压比热容，C_v 为定容比热容；ρ 为液体介质的密度，单位为 g/cm^3；W_l 为单位放电通道长度上的能量，单位为 J；t_{r} 为放电脉冲前沿时间，单位为 s；t_{f} 为放电脉宽，单位为 s。

$$W_l=\frac{W_0}{l}=\frac{\int_0^{t_{\mathrm{f}}}u(t)i(t)\mathrm{d}t}{l} \tag{2.35}$$

式中，W_0 为单个脉冲能量；u 为间隙瞬时放电电压，单位为 V；i 为间隙瞬时放电电流，单位为 A。

将式（2.35）代入式（2.34）中得到

$$P_{\max}=\beta\sqrt{\frac{\rho\int_0^{t_{\mathrm{f}}}u(t)i(t)\mathrm{d}t}{t_{\mathrm{r}}t_{\mathrm{f}}l}} \tag{2.36}$$

综上所述，得到了金属气化过程中产生的蒸气冲击压力最大值表达式[27, 28]。喷出的蒸气为在最高速度远远超出声速的自由射流状态，因此根据气体流动理论，$P_{\max}$ 与电极表面的环境压力之间满足式（2.37）[29]：

$$P_{\max}=\begin{cases}\left(1+\dfrac{k-1}{2}Ma^2\right)^{\frac{k}{k-1}}P_0, & Ma\leqslant 1\\ \dfrac{k-1}{2}Ma^2\left[\dfrac{(k+1)^2Ma^2}{4kMa^2-2(k-1)}\right]^{\frac{1}{k-1}}P_0, & Ma>1\end{cases} \tag{2.37}$$

式中，Ma 为马赫数；$k=1.4$，为空气绝热系数；P_0 为环境压力。

整理式（2.37）可以得到

$$P_{max}=\begin{cases}(1+0.2Ma^2)^{3.5}P_0, & Ma\leqslant 1\\ \dfrac{166.922Ma^7}{(7Ma^2-1)^{2.5}}P_0, & Ma>1\end{cases} \tag{2.38}$$

将式（2.38）代入式（2.36）并推导得到蒸气出口气流马赫数与放电能量的表达式，当喷射速度低于声速时，其表达式为

$$Ma=\sqrt{5}\left[\left(\frac{\beta}{P_0}\right)^{\frac{2}{7}}\left(\frac{\rho\int_0^{t_f}u(t)i(t)\mathrm{d}t}{t_r t_f l}\right)^{\frac{1}{7}}-1\right]^{\frac{1}{2}} \tag{2.39}$$

对于马赫数，其实质上为速度 v 与当前环境条件下的声速 a 的比值，即 $Ma=v/a$。由此，最终得到一个关于金属蒸气喷出最大速度的关系式：

$$v_{max}=\sqrt{5}a\left[\left(\frac{\beta}{P_0}\right)^{\frac{2}{7}}\left(\frac{\rho\int_0^{t_f}u(t)i(t)\mathrm{d}t}{t_r t_f l}\right)^{\frac{1}{7}}-1\right]^{\frac{1}{2}} \tag{2.40}$$

当喷射速度超出声速时，其表达式为

$$\frac{166.922v_{max}^7}{a^2(7v_{max}^2-a^2)^{2.5}}=\frac{\beta}{P_0}\sqrt{\frac{\rho\int_0^{t_f}u(t)i(t)\mathrm{d}t}{t_r t_f l}} \tag{2.41}$$

由此，可以通过式（2.41）得到不同的电参数条件下产生的蒸气喷射的最大速度。材料的气化爆炸产生的冲击压力大小与其释放的能量有关，释放的能量大小与单位时间内材料所吸收的热量线性相关[30]，由此得出，爆炸产生的冲击压力也满足玻尔兹曼分布，并且冲击压力与冲击速度成正比。因此，材料表面气化区域内距离放电点中心位置为 r 点处产生的蒸气炬冲击速度的表达式为

$$v(r)=v_{max}\exp\left(-k\frac{r^2}{R^2(t)}\right) \tag{2.42}$$

得到了蒸气炬的冲击速度表达式，但在整个放电过程中冲击波的变化波动情况还是未知的。通过阅读文献[31]可知，典型的表面放电蒸气/等离子体冲击波变化趋势发生在 40～50μs 时间段内。并且在冲击波初始作用阶段，冲击压力从 0MPa 迅速上升，在 30μs 时刻达到最大冲击压力后瞬间降到负值，随即在接下来的 10μs 内逐渐回升到 0MPa，如图 2.28 所示。这种表面放电气化冲击变化趋势与电火花加工过程中产生的蒸气炬冲击机理极为相似，冲击作用是十分短暂而剧烈的，因此可以作为电火花加工中蒸气炬冲击变化的理论参考。

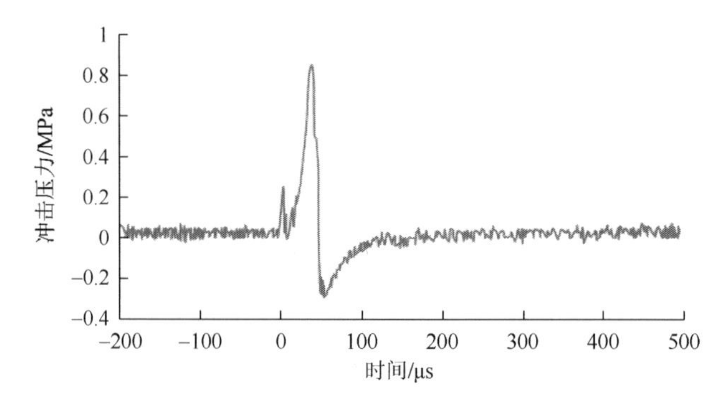

图 2.28 典型的表面放电蒸气/等离子体冲击波变化趋势

2.3.2 金属基体与硬质颗粒的运动方程

1）金属基体流动的控制方程

流体体积（volume of fluid，VOF）法的基本原理为通过研究网格单元中的流体与网格体积比的函数 f 来确定自由面和追踪内部流体的变化，而不是追踪自由液面上的质点的运动。VOF 法通过求解动量方程和跟踪各相的体积分数模拟非混相流体，可以很好地实现两相或者多种相的不产生相互穿插情况的模拟。由于研究对象蒸气炬力在作用到熔融材料时存在金属蒸气、煤油蒸气、液态金属及固态金属多种相态，所以应用 VOF 模型来分析它们之间的相互作用是有效的。在模型中各相不能相互渗透，在一个单元内可以表达出下列三种情况。

（1）$a_q = 0$，表示第 q 相在该网格单元中不存在。

（2）$a_q = 1$，表示第 q 相在该网格单元中充满。

（3）$0 < a_q < 1$，表示第 q 相在该网格单元中与其他相的界面位置。

流体的体积函数控制方程如式（2.43）所示：

$$\frac{\partial F}{\partial t} + \frac{\partial F}{\partial x} + \frac{\partial F}{\partial y} = 0 \tag{2.43}$$

式中，$F = F(x, y, t)$为计算区域内流体的体积分数。

（1）动量方程。

动量方程中材料的密度和黏度包含了体积分数的参数，通过 VOF 模型可以求解出整个计算域中每个单独的动量方程，计算出为各自相所共有的速度，气液边界计算区域处的单元则应用如下动量方程表达式[32]：

$$\frac{\partial}{\partial t}(\rho v) + \nabla \cdot (\rho v v) = -\nabla p + \nabla[\mu(\nabla v + v^{\mathrm{T}})] + \rho g + F \tag{2.44}$$

式中，v 为金属流体的速度矢量；p 为单元中心压力；$\rho = \sum a \rho_i$，为单元内的平均密度；$\mu = \sum a \mu_i$，为单元内的平均黏度；g 为重力加速度；F 为动量方程的源项。

（2）能量方程。

在气液交界计算区域的能量方程中，速度矢量为各相所共有，其方程表达式为

$$\frac{\partial}{\partial t}(\rho E)+\nabla(v_1(\rho E+p))=\nabla(k_{\text{eff}}\nabla T)+S_{\text{h}} \tag{2.45}$$

式中，$E=\dfrac{\sum a\rho E}{\sum a\rho}$，为各相的质量平均能量；$k_{\text{eff}}$ 为平均有效热导率；$T=\dfrac{\sum a\rho T}{\sum a\rho}$，为各相的质量平均温度；$S_{\text{h}}$ 为能量方程的源项。

2）硬质颗粒的运动方程

当颗粒增强型复合材料受热源影响时，其作用点上将形成一个熔融态凹坑，凹坑内部分布着熔融金属和未熔蚀的硬质颗粒。在金属蒸气炬力的推动下，熔融金属基体受力运动抛离凹坑。而材料内的颗粒附着在金属基体内，受到熔融金属的驱动获得速度而产生运动。在运动中主要受到熔融金属基体的流体作用力和自身的重力，对单位质量的硬质颗粒应用牛顿第二定律，可以得到其运动学方程[33]（在笛卡儿坐标系下 x 方向的形式）：

$$\frac{\mathrm{d}v_{\text{p}}}{\mathrm{d}t}=\frac{g_x(\rho_{\text{p}}-\rho)}{\rho_{\text{p}}}+F_D(v-v_{\text{p}})+F_x \tag{2.46}$$

式中，v_{p}、v 分别为硬质颗粒和熔融金属 x 方向的速度；g_x 为 x 方向的重力加速度；ρ_{p}、ρ 分别为硬质颗粒和熔融金属的密度。

式（2.46）等号右侧第一项为硬质颗粒所受的质量力，第二项为颗粒曳力项，其中颗粒曳力 F_D 的计算公式为

$$F_D=\frac{18\mu}{\rho_{\text{p}}{d_{\text{p}}}^2}\frac{ReC_D}{24} \tag{2.47}$$

式中，d_{p} 为颗粒直径；Re 为相对雷诺数，$Re=\dfrac{\rho d_{\text{p}}\,|v_{\text{p}}-v|}{\mu}$；$C_D$ 为曳力系数，计算方法为 $C_D=a_1+\dfrac{a_2}{Re}+\dfrac{a_3}{Re}$，$a_1$、$a_2$、$a_3$ 在一定雷诺数范围内为常数。

式（2.46）中右侧第三项为附加力，是使硬质颗粒附着的熔融金属流体加速而引起的附加作用力，根据本书的研究，这个力即为蒸气炬力，其表达式为

$$F_x=\frac{1}{2}\frac{\rho}{\rho_{\text{p}}}\frac{\mathrm{d}}{\mathrm{d}t}(v-v_{\text{p}}) \tag{2.48}$$

另外，硬质颗粒为亚微尺度，所以附加作用力中不只是蒸气炬力的作用，同时还要考虑颗粒受到的布朗力的影响。布朗力的分量产生在具有光谱强度的高斯白噪声过程中，其表达式为

$$S_{n,ij} = S_0 \delta_{ij} \tag{2.49}$$

式中，$S_0 = \dfrac{216\mu_v kT}{\pi^2 \rho d_p^2 \left(\dfrac{\rho_p}{\rho}\right)^2 c_c}$，$T$ 为熔融金属流体的热力学温度，μ_v 为运动黏度，c_c 为坎宁安校正系数，k 为玻尔兹曼常量；δ_{ij} 为克罗内克符号。

布朗力分量振幅为

$$F_{b_i} = \ell_i \sqrt{\frac{\pi S_0}{\Delta t}} \tag{2.50}$$

式中，ℓ_i 为零均值，即单位变量独立的高斯随机数。

2.3.3 边界条件与仿真模型的建立

如图 2.29 所示为颗粒增强型复合材料单脉冲放电材料抛出的物理过程，热传递是放电通道向两极表面分别进行的，所以工具电极表面局部材料因放电通道瞬间高温作用而气化。在极短的时间内金属气化膨胀将产生巨大的蒸气炬冲击波，并作用到相对电极表面使得熔融材料喷爆而出，材料被去除。

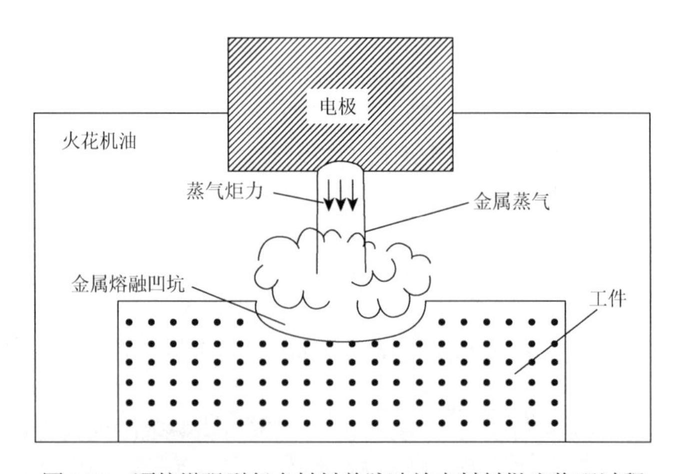

图 2.29 颗粒增强型复合材料单脉冲放电材料抛出物理过程

将第一阶段材料熔蚀结束后提取的熔蚀仿真结果，作为第二阶段材料抛出的初始条件，修改模型的边界条件及应用模块，建立材料抛出过程的仿真模型，进而仅在 FLUENT 仿真软件中就能完成熔蚀和抛出两个过程的仿真分析，较好地满足仿真准确性和操作的简洁性。

尖电极能够更好地实现单次放电并形成单个放电凹坑，因此采用尖电极进行材料去除研究，故在模型中距工件上表面 100μm 处建立电极尖端的微观表面，放电间隙为100μm。根据图2.30所示的材料去除仿真模型示意图可以看出，金属蒸气炬在电极尖端形成并喷出，所以在仿真模型中将电极端面设置成蒸气炬力的加载边界。金属蒸气喷出必须在电极材料气化时才会产生，查阅相关文献中对于气化区域的研究，设置气化范围（即蒸气喷射出口）为40μm。根据蒸气炬的理论推导出的速度与电流电压的关系式，蒸气炬力加载边界采用“velocity-inlet”。边界条件采用压力出口，出口压力为标准大气压，仿真模型如图2.19所示，模型在前面章节已经讨论过，不再赘述。

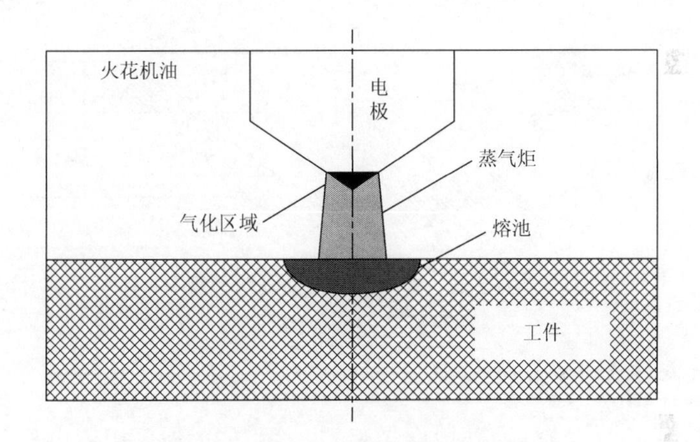

图2.30 材料去除仿真模型示意图

FLUENT软件中提供的离散相模型（discrete phase model）可以计算颗粒运动的轨迹及颗粒引起的热量、质量的传递，相间的耦合及耦合结果对离散相轨迹、连续相流动的影响等问题。在作用力方面可以考虑分析对象惯性、曳力、重力、热泳力和布朗运动等多种作用。可以通过离散相模型来对碳化钨颗粒的分布及运动进行计算研究。通过“injection”方式将颗粒注入所在的工件区域面，注入的方法为网格面注入法，即每个单元格内注入一个粒子，通过这种方法来实现颗粒的分布。粒子注入菜单中定义碳化钨颗粒的粒径为1μm、密度为15630kg/m^3、注入数目为60427个。对于热源和蒸气炬冲击的加载，则通过FLUENT二次开发接口完成，其提供的DEFINE_PROFILE函数可以将对应位置的温度分布或者冲击压力、速度分布的数学模型加载到指定面上，从而实现电火花加工材料抛出过程的模拟。

2.3.4 材料抛出过程仿真与结果分析

基于热过程产生的材料熔蚀仿真结果来进行材料抛出过程的分析，在材料相变后考虑金属蒸气炬力为材料的主要抛出力，使熔池内熔融金属及未熔化的硬质颗粒抛离材料表面。形成的凹坑形状与放电时的等温面基本相似，并且熔化的材料并不是完全被抛出，仍有少量残留在熔池内，再次凝固形成重铸层，至此放电凹坑形成。放电凹坑截面几何形貌如图 2.31 所示，放电凹坑周围出现凸起，是由熔池内金属向四周喷射时滞留在边缘重新凝固而成的。

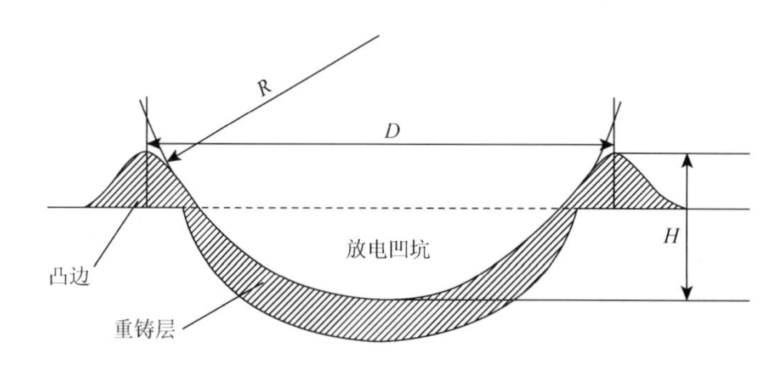

图 2.31　放电凹坑截面几何形貌

1）蒸气炬冲击过程分析

本节采用的工件材料为硬质合金材料，图 2.32 为采用铜电极加工硬质合金材料在峰值电压为 45V、脉宽为 100μs 条件下，0μs、10μs、20μs、30μs、40μs 五个时刻的蒸气炬速度分布图。如图所示，在 0μs 时刻，电极尖端并未产生金属气化，整个加工间隙无冲击速度存在。当放电 10μs 时，电极表面已经出现蒸气，并向相对的工件表面运动形成冲击。通过观察可以发现，蒸气炬的速度分布中心最大，两侧逐渐降低，最高速度为 99.9m/s。20μs 时的冲击相比 10μs 时更加剧烈，最高速度可达 134m/s。在 30μs 时，达到冲击波的峰值，最大速度达到 200m/s，加工间隙的介质运动更加剧烈。最后在 40μs 时刻，工件冲击中心的正上方出现压力瞬间消失的情况，放电通道中心附加速度基本为 0m/s，加工间隙外还有残余速度。从整个蒸气炬冲击速度分布图中可以看到，无论在哪个时刻下，凹坑中心位置的蒸气炬冲击速度都不是最大的，会在中心处出现速度降低的现象，出现的原因考虑为放电凹坑的凹陷形状会对蒸气产生阻碍作用，并使得速度反射形成向两侧逸出的速度场。虽然中间凹陷速度明显下降，但压力并未减弱。

(a) 0μs

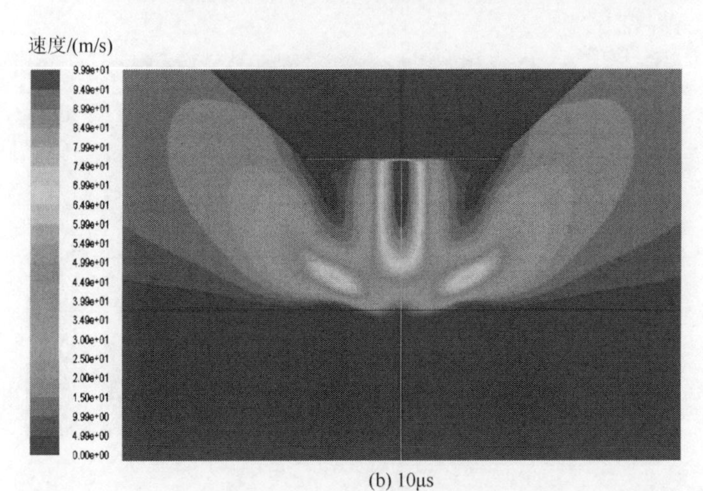

(b) 10μs

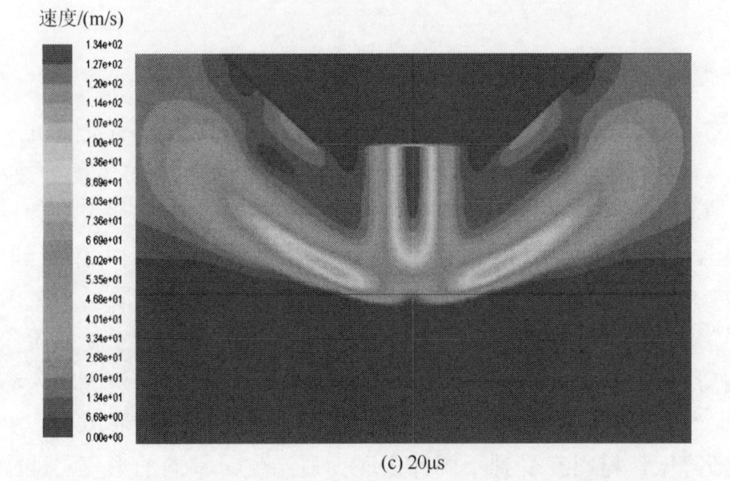

(c) 20μs

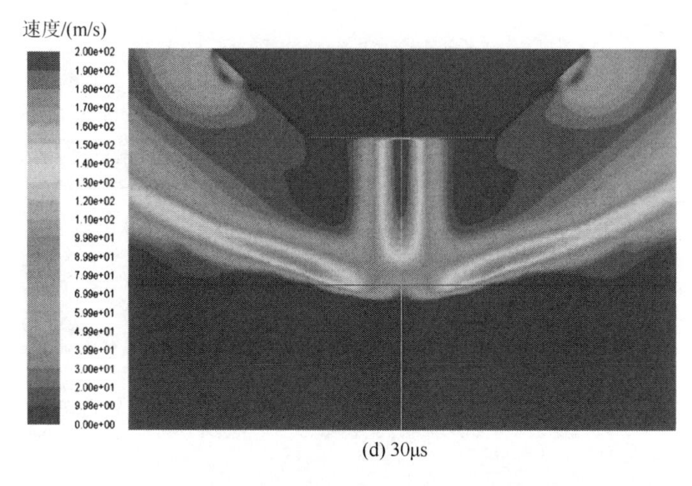

(d) 30μs

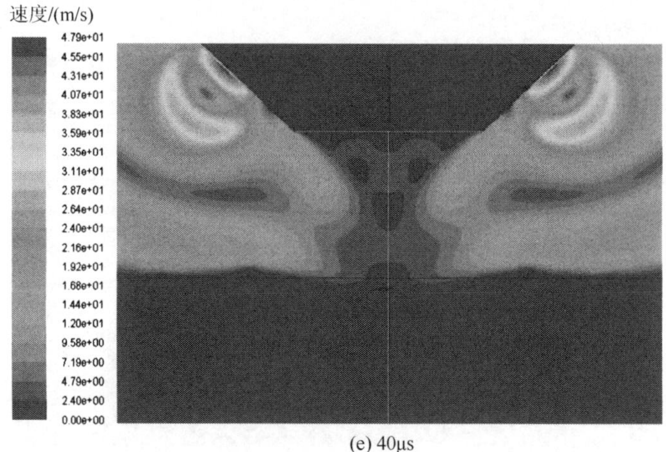

(e) 40μs

图 2.32　不同时刻放电间隙的蒸气炬速度分布图

2）金属基体抛出及凹坑形成过程分析

图 2.33 所示为熔融钴金属基体材料不同时刻的抛出运动及凹坑形成过程。图（a）、（c）、（e）、（g）、（i）的仿真结果为熔融金属材料的体积分数；图（b）、（d）、（f）、（h）、（j）中，上部代表放电间隙内的介质，下部代表工件材料。从图中可以看出，在蒸气炬冲击波作用的初始阶段，熔融金属材料并未受到冲击影响，整个熔池内材料没有运动，呈静止状态，工件表面没有材料溢出。在 10μs 时刻，冲击波传递到熔池表面并对其产生冲击，这种冲击压力远大于初始阶段。熔融材料在冲击作用下产生中间凹陷的现象，并且使得熔融材料的两侧有所溅起，产生此现象的原因归结为：金属蒸气炬冲击波的冲击压力在放电通道中心处最大，两侧压力逐渐降低，材料在受到不同冲击压力后产生了不同的形变，即中间凹陷、

两侧凸起。在 20μs 时刻，不断增大的冲击压力及冲击速度使熔池内的材料变得不再平静，随之产生巨大的类似于轰击的作用。少量的熔融材料呈熔滴的形状飞离工件表面，其抛出速度也有所增加。在 30μs 时刻，冲击压力升到最大值，瞬时冲击速度约为 200m/s。此刻熔融材料基本都已抛出，仅剩下凹坑内壁面残留区域所粘连的剩余金属，飞入加工间隙内的熔融材料扩散开来形成许多液态熔滴，这个时刻的材料抛出率最高。在 30～40μs 这个时间区间，冲击压力达到最大值后瞬间消失，放电凹坑正上方区域形成负压。由于材料具有惯性，还会继续运动，但速度不断减小，并受重力下落和低温凝结等的影响形成电蚀产物和放电凹坑边缘的凸边。放电凹坑内残留的熔融金属在冷却作用下，形成重铸层及凹坑翻边。由此，完成了一次脉冲放电熔融材料的抛出运动全过程，放电凹坑形貌基本形成。

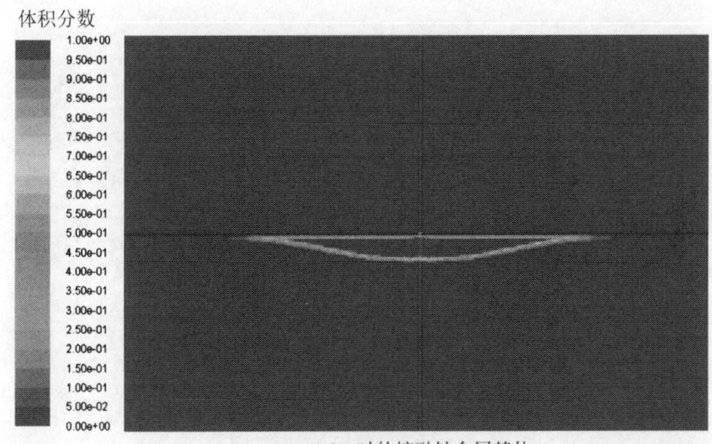

(a) 0μs时的熔融钴金属基体

(b) 0μs时的工件表面凹坑形貌

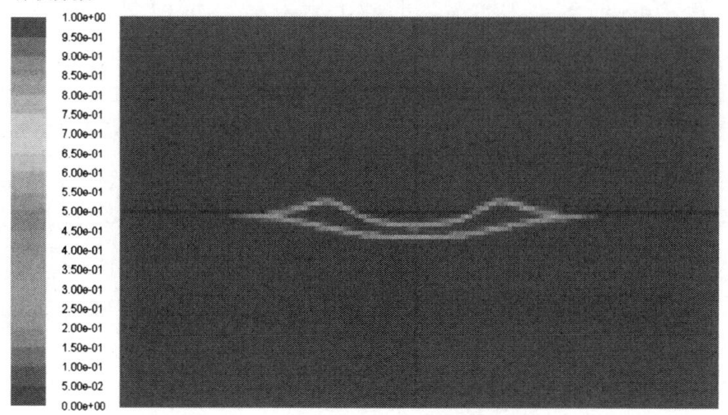

(c) 10μs时的熔融钴金属基体

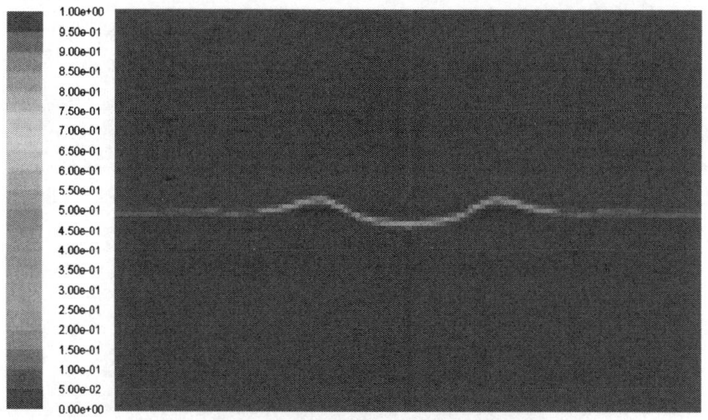

(d) 10μs时的工件表面凹坑形貌

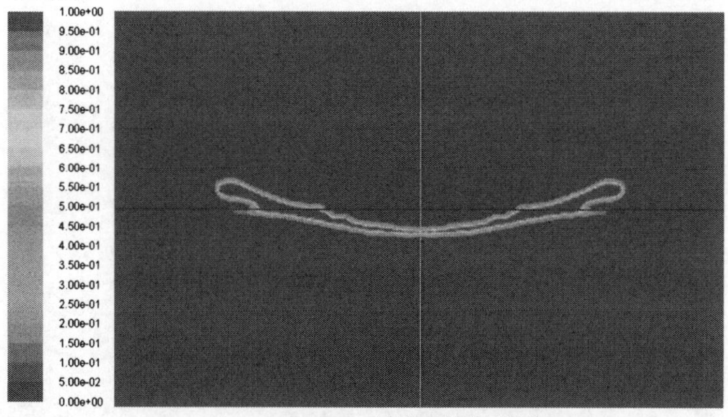

(e) 20μs时的熔融钴金属基体

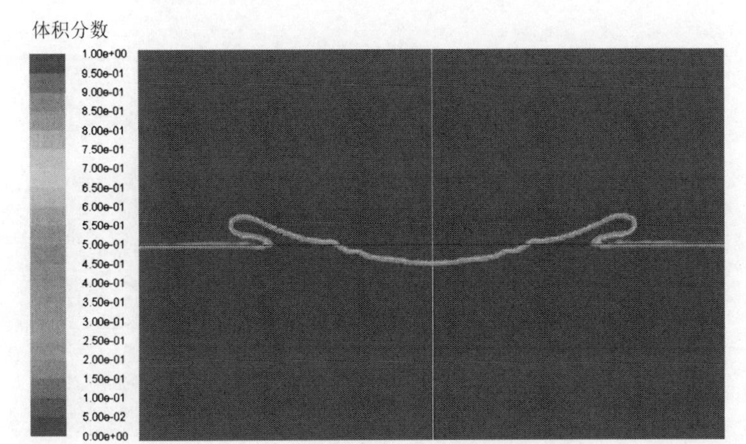

(f) 20μs时的工件表面凹坑形貌

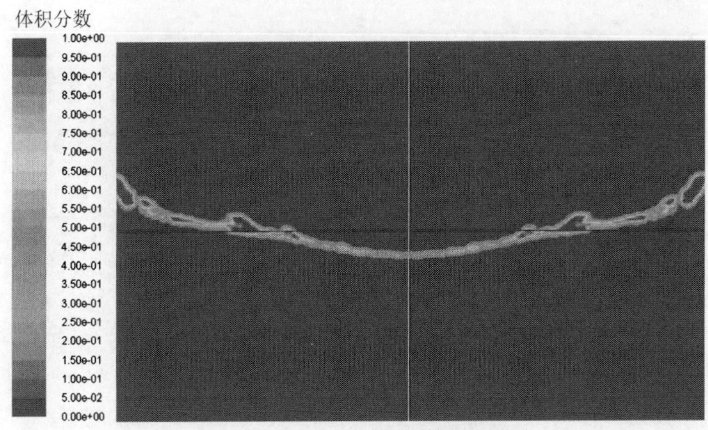

(g) 30μs时的熔融钴金属基体

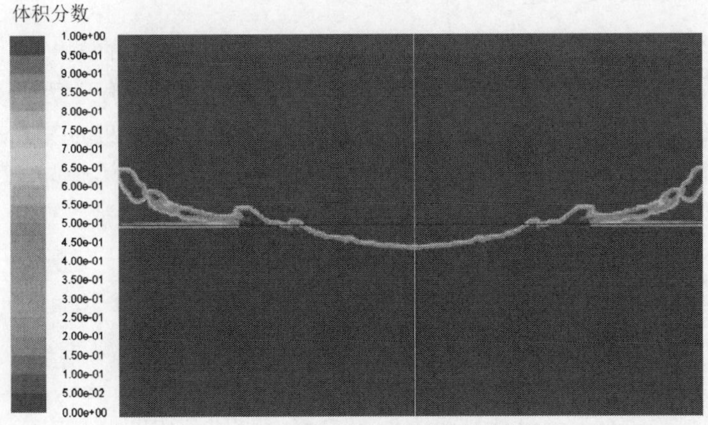

(h) 30μs时的工件表面凹坑形貌

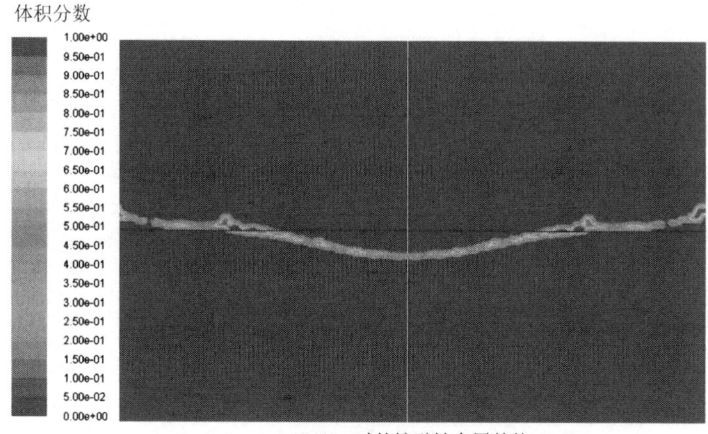

(i) 40μs时的熔融钴金属基体

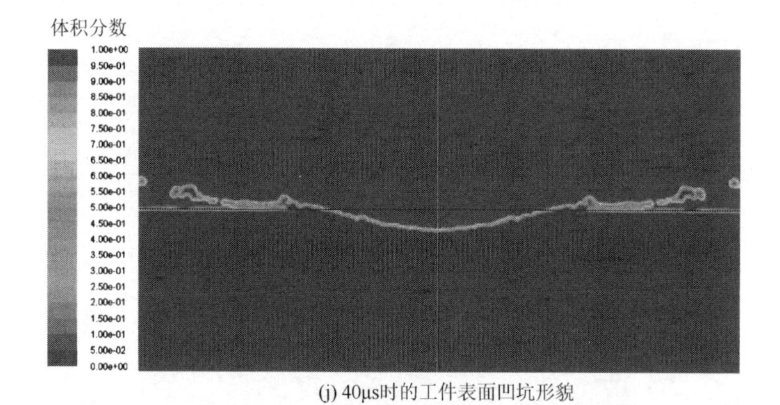

(j) 40μs时的工件表面凹坑形貌

图 2.33　不同时刻钴金属基体材料的抛出运动及凹坑形成过程

3）硬质颗粒的抛出过程分析

图 2.34 展示了不同时刻下，在钴金属作用下碳化钨颗粒的抛出速度分布图及其运动状态。初始时刻，整个工件材料内部的碳化钨颗粒没有运动，抛出速度约为 0m/s。在 10μs 时刻，工件表面出现微小凹坑，并且微小凹坑内的未熔碳化钨颗粒被蒸气炬推向两侧。分析硬质颗粒的速度分布可以看出，推向两侧的颗粒速度最大，达到 5.92m/s，而且熔池内的颗粒材料速度均有所增加。

统计不同时刻碳化钨颗粒抛离工件表面的数量可以看出一定规律，如图 2.35 所示，在 10μs 时刻，抛离工件表面的颗粒数量为 149 个。在 20μs 时刻，由于熔融金属材料的飞溅引起碳化钨颗粒向加工间隙内运动，粒子最大速度可达 10.3m/s，抛离工件表面的颗粒数量增长到 355 个。在 30μs 时刻，大量碳化钨颗粒高速抛离工件表面，速度达到最大值 38.2m/s，此时放电凹坑基本成形，颗粒的抛离数量继续增长到 558 个。30μs 之后蒸气炬冲击波瞬间消失，在接下来的 10μs

时间内，颗粒在重力的作用下沉降，还有一些在惯性作用下继续飞出加工间隙，速度有所减缓，最大值减小到 37.5m/s，最终抛出的颗粒数量为 606 个。上述仿真结果表明，碳化钨颗粒的抛出速率呈先增大后减小的趋势。

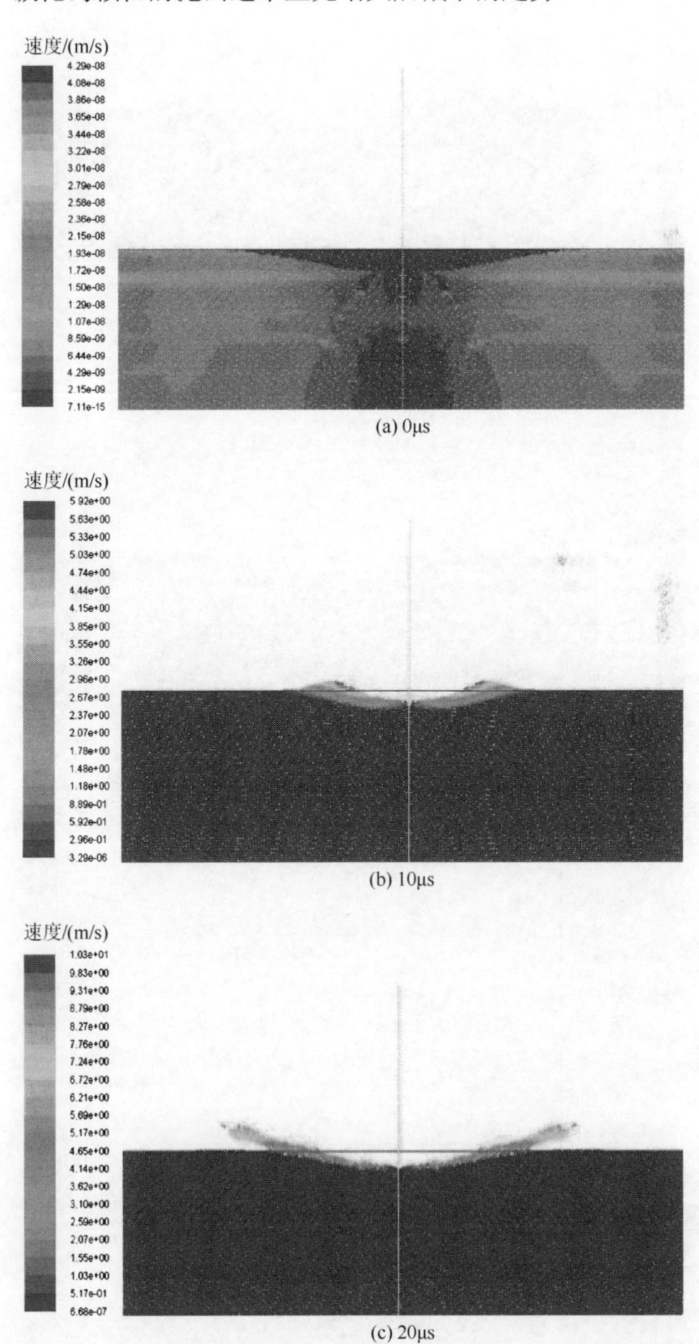

(a) 0μs

(b) 10μs

(c) 20μs

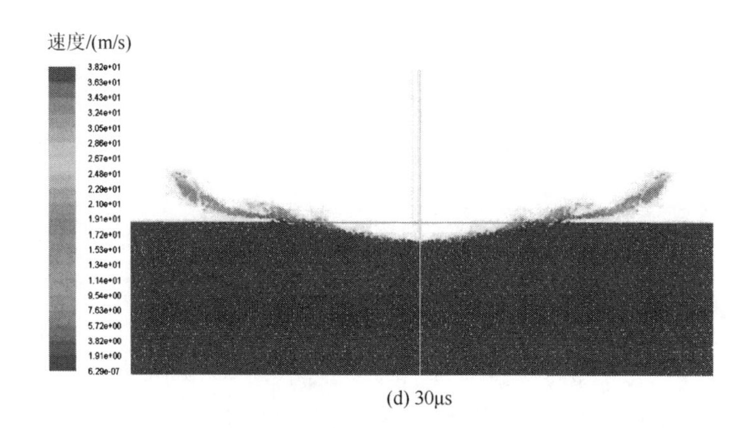

(d) 30μs

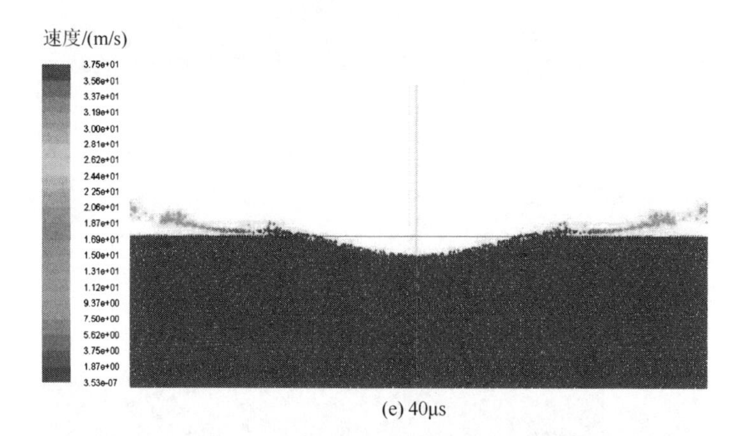

(e) 40μs

图 2.34　不同时刻碳化钨颗粒的抛出速度分布及运动状态

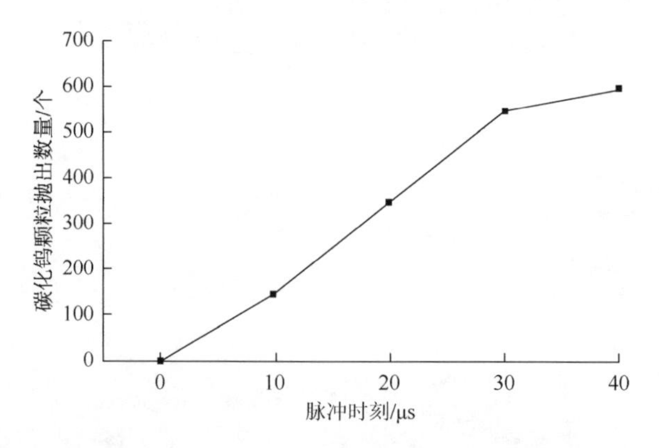

图 2.35　不同脉冲时刻碳化钨颗粒的抛出数量

参 考 文 献

[1] 科埃略，阿拉德尼兹. 电介质材料及其介电性能[M]. 张冶文，译. 北京：科学出版社，2001.

[2] Lewis T J. A new model for the primary process of electrical breakdown in liquids[J]. IEEE Transactions on Dielectrics and Electrical Insulation，1998，5（3）：306-315.

[3] Forster E O. Research in the dynamics of electrical breakdown in liquid dielectrics[J]. IEEE Transactions on Electrical Insulation，1980，15（3）：182-185.

[4] Beroual A. Electronic and gaseous processes in the prebreakdown phenomena of dielectric liquids[J]. Journal of Applied Physics，1993，73（9）：4528-4533.

[5] Nakao Y，Nagasawa H，Yamaoka R，et al. Influence of molecular structure on the propagation of streamer discharge in dielectric liquids[J]. Journal of Electrostatics，1997，40-41：199-204.

[6] Lesaint O，Gournay P，Tobazeon R. Investigations on transient currents associated with streamer propagation in dielectric liquids[J]. IEEE Transactions on Electrical Insulation，1991，26（4）：699-707.

[7] 索来春，赵万生，梁力平，等. 混粉电火花加工极间介质击穿机理的研究[J]. 电加工与模具，2001（5）：10-13.

[8] 胡志强，甄汉生，施迎难. 气体电子学[M]. 北京：电子工业出版社，1985.

[9] 陈宗柱. 电离气体发光动力学[M]. 北京：科学出版社，1996.

[10] 吕战竹，赵福令，杨义勇. 混粉电火花加工介质击穿及放电通道位形研究[J]. 大连理工大学学报，2008，48（3）：373-377.

[11] Singh A，Ghosh A. A thermo-electric model of material removal during electric discharge machining[J]. International Journal of Machine Tools and Manufacture，1999，39（4）：669-682.

[12] 孟中岩，姚熹. 电介质理论基础[M]. 北京：国防工业出版社，1980.

[13] 刘学悫. 阴极电子学[M]. 北京：科学出版社，1980.

[14] 江剑平，翁甲辉，杨泮棠，等. 阴极电子学与气体放电原理[M]. 北京：国防工业出版社，1980.

[15] 赵伟. 电火花加工中电极蚀除及其理论基础的研究[D]. 西安：西北工业大学，2003.

[16] Izquierdo B，Sanchez J A，Plaza S，et al. A numerical model of the EDM process considering the effect of multiple discharges[J]. International Journal of Machine Tools and Manufacture，2009，49（3-4）：220-229.

[17] 李明辉. 电火花加工理论基础[M]. 北京：国防工业出版社，1989.

[18] 张清芬. SiCp/Al 复合材料电火花加工的建模与仿真[D]. 哈尔滨：哈尔滨工业大学，2011.

[19] 马长进. ZrB2-SiC 陶瓷电火花单脉冲放电蚀除凹坑仿真与加工试验研究[D]. 哈尔滨：哈尔滨工业大学，2016.

[20] 李宗峰. TiC/Ni 金属陶瓷材料电火花加工试验与放电蚀除仿真研究[D]. 哈尔滨：哈尔滨工业大学，2015.

[21] 井上洁. 放电加工的原理——模具加工技术[M]. 北京：国防工业出版社，1983.

[22] 楼乐明. 电火花加工计算机仿真研究[D]. 上海：上海交通大学，2000.

[23] Dibitonto D D，Eubank P T，Patel M R，et al. Theoretical models of the electrical discharge machining process. I. a simple cathode erosion model[J]. Journal of Applied Physics，1989，66（9）：4095-4103.

[24] 袁永华，刘常龄，韩立石，等. 激光照射下铝靶表面气化压力的测量[J]. 高压物理学报，1990，4（2）：114-117.

[25] Sharma P K，Young W S，Rodgers W E，et al. Freezing of vibrational degrees of freedom in free-jet flows with application to jets containing CO_2[J]. The Journal of Chemical Physics，1975，62（2）：341-349.

[26] 宋博岩，郭金全，胡富强，等. 难加工材料的电火花加工脉冲电源研究[J]. 电加工与模具，2006（5）：17-21.

[27] 刘媛，曹凤国，桂小波，等. 电火花加工放电爆炸力对材料蚀除机理的研究[J]. 电加工与模具，2008（5）：19-25.

[28] 张云亮，彭燕昌，王永荣，等. 电火花震源电传输特性分析[J]. 石油仪器，2005，19（3）：80-82.
[29] 杨利兰，赵忠，黄雪妮. 一种新的马赫数解算方法[J]. 兵工自动化，2011，30（5）：46-48.
[30] 赵国民，张若棋，汤文辉. 脉冲 X 射线辐照材料引起的气化反冲冲量[J]. 爆炸与冲击，1996，16（3）：259-265.
[31] 沈炎龙，于力，栾昆鹏，等. 表面放电等离子体产生冲击波特性[J]. 强激光与粒子束，2015，27（6）：44-48.
[32] ANSYS Inc. ANSYS Fluent 14 User’s Guide[M]. Canonsburg：ANSYS Inc，2011.
[33] 王津. 电火花加工加工屑和气泡的运动及实现高效加工的控制方法研究[D]. 大连：大连理工大学，2012.

3　高频脉冲电火花加工的集肤效应及其影响

本章研究在高频脉冲作用下，集肤效应对微细电火花加工的影响。将高频电磁场中的集肤效应原理应用于微细电火花放电过程的分析中，讨论集肤效应对微细电火花加工放电点位置、放电蚀除过程、电极加工形貌的影响。通过 COMSOL Multiphysics 仿真软件建立基于电场和磁场耦合的高频脉冲微细电火花加工放电过程仿真模型，分析集肤效应对放电过程的影响，并对仿真结果中的集肤深度进行计算及误差分析。集肤效应对微细电火花加工的影响较为显著，但是，集肤效应的影响在常规电火花加工中也是存在的，只是由于放电频率相对较低，影响不明显，可以忽略不计。

3.1　高频电路中的集肤效应简介

集肤效应是通过电磁场中频率变化影响能量分布的一种现象，其在高频条件下更为显著[1-3]。由电磁场理论可知，当变化的电流在导体中流动时，它周围的磁场也随之变化。变化的磁场在导体中产生感应电流，因而影响导体中电流的分布，使电流趋向于导体表面。也就是说，越靠近导体表面，电流密度越大，这就是集肤效应。

假设微细电火花加工中工具电极为圆柱形，则取圆柱形导线进行分析。设圆柱导线半径为 a，对于正弦电流，令 $i(t) = I_{\mathrm{m}}\sin\omega t$，电极中的电场强度 E 和磁感应强度 B 都是正弦时间函数，采用如图 3.1 所示的柱面坐标系[4]。

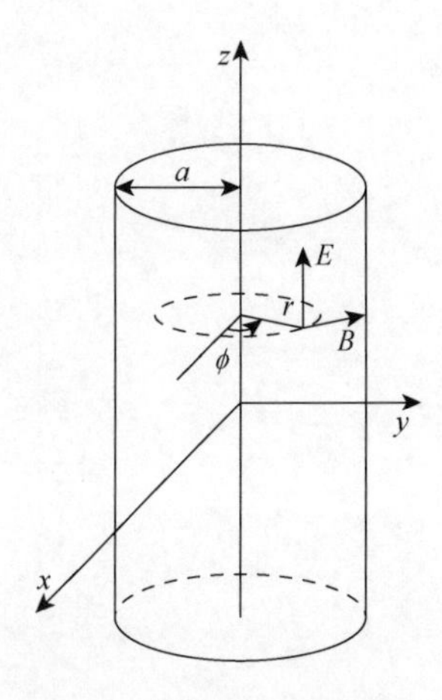

图 3.1　电极的柱面坐标系

由于对称关系，电场强度 E 和电流密度 δ 只有 z 轴分量，而磁感应强度 B 只有坐标 ϕ 的分量，现将它们写成复数形式而取其虚部：

$$\begin{aligned} E &= E_z = I_{\mathrm{m}}\dot{E}_{\mathrm{m}z}\exp(\mathrm{j}\omega t) \\ \delta &= \delta_z = I_{\mathrm{m}}\dot{\delta}_{\mathrm{m}z}\exp(\mathrm{j}\omega t) \\ B &= B_\phi = I_{\mathrm{m}}B_{\mathrm{m}\phi}\exp(\mathrm{j}\omega t) \end{aligned} \tag{3.1}$$

式中，$E_{\mathrm{m}z}$ 和 $\delta_{\mathrm{m}z}$ 是幅值，方向沿 z 轴；$B_{\mathrm{m}\phi}$ 也是幅值，方向为沿 ϕ 的切线方向。

由麦克斯韦方程组，并忽略导体中的位移电流，可得

$$\text{rot rot}\dot{E}_{\text{m}} = -\text{j}\omega\text{rot}\dot{B}_{\text{m}} = -\text{j}\omega\mu\text{rot}\dot{H}_{\text{m}} = -\text{j}\omega\mu\dot{\delta}_{\text{m}} \tag{3.2}$$

式中，rot 为旋度算符。

将式（3.2）整理后可得变态的零阶贝塞尔方程：

$$\frac{\text{d}^2\dot{E}_{\text{mz}}}{\text{d}r^2} + \frac{1}{r}\frac{\text{d}\dot{E}_{\text{mz}}}{\text{d}r} - p^2\dot{E}_{\text{mz}} = 0 \tag{3.3}$$

解出式（3.3）中的 E_{m}，并由全电流定律的积分式得

$$\dot{E}_{\text{m}} = \dot{E}_{\text{mz}} = \frac{\dot{I}_{\text{m}}apI_0(pr)}{2\pi a^2\gamma I_1(pa)} = \frac{\dot{I}_{\text{m}}}{\pi a^2\gamma}\frac{I_0(pr)}{I_1^*(pa)} \tag{3.4}$$

由 $\dot{\delta}_{\text{m}} = \dot{E}_{\text{m}}\gamma$，得

$$\dot{\delta}_{\text{m}} = \frac{\dot{I}_{\text{m}}}{\pi a^2}\frac{I_0(pr)}{I_1^*(pa)} \tag{3.5}$$

式中，$p = \sqrt{\text{j}\omega\mu\gamma}$，$\gamma$ 为电导率，μ 为磁导率；$I_0(pr)$ 为第一类变态的零阶贝塞尔函数；$I_1^*(pa) = \dfrac{2}{pr}I_1(pa)$。

由式（3.4）和式（3.5）可得[4]

$$\frac{\dot{E}_{\text{m}}}{\dot{E}_{\text{m0}}} = \frac{\dot{\delta}_{\text{m}}}{\dot{\delta}_{\text{m0}}} = \frac{I_0(\sqrt{\text{j}}sr)}{I_1^*(\sqrt{\text{j}}sa)} \tag{3.6}$$

式中，$\dot{\delta}_{\text{m0}} = \dot{I}_{\text{m}} / \pi a^2$，是均匀分布时的电流密度；$s = \sqrt{\omega\mu\gamma}$。

图 3.2 表示在两个不同脉冲频率（5000Hz、100000Hz）下电流密度沿电极横截面最大半径的分布曲线，电极横截面最大半径 $a = 100\mu\text{m}$。从图 3.2 中可以看出，电

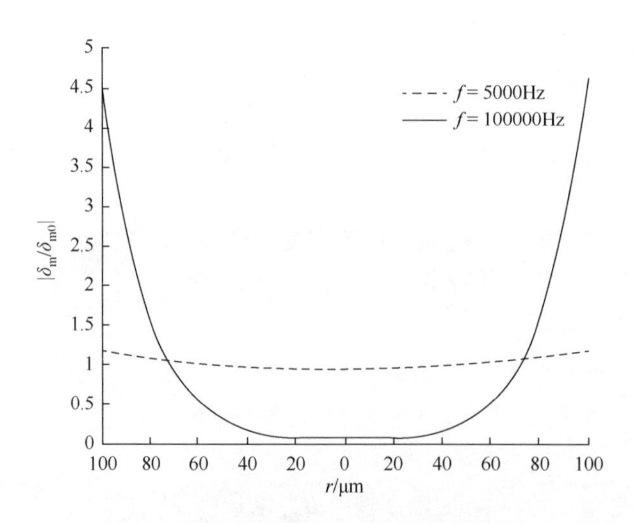

图 3.2　不同脉冲频率下电流密度分布曲线

流密度在电极中心处最小，随趋近表面而增加。当 s、a 乘积很小时，电流密度 $(\dot{\delta}_{m0}=\dot{I}_m/\pi a^2)$ 均匀分布；当脉冲频率很高时，中心处几乎无电流。相应地，电场强度也呈现类似分布。由 $s=\sqrt{\omega\mu\gamma}$ 可知，集肤效应与脉冲频率关系密切，其在低频情况下不易察觉，脉冲频率越高就越显著。对于微细电火花加工，尽管电极直径尺度有所减小，但是其减小程度相对于脉冲频率的增大而言总是有限的。

3.2　高频脉冲电源下集肤效应的影响

在微细电火花加工中，单次放电的去除量要比常规放电小得多，这就要求单个放电脉冲的能量也非常小。在实际的放电中，放电电压基本保持不变，电流峰值在一定程度上不宜过小[5]，因此，减小放电的脉宽时间是减小每次放电去除量的必要条件。因而，微细电火花加工中短脉宽的高频脉冲电源被广泛应用。随之而来的一些在低频状态下容易被忽视的问题，在高频条件下也显现出来，电极的集肤效应就是其中之一。

在微细电火花加工中，脉宽一般都在 5μs 以下，有时甚至达到纳秒级，因而脉冲电源将产生高频的电压、电流信号，频率甚至可达兆赫兹级。在这种高频脉冲的作用下，集肤效应的影响变得更加显著[6]。本节针对微细电火花加工中常用的方波脉冲电源和 RC 脉冲电源中的集肤效应分别进行研究。

3.2.1　不同类型脉冲电源下集肤效应的影响

1）方波脉冲电源下集肤效应的影响

对于火花放电而言，一般认为放电输出波形为脉冲形式。为了便于计算，假设脉宽与脉间时间相等（脉宽与脉间时间不等的情况，也可用类似的方法解决）。设方波脉冲波形如图 3.3 所示，则可用式（3.7）表示：

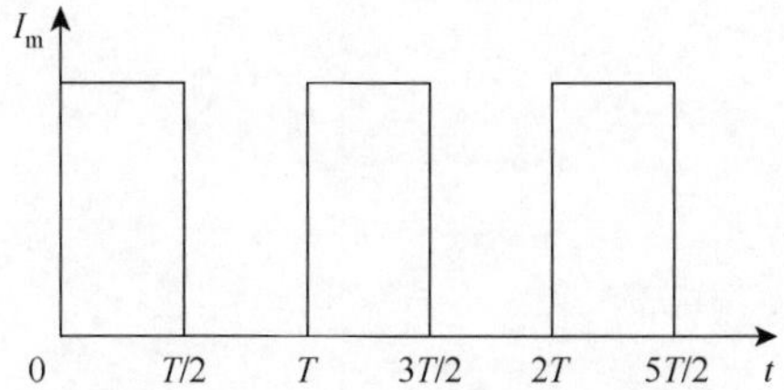

图 3.3　电火花加工方波脉冲波形图

$$f(t)=\begin{cases} I_m, & nT \leqslant t < nT+T/2 \\ 0, & nT+T/2 \leqslant t < (n+1)T \end{cases} \tag{3.7}$$

将式（3.7）用傅里叶级数展开得

$$f(t)=\frac{I_m}{2}+\frac{2I_m}{\pi}\left(\sum_{n=0}^{\infty}\frac{1}{2n+1}\sin(2n+1)\omega t\right) \tag{3.8}$$

式（3.8）通过对式（3.7）的傅里叶级数展开，将原本相互独立的单个脉冲作为一个系列的整体分析，在微细电火花高频加工中考虑了各个脉冲对放电加工作用的相关性，更符合电火花加工实际。

因集肤效应推导过程所用的麦克斯韦方程组、全电流定律及贝塞尔方程均满足叠加原理，则由叠加原理可将式（3.8）中的各正弦分量分别代入式（3.6）中求解，再按照幅值的比例进行叠加得

$$\frac{\dot{E}_a}{\dot{E}_{a0}}=\frac{\dot{\delta}_a}{\dot{\delta}_{a0}}=\sum_{n=0}^{\infty}\frac{g_n(r)}{(2n+1)}\Bigg/\sum_{n=0}^{\infty}\frac{1}{2n+1} \tag{3.9}$$

式中，

$$g(r)=\frac{\dot{E}_{\mathrm{m}}}{\dot{E}_{\mathrm{m0}}}=\frac{I_0(\sqrt{\mathrm{j}}sr)}{I_1^*(\sqrt{\mathrm{j}}sa)} \tag{3.10}$$

$$g_n(r)=\frac{I_{0n}(\sqrt{\mathrm{j}}sr)}{I_{1n}^*(\sqrt{\mathrm{j}}sa)} \tag{3.11}$$

将式（3.9）与式（3.8）中的常量进行叠加，最终可得电火花加工中高频脉冲电流作用下电场强度及电流密度的分布情况如图 3.4 所示，由图可见，在高频脉冲电流作用下，集肤效应对电场强度与电流密度分布的影响是显著的。图 3.5 为集肤效应影响下的电极横截面电场强度与电流密度分布情况。

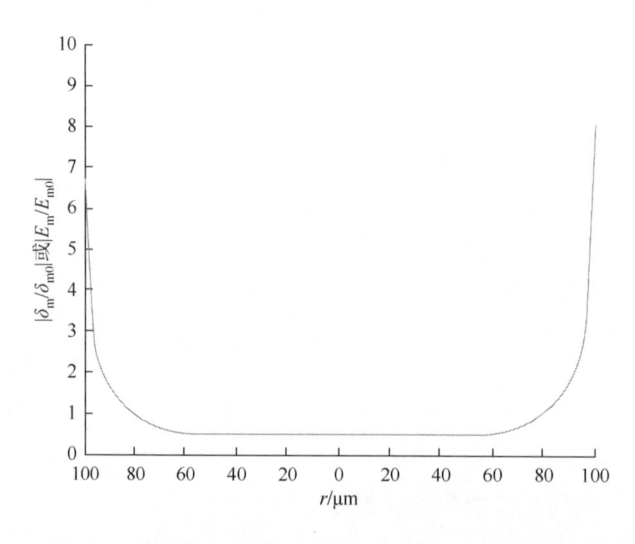

图 3.4　高频脉冲电流作用下电场强度及电流密度分布

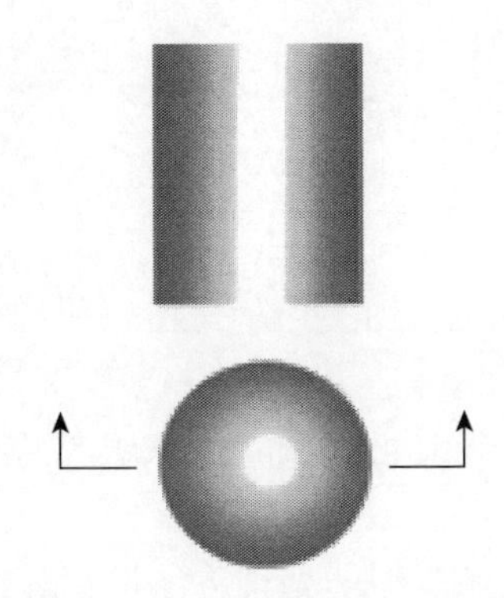

图 3.5　集肤效应影响下的电极横截面电场强度与电流密度示意图

在电火花加工中，电场强度和电流密度的比例关系并非一成不变，电场强度与电流密度的关系可表述为

$$\dot{\delta}_{\mathrm{m}}=\begin{cases}\dot{E}_{\mathrm{m}}\gamma_0, & \gamma_0\to 0(\text{击穿前})\\ \dot{E}_{\mathrm{m}}\gamma_1, & \gamma_1=\text{常数}(\text{放电过程中})\end{cases} \tag{3.12}$$

由式（3.12）可知，在放电击穿前，极间介质是绝缘的，电导率 γ_0 为一个无穷小量，因而此时电极各处电流密度也基本为 0；在放电击穿发生，放电通道形成后，极间介质形成等离子体，极间电导率 γ_1 为某一常数，电流密度将按照图 3.4 和图 3.5 所示分布。无论极间介质击穿与否，极间电场强度分布规律不变，即都遵循集肤效应影响下的电场强度分布规律。

由式（3.8）可以看出，方波形脉冲电源可划分为恒流源与变流源的叠加，集肤效应就是由高频的时变电源产生的。在集肤效应的叠加作用下，电参数的进一步非均匀分布将对电火花加工过程造成影响。对于其他形式的脉冲电流，也可以进行类似的处理，并得到近似的结论。

2）RC 脉冲电源下集肤效应的影响

在电火花加工中，RC 脉冲电源也是很常用的，尤其是微细电火花加工中，许多微细加工机床都是采用 RC 脉冲电源。为了有效地利用电火花加工中的极性效应，滤掉电路的负半波，设脉冲波形如图 3.6 所示，将脉冲波形用数学表达式表示，则有

$$f(t)=\begin{cases}I_{\mathrm{m}}\sin(\omega t), & nT\leqslant T< nT+T/2\\ 0, & nT+T/2\leqslant t<(n+1)T\end{cases} \tag{3.13}$$

式中，T 为脉冲周期。

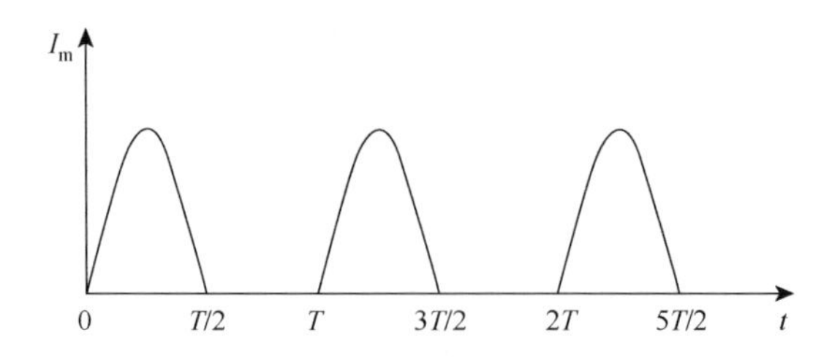

图 3.6 微细电火花加工中 RC 电路脉冲波形

可以按照与方波脉冲电源类似的处理方法进行分析。将式（3.13）用傅里叶级数展开得

$$f(t)=\frac{I_{\mathrm{m}}}{2}\sin(\omega t)+\frac{I_{\mathrm{m}}}{\pi}-\frac{2I_{\mathrm{m}}}{\pi}\sum_{n=1}^{\infty}\frac{1}{4n^2-1}\cos(2n\omega t) \tag{3.14}$$

与方波脉冲条件下的推导过程同理，叠加原理同样适用于 RC 脉冲电源，并且正弦或余弦的表达形式对式（3.6）的结果没有影响，因此，基于叠加原理，同样可将式（3.14）中的各三角函数分量分别代入式（3.6）中求解，再按照幅值的比例进行叠加。由于余弦分量增加了电流的幅值，它幅值部分的符号应该为正，叠加后得

$$\frac{\dot{E}_a}{\dot{E}_{a0}}=\frac{\dot{\delta}_a}{\dot{\delta}_{a0}}=\frac{q_n}{q_d} \tag{3.15}$$

式中，$\dot{E}_a$、$\dot{\delta}_a$ 分别为叠加后电场强度和电流密度的总和。

$$q_n=\frac{I_{\mathrm{m}}}{\pi}+\frac{I_{\mathrm{m}}}{2}\frac{I_0(\sqrt{\mathrm{j}s}r)}{I_1^*(\sqrt{\mathrm{j}s}a)}+\frac{2I_{\mathrm{m}}}{\pi}\sum_{n=1}^{\infty}\frac{I_{0n}(\sqrt{\mathrm{j}s}r)}{(4n^2-1)I_{1n}^*(\sqrt{\mathrm{j}s}a)} \tag{3.16}$$

$$q_d=\frac{I_{\mathrm{m}}}{2}+\frac{I_{\mathrm{m}}}{\pi}+\frac{2I_{\mathrm{m}}}{\pi}\sum_{n=1}^{\infty}\frac{1}{4n^2-1} \tag{3.17}$$

将式（3.15）整理得

$$\frac{\dot{E}_a}{\dot{E}_{a0}}=\frac{\dot{\delta}_a}{\dot{\delta}_{a0}}=\frac{2+\pi g(r)}{4+\pi}+\frac{4}{4+\pi}\sum_{n=1}^{\infty}\frac{g_n(r)}{4n^2-1} \tag{3.18}$$

最后，将实际参数 $I_{\mathrm{m}}=1.2\mathrm{A}$，电极直径为 200μm，脉冲频率为 500kHz、250kHz、50kHz 和 20kHz，以及电极材料的电导率、磁导率等参数代入式（3.18）进行数值计算，可得电火花加工中，不同脉冲频率作用下的 RC 放电回路中电场强度及电流密度的分布情况，如图 3.7 所示。由图 3.7 可知，随着脉冲频率的增加，集肤效应对放电能量分布的影响越来越显著。

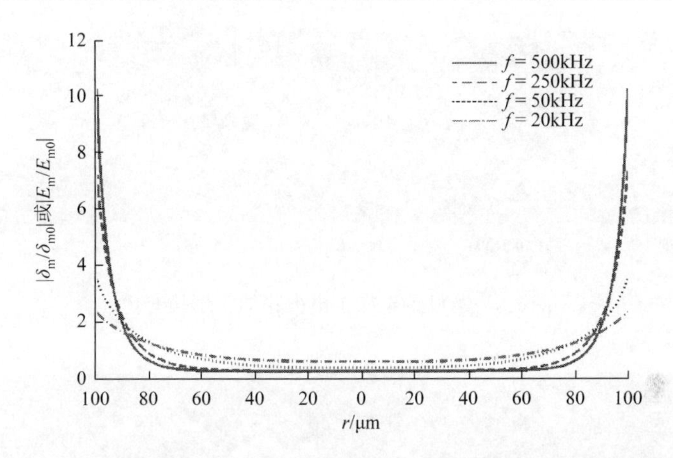

图 3.7　不同脉冲频率作用下 RC 放电回路中的电场强度及电流密度分布

由以上分析可知，对于不同形式的脉冲电源，尽管在高频电磁场影响下放电能量分布的表达形式不同，但是，集肤效应导致的放电能量趋近于电极材料边缘，而中心处分布较少能量分布的总趋势却是相同的。这种高频放电条件下特有的能量非均匀分布形式，将会影响原本的电火花加工过程。

3.2.2　集肤效应影响微细电火花加工的试验研究

本节在沙迪克小孔加工机床上进行对比试验研究，改变两组试验的加工脉间时间，则加工脉冲频率也随之改变。采用直径同为 1mm 的两根圆柱铜电极在不同的加工脉间时间下加工 NAK80 模具钢。为了较好地体现集肤效应对微细电火花加工影响的显著性，选取较大的加工电流进行试验，微细电火花加工参数如表 3.1 所示。

表 3.1　集肤效应影响试验微细电火花加工参数

电极	脉宽/μs	脉间/μs	加工电流/A
电极 1	5	10	12.5
电极 2	5	160	12.5

加工中随时记录电极的变化情况，由于电极 1 的脉冲频率为电极 2 的 11 倍，为保证两组电极加工的放电能量相同，电极 2 的记录时间为电极 1 记录时间的 11 倍。电极的电火花加工形状变化分别如图 3.8 和图 3.9 所示。

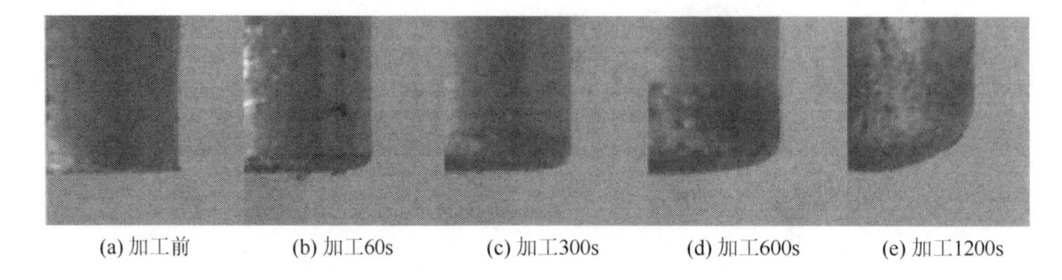

(a) 加工前　(b) 加工60s　(c) 加工300s　(d) 加工600s　(e) 加工1200s

图 3.8　圆柱铜电极 1 电火花加工形状变化

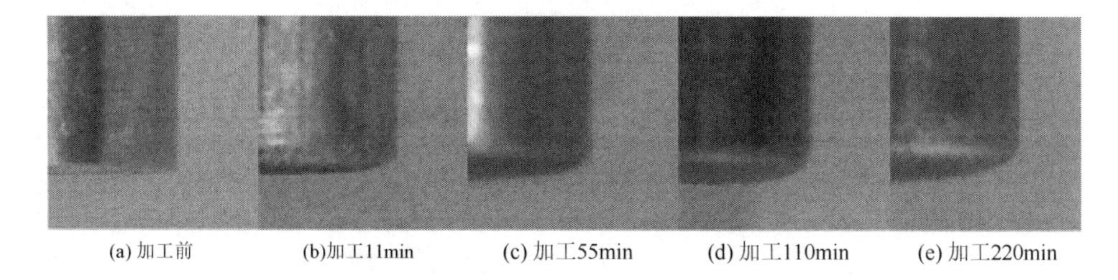

(a) 加工前　(b)加工11min　(c) 加工55min　(d) 加工110min　(e) 加工220min

图 3.9　圆柱铜电极 2 电火花加工形状变化

从图 3.8 和图 3.9 可以看出，随着加工时间的变化，电极边缘损耗在不断增加，并且电极 1 较电极 2 的边缘损耗更加严重，尤其在加工中后期，电极形貌差异十分显著。尽管调整脉间会对电极损耗带来一定影响，然而，脉间对电极损耗的影响通常归结为极间介质消电离的充分性。脉间小时，放电后消电离过程不充分，会导致放电集中在局部区域，造成局部区域温度升高，损耗加剧。但是，这种放电集中在电极某处的现象只能在微观延续一小段时间，然后集中放电又转移到电极的另一处，因而表现在宏观中，则是电极各部位产生相对较快的均匀损耗，对电极的整体形貌不会有太大的影响。因此，图 3.8（e）中的边缘剧烈损耗现象，只用脉间大小变化是解释不通的。

试验中用于材料去除的总脉冲能量是相同的，其他的加工参数不变，除脉间变化外唯一改变的加工参数就是放电的脉冲频率，所以导致两电极形状变化的加工参数就是脉冲频率。电极 1 加工时的脉冲频率为电极 2 的 11 倍，而脉冲频率对集肤效应的影响非常显著，所以在试验中造成电极 1 和电极 2 加工形状变化的原因就是不同脉冲频率造成的集肤效应影响的强弱不同。根据之前的理论计算，集肤效应将电场强度和电流密度集中分布于电极的边缘，加工过程中电极边缘发生放电的概率增加，去除量增大，因而电极边缘损耗加剧，集肤效应表现的强弱不同是造成两试验电极形状变化的主要原因。可以说，在电极 2 的加工中，电极形状随时间变化的关系类似于常规的电火花加工电极损耗情况，由于脉冲频率较低，集肤效应效果不明显，边缘的蚀除表现为尖端放电的作用；而电极 1 的边缘蚀除现象是尖端放电与显著集肤效应共同作用的结果。可见，集肤效应对微细电火花加工的影响是十分显著的。因此，图 3.8（e）中电极边缘的剧烈损耗可以通过集肤效应加以合理解释。

集肤效应加剧了原本因电极几何形状导致的放电能量的非均匀度，造成能量高度集中，这样尖角棱边处的材料将更容易损耗。随着电极形状变化，电极其他部位的材料也较快地被去除。因此，在同样的放电条件下，工具电极材料较平时更容易去除，这是导致微细电火花加工中电极损耗剧烈的又一个重要因素。

由于集肤效应的存在，两极间电场强度和电流密度重新分布。这一现象在过去往往被人们所忽视，然而这种重新分布必然会对放电加工产生一定的影响。

集肤效应对微细电火花加工的影响可以概括为两个方面：①集肤效应改变了电极两端电场的分布形式，影响了两极的击穿过程；②集肤效应改变了电流的传导形式，集中的强电流将沿着电极表面传输，这将影响材料的去除过程，因而宏观上表现为集肤效应对电极的形状变化产生影响。

3.2.3　集肤效应对放电过程的影响

1）对放电点位置的影响

由图 3.4 和图 3.7 可见，集肤效应改变了电极中电场强度的分布，电极边缘的电场强度可以达到中心处的几倍到几十倍。加之由电极几何形状导致的尖端放电效应的影响，两极间电场强度分布极其不均匀：加工区域边缘部分的介质所承受的电场强度远远高于加工区域中心部分的介质，所以加工的开始阶段，击穿现象集中于加工区域的边缘。因此，在微细电火花加工过程中，材料边缘将被迅速放电蚀除。在集肤效应与尖端放电效应的叠加影响下，材料边缘蚀除速度将比常规放电加工快很多。通过图 3.8 和图 3.9 的对比也可以看出，在高频放电加工中，电极 1 的侧面存在更加明显的损耗，并且产生了一定的锥度。这是由于在集肤效应的影响下，放电能量集中于电极材料的边缘，提高了侧壁放电的可能性，出现了锥度。另外，由集肤效应引起的独特的电场边缘分布现象，将提高深小孔加工中侧壁放电的可能性，加剧孔的锥度，同时，也会使加工后的电极产生锥度，如图 3.10 所示。

另外，集中的强电场将导致击穿放电点的集中，加工区域的局部温度过高，造成加工过程的不稳定。

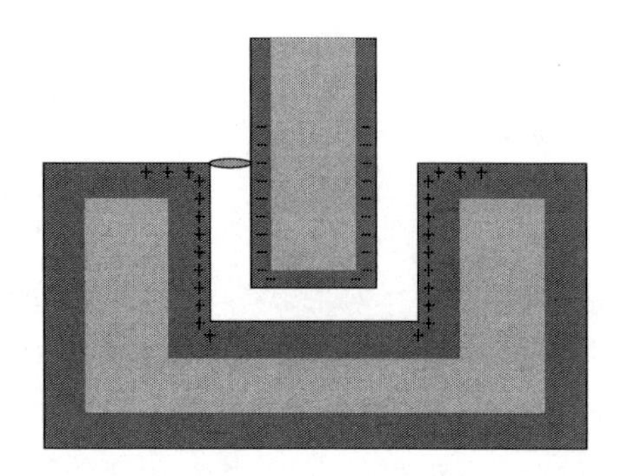

图 3.10　电火花深小孔加工中侧壁放电示意图

集肤效应只改变放电能量的分布状态，忽略电磁场能量损失，总的放电能量是不变的，因此可得

$$\int_{-\infty}^{\infty} p(r)\mathrm{d}r = \int_{0}^{a} p(r)\mathrm{d}r = 1 \tag{3.19}$$

式中，$p(r)$为式（3.6）的模。

$$p(r) = \frac{|\dot{E}_m|}{|\dot{E}_{m0}|} = \frac{|I_0(\sqrt{\mathrm{j}}sr)|}{|I_1^*(\sqrt{\mathrm{j}}sa)|} \tag{3.20}$$

类似于式（3.19），取

$$q(r) = \frac{|\dot{E}_a|}{|\dot{E}_{a0}|} \tag{3.21}$$

式（3.21）为式（3.9）和式（3.18）的模，而且满足如下条件：

$$\int_{-\infty}^{\infty} q(r)\mathrm{d}r = \int_{0}^{a} q(r)\mathrm{d}r = 1 \tag{3.22}$$

由式（3.22）可知，$q(r)$可以看作集肤效应作用下火花放电在 r 处发生的概率密度。

因此，图 3.4 和图 3.7 也可以表示为微细电火花放电初期放电点分布的概率分布图。由于集肤效应的存在，在高频脉冲作用下，电极边缘和侧面部分的材料比低频情况下更容易去除，因而在加工过程中电极端部的半径将逐渐减小。但是，如前所述，最大半径 a 的减小将直接导致集肤效应的减弱，降低边缘损耗的速度，同时增大端面底部放电概率。当边缘的损耗速度与端面的损耗速度相平衡时，加工电极进入均匀损耗阶段，电极的形状也基本确定。在不同脉冲频率作用下，集肤效应的作用效果不同，电极均匀损耗阶段的形状也将发生变化。

2）对放电过程的影响

在两极不均匀电场的作用下，电火花加工的极间介质将在局部电场较强的位置率先发生击穿。对于柱状电极，如前所述，加工初始阶段的击穿过程主要发生在其底端的边缘。由式（3.12）可知，击穿开始后，电导率 γ 由无穷小瞬时变为某一常值，电流将从放电通道经过，流向电极对的另一极。在集肤效应的作用下，电流传导的路径将集中于电极表面极薄的区域，而电极内部只有少量电流经过，如图 3.11 所示，大量的电流汇聚于放电点处极薄的小片面积中，再经放电通道流向负极，因而放电点附近电极表面的电流密度很高。由于放电过程电流并不稳定，会产生小范围的急剧波动，集肤效应将更加显著，电流密度会更加集中于放电点附近的电极表面。由热功率密度的概念 ($p=\delta^2/\gamma$) 可知，放电点附近电极中的热功率密度极高，产生的大量焦耳热使局部金属瞬时熔化和气化。因脉宽的减小和集肤效应的加剧，这一阶段由金属气化所产生的加工去除量占整个脉冲去除量的比例明显增大。

3）对电极加工形貌的影响

在电火花加工中，影响电极加工形貌的因素有很多，如由于电极的尖端效应导致放电概率不均等引起的损耗不均匀，以及由电蚀产物排出过程中形成的二次放电所造成的损耗不均匀等。由于这些因素的综合作用，常规电火花加工中经常出现如图 3.12 所示的电极损耗形式——边缘损耗。

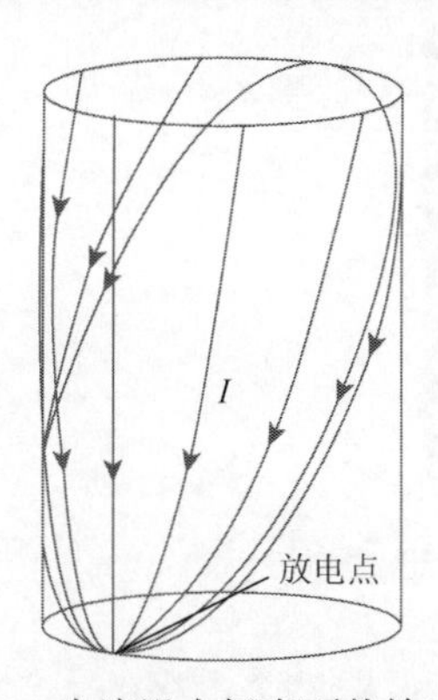

图 3.11　电流沿电极表面传输示意图

图 3.12　圆柱铜电极电火花加工边缘损耗

在微细电火花加工中，电极材料损耗十分剧烈，除了以上因素造成的损耗不均匀外，集肤效应对电极形状变化的影响也是不容忽视的。由于集肤效应的存在，电极几何形状导致的空间电场与电流密度在电极不同部位的分布差异变得更加显著。在相同条件下，电极的边缘将更容易发生击穿放电。随着加工过程的不断进行，柱状电极下端面外圆周上的材料将被迅速去除，而中心部分去除量则相对较少。随着脉冲频率的大幅提高，集肤效应对电场的分布的影响越来越显著，电极不同部位材料的去除速度差异将更加明显，使得加工后的电极材料相比常规加工显得更加尖锐。

加工过程中，加工区域的电场强度和电流密度分布将随着电极几何形状变化而变化。然而，无论电极形状如何改变，集肤效应总能够将放电能量更加集中于电极材料的尖角棱边处，因此电极表面边缘的材料总是快速且剧烈地损耗，而其他部位的材料随着极间距离的缩短而逐渐被去除。放电加工将以此趋势进一步去除高强电场两端的材料，因此工具电极的尖角锐边部分将逐渐变钝，而整个电极形状将趋近于圆滑的子弹头。

4）对放电能量分布的影响

由电磁场理论得知，当高频变化的电流在电极中流动时，电极周围磁场也会随之变化，变化的磁场又会在电极中产生感应电流，从而影响电极中电流密度的分布，使电流趋向于电极表面，电流将集中在电极表面流过。也就是说，越靠近电极表面，电流密度和电场强度越大，同时放电能量也越大[7]。图 3.13 为高频脉冲电流作用下的电极剖切面集肤效应物理模型，其中颜色的深浅代表电流密度（电场强度）的大小，同时也表示电极放电能量的大小。

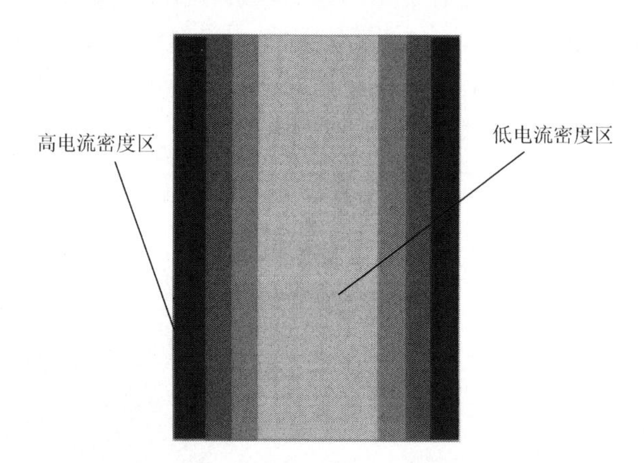

图 3.13　电极剖切面集肤效应物理模型

由图 3.13 可以看出，电极内部的低电流密度区占据整个电极的大部分，而高电流密度区则大部分集中在电极表面附近，但是无法具体描述集肤效应的强弱程度。基于以上问题提出利用集肤深度体现集肤效应强弱的观点，集肤深度是指电极中电流密度减小到电极表层电流密度的 1/e（e 为自然底数，e≈2.71828183）处的深度，集肤深度的表达式为

$$\delta = \sqrt{\frac{1}{\pi f \mu \gamma}} \tag{3.23}$$

式中，f 为脉冲频率。

由式（3.23）可知，集肤深度随脉冲频率 f、磁导率 μ、电导率 γ 的增大而减小，这将为后面研究电极集肤效应提供参数依据。

研究发现，集肤效应对高频微细电火花加工的影响主要体现在其改变了电极剖面上电场强度分布，进而改变电极端面放电能量的分布。电场强度的大小直接影响极间放电点的放电概率，所以电极集肤效应间接影响了电极放电点的位置，电极端面放电概率分布不均匀，放电位置更多地集中于工具电极边缘，最终导致电极端面损耗不均匀，并使加工后的电极产生边缘损耗现象。同时，随着加工深度的增加，电极圆柱侧面与孔壁放电的可能性也会因为集肤效应的影响而增加，这将会导致加工后的孔和电极产生锥度。综上所述，高频脉冲微细电火花加工集肤效应的影响主要体现在电场强度（放电能量）分布规律的改变上。

3.3 高频脉冲电火花加工的数学及仿真模型建立

高频脉冲电火花加工过程中的物理过程：在高频脉冲电源的作用下，电极产生集肤效应，并在电极周围产生变化电磁场；变化的电磁场通过放电介质作用到工件，在工件内部产生感应电流和感应电动势。

3.3.1 工具电极内电磁场

在高频脉冲电火花加工中，对电极施加高频脉冲交变电源，并发生击穿放电时，在电极内外会产生由交变电流产生的交变磁场，且磁场方向永远垂直于电流方向。因为电极在脉冲电源作用下产生的电场和磁场相互激励，所以这一过程满足时变场的麦克斯韦方程[8]，其微分方程为

$$\begin{cases} \nabla \cdot H = J + \dfrac{\partial D}{\partial t} \\ \nabla \cdot E = -\dfrac{\partial B}{\partial t} \\ \nabla \cdot D = \rho \\ \nabla \cdot B = 0 \\ \nabla \cdot J = -\dfrac{\partial \rho}{\partial t} \end{cases} \tag{3.24}$$

式中，H 为磁场强度；J 为电流密度；D 为电通量；B 为磁感应强度；ρ 为电荷密度。

由于 $D=\varepsilon E$（ε 为相对介电常数），$B=\mu H$，μ 为磁导率，在讨论时变电磁波时，介质界面上的边值关系可以简化为

$$\begin{cases} \nabla \cdot H = J + \dfrac{\partial D}{\partial t} \\ \nabla \cdot E = -\dfrac{\partial B}{\partial t} \\ \nabla \cdot J = -\dfrac{\partial \rho}{\partial t} \end{cases} \tag{3.25}$$

接通电源后，电极上电场强度 E 与电势 V 的关系为

$$E = -\nabla V \tag{3.26}$$

式中，$V = i\frac{\partial v}{\partial x} + j\frac{\partial v}{\partial y} + z\frac{\partial v}{\partial z}$，表示电极上任意点的电势。

推导出电极上瞬态变化的电流密度与电场强度的关系为

$$J = \sigma E + \varepsilon_0 \varepsilon \frac{\partial E}{\partial t} \tag{3.27}$$

式中，ε_0 为真空介电常数。

瞬态变化的电流会产生磁场，并得到磁感应强度为

$$\begin{cases} \sigma \frac{\partial A}{\partial t} + \nabla \cdot (\mu^{-1} B) = J \\ B = \nabla \cdot A \end{cases} \tag{3.28}$$

式中，A 为磁场矢量。

依据磁场的变化又可求出电极感应电场强度：

$$E = -\frac{\partial A}{\partial t} \tag{3.29}$$

至此，在高频脉冲环境中电极的磁场和电场表达式已经获得。在电场和磁场的相互作用下，变化的磁场所产生的感应电动势在电极内整个长度方向上产生涡流，从而阻止磁通变化。脉冲电源提供的电流与电极内产生的涡流之和在电极表面得到加强，而趋向电极中心处则减弱，从而实现电极的集肤效应现象的模拟。

3.3.2　工件感应电流和电动势

高频脉冲电源作用下，电极周围产生变化的磁场会在空间激发一种电场，这种电场对工件内部电荷会产生力的作用，最终使电荷大量聚集在工件与电极对应的表面。此时，大量电荷聚集在工件上表面，与接地的工件底面必然会产生一个电势差，所以在电磁场变化的同时，工件内部会产生一个内电路，最后在工件上下表面之间形成感应电流和感应电动势。

为了模拟感应电流对工件表面电场强度的影响，利用 COMSOL Multiphysics 软件对工件进行磁场和电场耦合仿真，电流和电容量计算公式如下：

$$\begin{cases} I = 2\pi f C U \\ C = \frac{\varepsilon S}{d} \end{cases} \tag{3.30}$$

式中，I 为工件在电极电场作用下的感应电流，单位为 A；f 为作用在电极与工件上电压的脉冲频率，单位为 Hz；C 为电极和工件间的电容量，单位为 F；U 为加在电极和工件上的电压，单位为 V；S 为电极与工件正对部分的面积，即电极截

面面积，单位为 m^2；d 为电极与工件之间的放电间隙，单位为 m。

3.3.3　仿真模型的建立与加载

电火花加工过程中包含物理变化和化学变化，本节目的是分析电火花加工过程中电极与工件达到临界放电状态时电极和工件电流密度、电场强度的分布情况，所以建模时忽略加工过程中的化学变化过程。从宏观角度理解电火花加工过程中的物理变化过程如下：将工件和工具电极连接到脉冲电源两个输出端，工件和电极的放电间隙一般为几微米到几十微米，并且充满工作介质。当脉冲电压施加到电极和工件上时，达到击穿电压时，脉冲电压将工作介质击穿，产生火花放电。建立模型模拟每次击穿放电之前的临界时间点的电极和工件电流密度与电场强度的分布，因此无需考虑放电击穿过程。电火花加工过程是一个十分复杂的过程，建模与仿真过程中需要将模型进行如下简化。

（1）工具电极与工件材料为各向同性。

（2）不考虑放电过程与放电结果。

（3）将工作介质设置为空气。

（4）仿真中不考虑放电过程中温度对电极和工件材料属性的影响。

在研究电极集肤效应影响因素时，为了简化模型，只建立电极的三维仿真模型，利用 COMSOL Multiphysics 仿真软件建立电极在磁场和电场物理场接口下的三维耦合模型。选择几何模块中的圆柱体命令构建实体单元，设定仿真中微细电火花加工电极直径为 1mm，为了减小模型的计算量，电极长度选为 1mm，选择所有域为磁场和电场物理接口的计算域。在磁场和电场物理场接口下的磁绝缘节点下设置加载终端和接地，模型加载形式如图 3.14 所示。设置电极上端面为加载终端，下端面

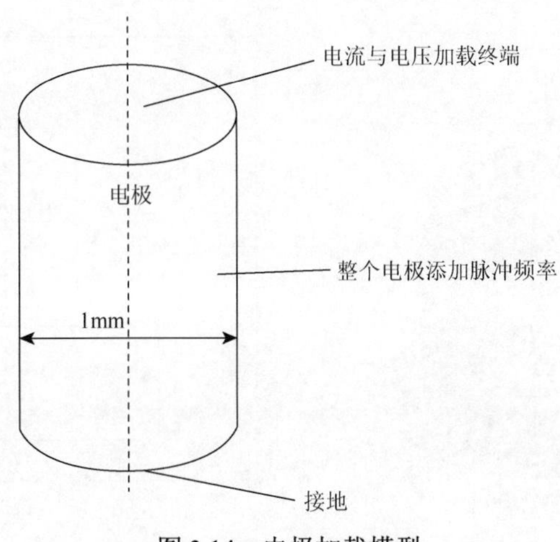

图 3.14　电极加载模型

为接地，在终端处对电极施加电流和电压来模拟电火花加工过程中电极的实际加载情况，并在此处对电流进行更改来研究电流大小对电极集肤效应的影响；在研究接口中设置为频域，对脉冲频率的数值进行设置来研究高频脉冲频率对电极集肤效应的影响；在材料接口内添加材料属性，选取铜作为电极材料，为了研究材料磁导率对电极集肤效应的影响，可以在此处通过改变材料的磁导率大小来实现。

在研究电极集肤效应影响下工件表面电流密度分布情况时，利用 COMSOL Multiphysics 仿真软件建立电极和工件在磁场和电场物理接口下的三维耦合仿真模型，选择几何模块中的圆柱体命令构建实体单元，包括电极、工件和边界。电极直径可取 1mm，电极与工件之间的放电间隙选取 0.05mm，工件选取直径为 3mm、高度为 1.5mm 的圆柱体。建立一个圆柱体边界，将电极和工件完全包含在内，电极与工件周围还需要考虑加工介质，从而使整个模型形成一个联合体，其中加工介质选用空气。为达到精确的计算精度和模拟更真实加工过程中电流密度和电场强度的分布，同时为了缩短计算时间，只将电极下端面和工件表面电极对应区域进行网格细化，其余部分采用常规网格剖分效果，划分网格后的三维网格模型如图 3.15（a）所示。对于该模型的加载问题如图 3.15（b）所示，将磁场与电场模块应用到整个模型中，设置电极上端面为加载终端，在电极上加载电流与电压，设置工件下表面为接地。电极材料为铜，工件材料为铁，边界内其余材料（空气）作为工作介质。进行模型计算之前，为研究高频脉冲对电火花加工的影响，在研究接口中选取频域研究。最后进行计算，便可以得到电流密度与电场强度的分布云图，为后续研究提供基础。为了研究加工深度时工件孔底表面电流密度的分布情况，在建模时需要分别建立工件上具有不同深度孔的模型，为保证变量的单一性，建模时电极长度始终为 1mm，工件孔底到工件底端的高度始终为 1.5mm，通过改变工件的总体厚度来改变孔的深度。

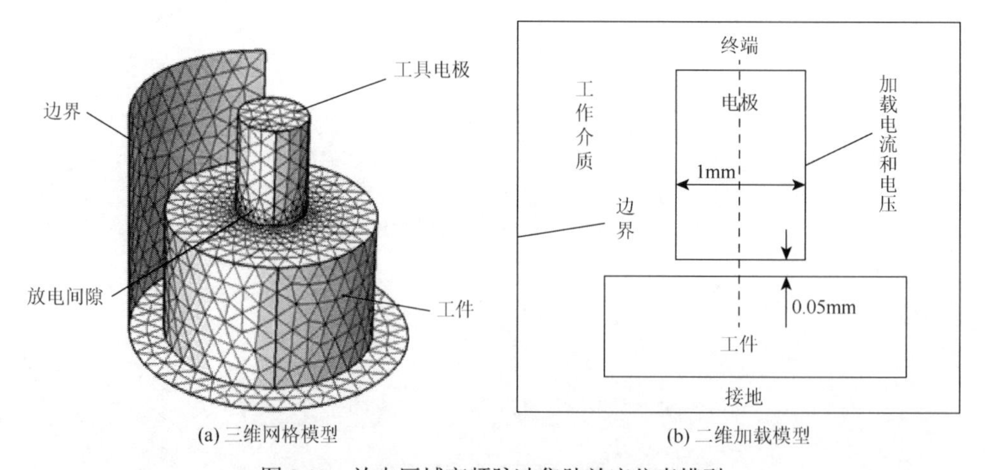

(a) 三维网格模型　(b) 二维加载模型

图 3.15　放电区域高频脉冲集肤效应仿真模型

3.3.4　电参数和材料的选取

在验证不同电参数对集肤效应影响时，利用 COMSOL Multiphysics 仿真软件分别进行不同脉冲频率、电流和磁导率对电极产生集肤效应时电极内部电流密度和电场强度分布情况的仿真试验。进行不同脉冲频率和电流的仿真时，通过控制电极材料不变来保证磁导率不变，分别改变脉冲频率和电流大小来实现参数设置；进行不同磁导率的仿真试验时，通过控制脉冲频率和电流不变，分别采用铜电极和铁电极来实现电极材料磁导率的改变。

在进行电极加工不同深度时工件表面电场强度分布的仿真研究时，电极材料为铜，工件材料为铁，工作介质为空气。在常温条件下，金属材料的物理属性参数会在某一数值附近波动，不会发生很大变化，所以通常取其平均值。常温下空气、铜和铁的物理属性如表 3.2 所示，在仿真模型的建立过程中，添加材料时模型中相应材料的属性值将参照表 3.2 进行设置。

表 3.2　常温下空气、铜、铁的物理属性

材料属性	空气	铜	铁
相对磁导率	1	1	400
电导率/(S/m)	1	5.998×10^{7}	1.12×10^{7}
相对介电常数	1	1	1
电阻温度系数/(1/K)	—	3.9×10^{-3}	0.0039
参考温度/K	—	273.15	298
杨氏模量/Pa	—	110×10^{9}	200×10^{9}
泊松比	—	0.35	0.29

3.3.5　模型的验证

为了验证模型的合理性，对模型进行了仿真验证，分析仿真模型在磁场和电场物理接口下频域计算的收敛情况，并将仿真结果与理论结果进行对比。

在对模型进行计算后，求解器配置内显示求解的编译方程为频域，满足该模型在频域下进行计算的初始设置，因变量为磁矢势和电势，该模型求解的自由度数为 475035，最大迭代次数为 10000，并且在相对容差为 0.001 时可以获得运算结果，验证了模型的合理性和仿真的收敛性。

对仿真结果中电极集肤效应的电流密度进行提取，并将电极中电流密度减小到电极表层电流密度的 1/e 处对应的深度作为仿真结果的集肤深度，通过对不同参数下的仿真结果进行处理，获得不同参数下的集肤深度。利用式（3.23）代入仿真参数计算得到理论的电极集肤深度。该模型在脉冲频率为 500kHz、电流为 2A 及电极材料为铜时的电极截面电流密度分布情况如图 3.16 所示。

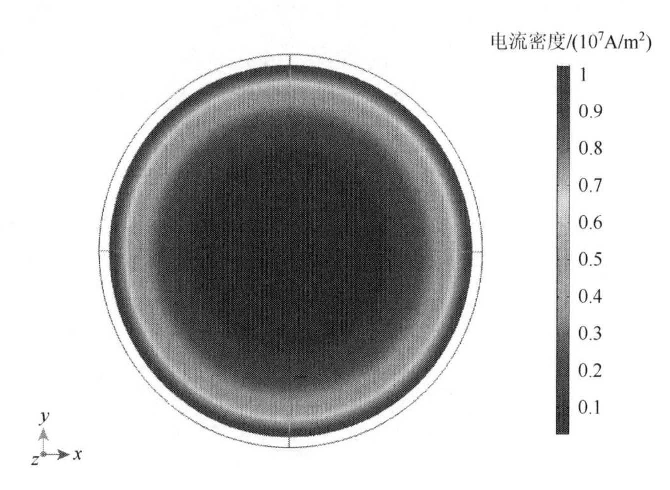

图 3.16　电极截面电流密度分布（多切面图）

对该仿真结果下的电极端面电流密度进行提取，获得电极截面上任意位置对应的电流密度，得到此时电极表面电流密度约为 1×10^7A/m^2，由集肤深度定义可知，此位置对应的电流密度为 3.75×10^6A/m^2，由电流密度分布曲线可知该电流密度对应的位置距离电极边缘 0.10mm，因此得到该参数下仿真得到的电极集肤深度为 0.10mm。将铜电极的磁导率、电导率及脉冲频率代入式（3.23），得到理论集肤深度为 0.092mm。同理，可计算出铜电极在脉冲频率为 500kHz、电流为 2A 和 4A 时，铜电极在脉冲频率为 1000kHz、电流为 2A 时，以及铁电极在脉冲频率为 500kHz、电流为 2A 时的仿真集肤深度和理论集肤深度。不同仿真条件下的电极集肤深度对比如表 3.3 所示，由表中数据可以看出，仿真结果得到的集肤深度与公式计算得到的理论集肤深度的误差最大值为 12.0%，最小值为 7.7%，并且四组数据中有三组误差在 10%以内，证明了该模型的合理性。

表 3.3　不同仿真条件下集肤深度对比

仿真条件	理论集肤深度/mm	仿真集肤深度/mm	误差/%
铜电极、脉冲频率 500kHz、电流 2A	0.092	0.10	8.7

续表

仿真条件	理论集肤深度/mm	仿真集肤深度/mm	误差/%
铜电极、脉冲频率 500kHz、电流 4A	0.092	0.103	12.0
铜电极、脉冲频率 1000kHz、电流 2A	0.065	0.07	7.7
铁电极、脉冲频率 500kHz、电流 2A	0.011	0.01	9.1

3.4 电参数对电极集肤效应的影响及工件表面电流密度分布

本节探究高频脉冲作用下集肤效应的影响因素，将高频电磁场中电极的集肤效应原理应用于微细电火花放电过程的分析中，分别讨论在高频微细电火花加工中，脉冲频率、电流、磁导率对电极集肤效应下电流密度及电场强度分布的影响规律。

仿真时脉冲电源参数选自实验室的高频脉冲电源，电源电压为 70V，利用 COMSOL Multiphysics 仿真软件对电极进行不同脉冲频率、电流和磁导率情况下电流密度的仿真，仿真参数与对应电极材料如表 3.4 所示。

表 3.4 电参数影响电极集肤效应的仿真参数一览表

编号	电极材料	脉冲频率/kHz	电流/A	相对磁导率/(H/m)
1	铜	500、1000	2	1
2	铜	500	2、4	1
3	铜、铁	500	2	1、400

为分析脉冲频率对集肤效应的影响，在电流为 2A、相对磁导率为 1H/m 的条件下分别对铜电极进行脉冲频率为 500kHz 和 1000kHz 的仿真分析；为分析电流对集肤效应的影响，在脉冲频率为 500kHz、相对磁导率为 1H/m 的条件下，对铜电极进行电流为 2A 和 4A 的仿真分析；为分析磁导率对集肤效应的影响，在电流为 2A、脉冲频率为 500kHz 的条件下，分别进行相对磁导率为 1H/m 的铜电极和 400H/m 的铁电极的仿真分析。

3.4.1 不同电参数对集肤效应的影响

1）脉冲频率对集肤效应的影响

电流为 2A、相对磁导率为 1H/m 时，铜电极在不同脉冲频率下的电流密度分布如图 3.17 所示，其中图 3.17（a）脉冲频率为 500kHz，图 3.17（b）脉冲频率为 1000kHz。从图 3.17 中可以看出，电流密度在电极内部呈现分层分布情况，而且电极表面处电流密度值最大，电极中心处数值最小，电极表面电流密度值大约为中心处的十倍。这是由于集肤效应的影响，电极表面的放电能量最大，在电极表面的电流密度也最大。对比图 3.17（a）与（b）可以发现，随着脉冲频率的增大，电极表面电流密度的最大值也随之增大，由原来的 1×10^7A/m^2 增大到 1.4×10^8A/m^2，而且集肤效应深度也有明显的减小。

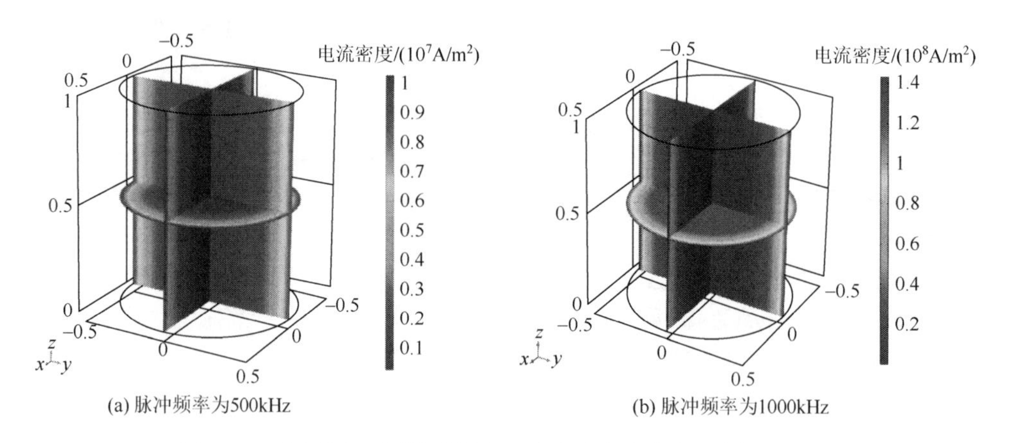

图 3.17　铜电极在不同脉冲频率下的电流密度分布（多切面图）

在电流为 2A、相对磁导率为 1H/m、电极材料为铜的条件下，为分析不同脉冲频率对电极集肤效应的影响，分别将脉冲频率为 500kHz 和 1000kHz 时的电流密度数值导出，得到不同脉冲频率下铜电极电流密度对比曲线如图 3.18 所示。

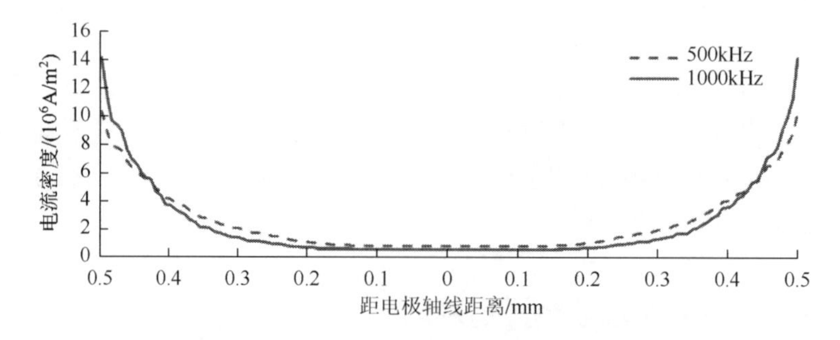

图 3.18　不同脉冲频率下铜电极电流密度对比曲线

在脉冲频率的作用下，电极内部电流产生变化时电极周围产生变化的磁场，

变化的磁场在电极外部产生感应电场，在外部电场的作用下，电流密度与电场强度的具体关系为

$$J = \sigma E \tag{3.31}$$

从式（3.31）中可知，电流密度与电场强度成正比关系，即电极表面电场强度和电流密度的变化规律相同。因此，可对所得模型结果进行处理，获得在电极截面上随半径变化的电场强度，并进一步得到铜电极在不同脉冲频率下电极端面各处电场强度与平均电场强度的比值（简称电场强度比值）分布，如图 3.19 所示。

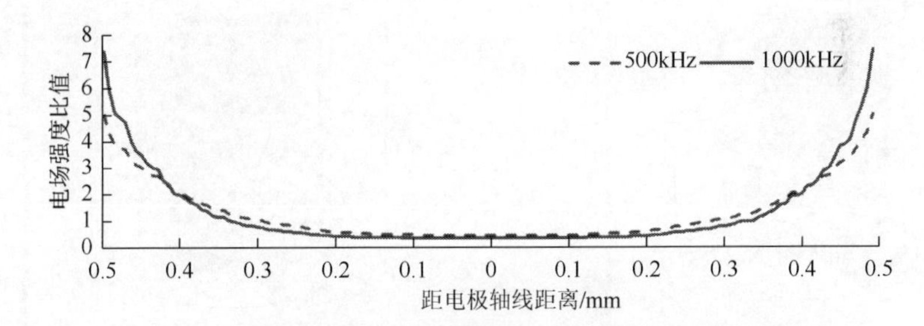

图 3.19　不同脉冲频率下铜电极的电场强度比值分布

通过对图 3.19 进行观察，发现图中两个曲线由于集肤效应影响，形状类似于 U 形，因此将其命名为“U 形曲线”。对其进行对比可以看出，当脉冲频率增大后，两条曲线出现交叉，在半径为 0.43mm 范围内，脉冲频率为 500kHz 时的电流密度更高，在其他区域内则相反。这是因为脉冲频率越高，集肤效应现象越明显，所以“U 形曲线”边缘变得更陡峭，而且增大脉冲频率并不会使电极的整体能量增大，因此当电极表面的电流密度数值增大时，电极中心的电流密度却减小，满足能量守恒定律。通过观察图 3.19 可以看出，电场强度随着脉冲频率增大的变化规律同电流密度类似，这是因为电极表面的电流密度增大导致电极表面电场强度随之增大。

上述现象说明，随着脉冲频率增大，电极的电场强度和电流密度更趋于集中在电极表面，而电极内部相应降低。同时随着脉冲频率的增大，“U 形曲线”形状发生了改变：“U 形曲线”深度变深而且底部与侧壁的过渡圆角半径变小，过渡显得更加急促。这一现象可以解释为，当脉冲频率 f 增大后，集肤深度变浅，并且由于脉冲频率的影响，电极表面处的电场强度远远大于电极中心处电场强度，脉冲频率越大这种现象就越明显，这就导致“U 形曲线”的过渡圆角半径变小。最终得出，随着脉冲频率增大，电流密度和电场强度更加集中地分布在电极表面，使放电能量更多地分布在电极表面，同时集肤深度也会随之变浅，使集肤效应更加显著。

2）电流对集肤效应的影响

铜电极在脉冲频率为500kHz、相对磁导率为1H/m时，不同电流下的电流密度分布如图3.20所示，其中图3.20（a）电流为2A，图3.20（b）电流为4A。对比图3.20（a）与（b）可以发现，随着电流数值的翻倍，电极表面电流密度数值也随之翻倍，但是电极集肤效应深度却没有随之改变。

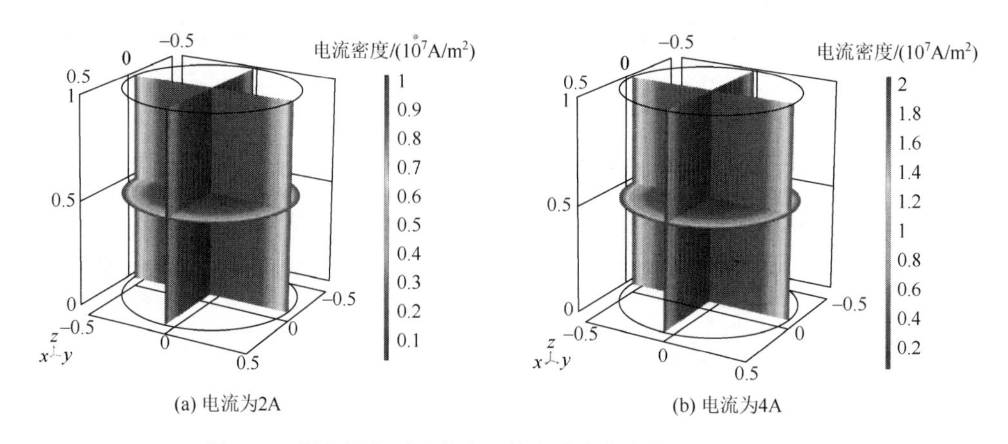

图3.20　铜电极在不同电流下的电流密度分布（多切面图）

不同电流下铜电极的电流密度对比曲线如图3.21所示，由图中两个曲线的对比可以看出，当电流增大一倍之后，无论是电极表面还是电极中心处，对应的电流密度也都大约增大为原来的二倍，虽然电流密度分布规律不变，但是与电极中心处相比，电极表面电流密度的数值增加更为明显，这是因为电流的大小对电极中电流密度的分布规律没有影响，但是电流越大，电极中传输的能量越大。而且在集肤效应影响下，能量更多地分布在电极表面，进而导致电极表面电流密度越大。图3.21中的两条曲线并未如图3.18所示出现交叉的情况，而是电流大的曲线一直位于电流小的曲线上方，这是因为电流增大后电极整体放电能量也会随之增大，但放电能量整体分布规律不变，从而使整个曲线的电流密度增大。

铜电极在不同电流下电极端面各处电场强度比值分布如图3.22所示，从图中可以看出，当电流变化时，各处电场强度比值未发生改变，两条曲线完全重合，这再次证明了电流的变化对电场强度的分布没有影响，因此可以得出结论，电流变化不会对集肤效应产生影响。但是由图3.21可知，随着电流的增大，电极表面的电流密度数值随之增大，因此增大了电极端面放电能量，这将在加剧电极损耗的同时提高加工效率。

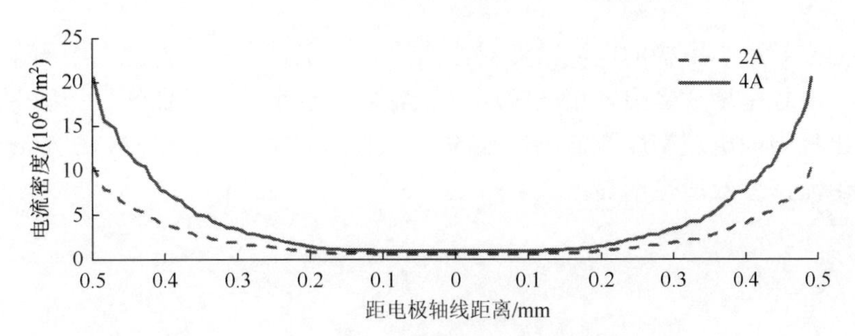

图 3.21　不同电流下铜电极的电流密度对比曲线

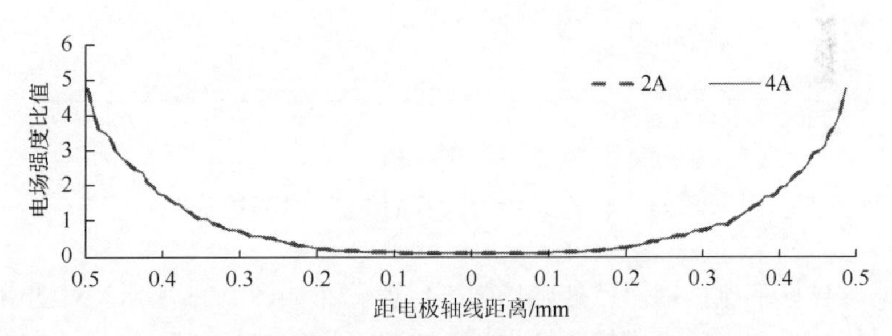

图 3.22　不同电流下铜电极的电场强度比值分布

3）磁导率对集肤效应的影响

相对磁导率为 1H/m 的铜电极和相对磁导率为 400H/m 的铁电极在电流为 2A、脉冲频率为 500kHz 下的电流密度分布如图 3.23 所示，其中图 3.23（a）为铜电极，图 3.23（b）为铁电极。通过对比观察可以发现，铁电极表面处的电流密度远远大于铜电极表面处的电流密度，而且与铜电极相比，铁电极的集肤深度较小，这说明铁电极的集肤效应十分明显。这是因为铁的磁导率约为铜的 400 倍，而集肤深度又随着磁导率的增大而减小，所以图 3.23 中铁电极的集肤深度相比于铜电极要小很多。

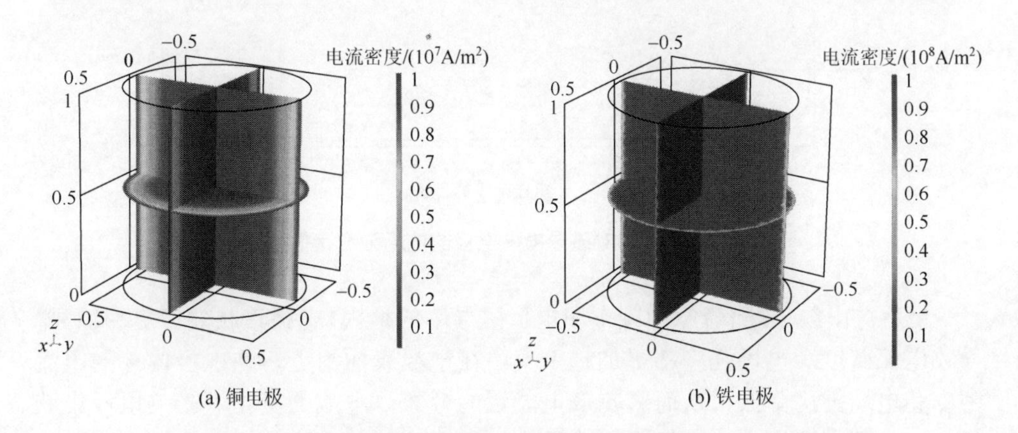

图 3.23　不同磁导率下铜电极与铁电极电流密度分布（多切面图）

不同磁导率下电极的电流密度对比曲线如图 3.24 所示，对比图中两条曲线可以看出，磁导率增大之后，集肤效应更加显著，导致“U 形曲线”边缘变得更加陡峭，电极表面电流密度数值由原来的 $1\times10^7A/m^2$ 增大到 $8.68\times10^7A/m^2$，电极表面的电流密度数值也明显增大。

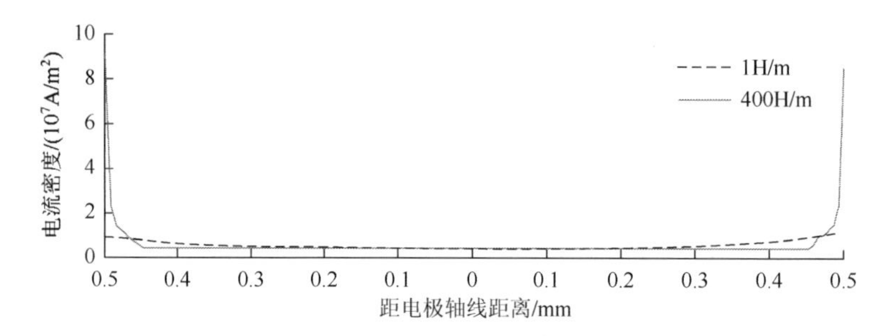

图 3.24　不同磁导率下电极的电流密度对比曲线

不同磁导率下电极端面各处电场强度比值分布如图 3.25 所示，对图中两条曲线进行对比可以看出，当磁导率增大时，电极表面的电场强度比值由原来的 4.87 增大到 43.12，然而电极内部电场强度的分布却随着磁导率的增大而减小，而且磁导率越大，减小得越快。这是因为增大磁导率后，在集肤效应影响下，电流几乎都聚集在电极表面附近，从而使电极内部电流密度减小，同时电极表面电流密度的急剧增大使电场强度也明显增大。所以得出结论，随着磁导率的增大，电极的集肤效应更明显，电极表面电流密度和电场强度增大，电极内部电流密度和电场强度反而减小，使放电能量更多集中在电极边缘。

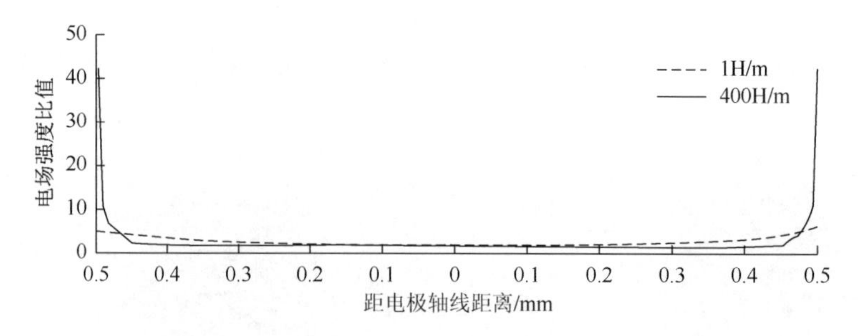

图 3.25　不同相对磁导率下电极的电场强度比值分布

最后得出结论，随着脉冲频率和电极磁导率的增大，电极集肤效应更加明显，导致电流密度和电场强度都更加趋于集中在电极表面附近，使电极内部的电流密度和电场强度降低，从而影响放电能量的分布。电流的变化不影响电极集肤效应，但是电流密度和电场强度在整个电极上都随着电流的增大而增大，这将对电极损耗产生严重影响。通过分析电参数对电极集肤效应的影响，可以有效预测不同电参数下的电极损耗规律，为高频微细电火花加工中电极损耗及加工效率的研究提供参考。

3.4.2 工件表面电流密度分布规律

在电极集肤效应作用下，工件表面电流密度分布必然会受到电极集肤效应下电磁场的影响，所以工件表面此时产生的感应电流密度又会产生新的电场，本节分别讨论加工出孔深度为0mm（未加工出孔）、0.4mm和0.8mm时工件表面的电流密度分布规律（脉冲频率均取500kHz）。

1）未加工出孔时工件表面电流密度分布

电极与工件即将发生放电击穿时，在电极集肤效应影响下工件表面电流密度和放电间隙电场强度的分布如图3.26所示。参考图3.26（a）中的电流密度分布可知，电极边缘电流密度远大于电极内部电流密度，这说明此时电极产生集肤效应。整体电流密度同样集中在工件的表面，但是在正对电极下端面的工件表面处，由于受到电极集肤效应的影响，产生电流密度分布不均匀现象，可以看出在电极边缘对应的孔底表面部分的电流密度要明显大于电极中心对应的部分。这是因为在电极与工件之间产生如图3.26（b）所示的放电间隙电场，由于外电场的存在，工件表面形成感应电流密度，又因为电极集肤效应的存在，使工件表面出现电流密度分布不均匀现象。

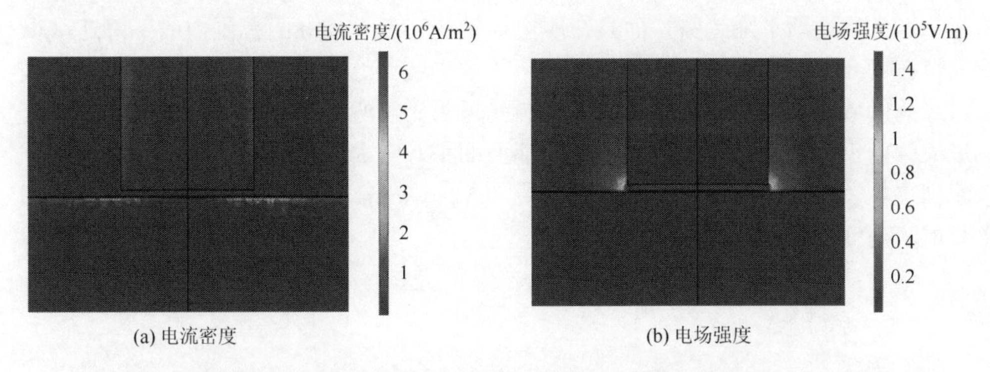

(a) 电流密度　　(b) 电场强度

图3.26　孔深为0mm时工件表面电流密度与放电间隙电场强度分布（切面图）

未加工出孔时电极正对部分工件孔底表面电流密度分布曲线如图3.27中实线所示，从图中可以发现，电流密度的分布曲线在电极集肤效应的影响下呈现出“V形”，而且在电流密度的数值上要明显小于电极端面处的电流密度数值。孔底电流密度的产生，是电极下端面在集肤效应下产生的电磁场作用在工件上产生的感应电流引起的，所以电极下端面的电磁场的分布形式直接影响到孔底表面产生的感应电流的分布形式。然而孔底表面的电流密度分布并不是“U 形曲线”，而是类似于“V 形曲线”，这两者的区别在于电流密度从边缘到中心的过渡形式，由于受到集肤效应的影响，电极电流密度由外到内的过渡形式为先剧烈后平缓，而孔底表面的电流密度由外到内过渡比较平缓，这是因为此时电极对工件作用后产生的电流密度作用在整个工件表面上，一方面使电极作用在工件上的电流密度的集中现象得到弱化，从而使孔底电流密度由外到内的分布形式变得平缓而呈现为“V 形曲线”；另一方面，一部分电流密度分布在工件表面的其他部分，导致孔底表面电流密度的数值有所减小。

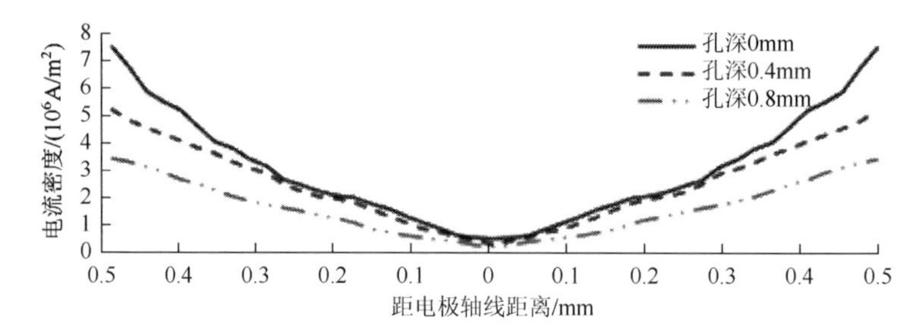

图 3.27 孔深为 0mm、0.4mm 和 0.8mm 时孔底表面电流密度分布曲线对比

未加工出孔时非电极正对部分工件表面电流密度分布曲线如图 3.28 所示，由图中曲线可以看出，在超出电极端面对应区域的工件表面，电流密度数值随着距离的增大呈逐渐下降趋势，而且在距电极轴线 0.5～0.8mm 范围内的下降速率很大，在 0.8～1.5mm 范围内的下降速率趋于平缓。这是因为工件表面越靠近电极边缘的区域，受到电极集肤效应的影响就越明显，所以在 0.5mm 处电流密度数值最大。由于工件表面面积远大于电极端面面积，随着距离的增大，电流密度被分配到工件表面，电流密度在距电极轴线 0.5～0.8mm 范围内迅速下降，导致该部分电流密度下降速率较大。

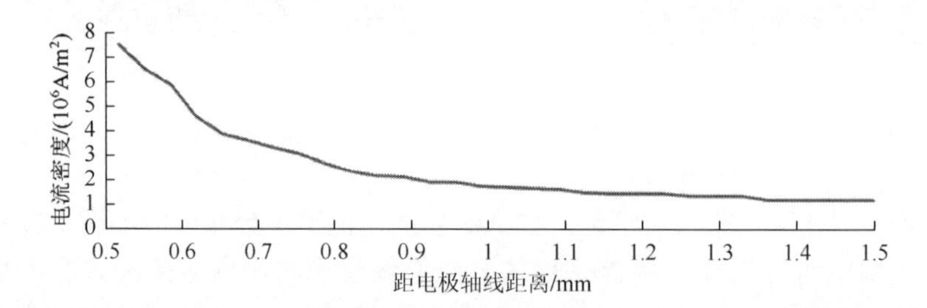

图 3.28 未加工出孔时非电极正对部分工件表面电流密度分布曲线

2）孔深为 0.4mm 时工件表面电流密度分布

在电极加工深度达到 0.4mm 时，电极集肤效应影响下工件表面电流密度和放电间隙电场强度的分布情况如图 3.29 所示。从图 3.29（a）可以看出，此时电极依然存在集肤效应现象，电流密度同样分布在工件的各个外表面，由于受到电极集肤效应的影响，在电极下端面正对的孔底表面处的电流密度分布仍然存在不均匀现象。另外可以发现，图中出现了两个电流密度相对集中的位置，分别是孔壁与孔底相接位置和孔壁与工件上表面相接位置。从图 3.29（b）可以看出，此时电场强度主要分布在电极端面与工件之间，电极侧面与孔壁之间依然存在很高的电场强度。

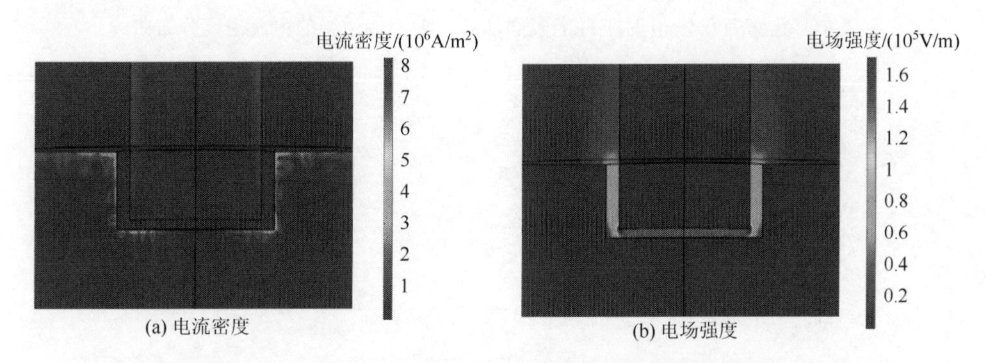

图 3.29　孔深为 0.4mm 时工件表面电流密度与放电间隙电场强度分布（切面图）

孔深为0.4mm时，孔底表面电流密度分布曲线如图3.27中短划线所示，从图中可以发现，此时孔底表面电流密度的分布在电极集肤效应的影响下仍然呈现为“V 形曲线”的形式，但是在线型的变化上由外到内近似于直线过渡，而且电流密度在数值上要明显小于孔深为 0mm 时。这是因为随着孔深度的增加，电极有一部分进入工件内部，导致此时电极下端集肤效应得到削弱，最终使孔底表面处受到的集肤效应影响变弱，电流密度分布由外到内过渡地较为平缓。在电流密度总值不变的情况下，又有一部分电流密度分配到孔壁上，所以孔底表面电流密度减小。

孔深为 0.4mm 时，工件上表面从孔口到工件边缘的电流密度分布曲线如图 3.30 所示，此时电流密度分布规律与原因同图 3.28 中类似，在此不再赘述。孔深为 0.4mm 时，孔壁沿孔深方向的电流密度分布曲线如图 3.31 所示，由图可以看出，在孔口和孔底处的电流密度要大于孔壁表面，而且在孔口处数值大于孔底处，这是因为两端位置存在尖端效应现象，电流密度比较集中，形成两端高、中间低的情况。孔口处电流密度大于孔底处是因为孔口处电极集肤效应未受削弱，此处工件受电极侧面集肤效应的影响较大，由于孔底处电极在工件内部部分的集肤效应现象被削弱，此处电流密度相对孔口处略小。结合图 3.30 与图 3.31 可以解释在实际加工深孔时电极侧面损耗现象及孔口和孔底圆角的形成原因。

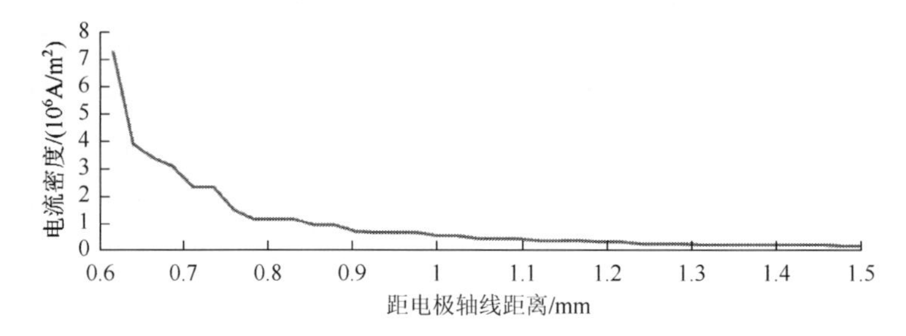

图 3.30 孔深为 0.4mm 时工件上表面从孔口到工件边缘的电流密度分布曲线

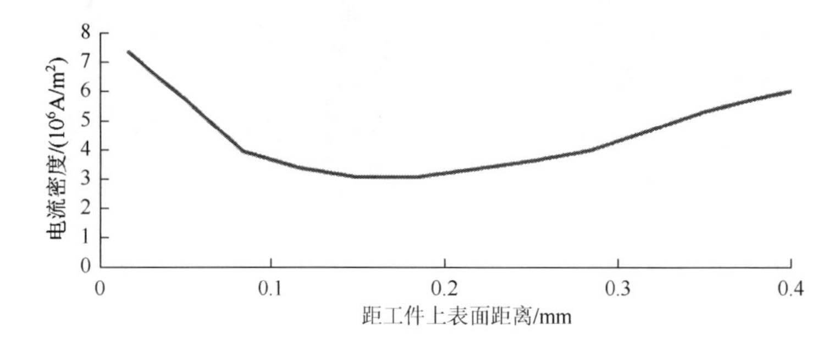

图 3.31 孔深为 0.4mm 时孔壁沿孔深方向的电流密度分布曲线

3）孔深为 0.8mm 时工件表面电流密度分布

在电极加工深度达到 0.8mm 时，在电极集肤效应影响下工件表面电流密度与放电间隙电场强度的分布如图 3.32 所示。从图 3.32（a）可以看出，电流密度分布在工件的各个表面，在电极下端面正对的孔底表面电流密度由中心向外递增，在孔壁与工件上表面相接位置最集中，电流密度沿孔壁深度方向呈下降趋势。从图 3.32（b）可以看出，此时电场强度主要分布在电极端面与工件之间，电极侧面与孔壁之间依然存在很高的电场强度，这也是电极侧面产生损耗的原因。

孔深为0.8mm时，孔底表面的电流密度分布曲线如图3.27中长划线所示。由图中曲线对比可以发现，孔深为 0.8mm 时，孔底表面电流密度的“V 形曲线”在线型的变化上由外到内近似呈直线过渡且曲线更加平缓，而且电流密度在数值上要明显小于孔深为 0mm 和 0.4mm 时。这是因为随着孔深的增加，电极下端集肤效应现象进一步变弱，导致孔底表面电流密度数值进一步减小。

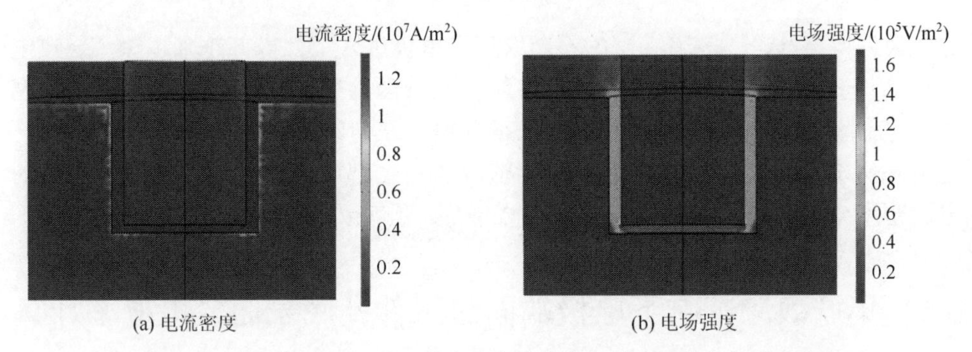

(a) 电流密度　　(b) 电场强度

图 3.32　孔深为 0.8mm 时工件表面电流密度与放电间隙电场强度分布

孔深为 0.8mm 时，工件上表面和孔壁电流密度分布规律分别如图 3.33 和图 3.34 所示，与孔深为 0.4mm 时相比，工件上表面电流密度分布规律不变，孔壁电流密度分布规律的不同点在于，孔深为 0.8mm 时比孔深为 0.4mm 时的孔口电流密度数值略大，孔底电流密度略小，而且靠近孔口与孔底处电流密度的变化速率也不同。这是因为随着孔深增加，孔壁增长，分布在孔壁上的总的电流密度增多，而此时孔口处因为尖端效应和电极表面未削弱的集肤效应共同作用，更多的电流密度聚集到一起，使孔口处电流密度增大，孔壁增长导致沿孔壁到孔底的电流密度变化速率发生改变。随着孔深增加，电极下端面集肤效应被削弱，使电极下端面的尖端效应被削弱变小。这两种情况的对比解释了为何在加工深孔时，电极边缘的圆角和孔底圆角随着孔深的增加基本保持不变，而孔口处圆角和孔壁的锥度却越来越大。

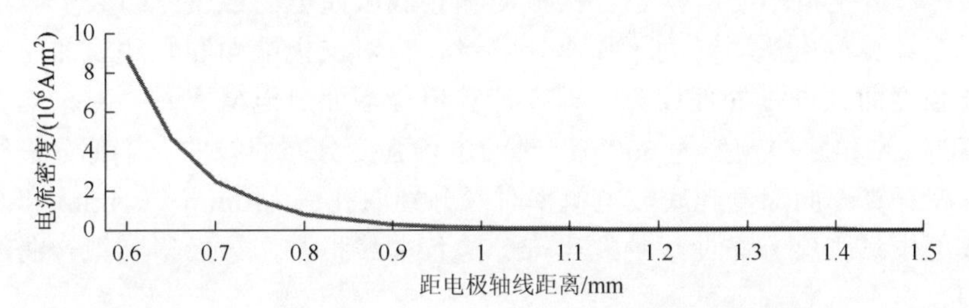

图 3.33　孔深为 0.8mm 时工件上表面电流密度分布曲线

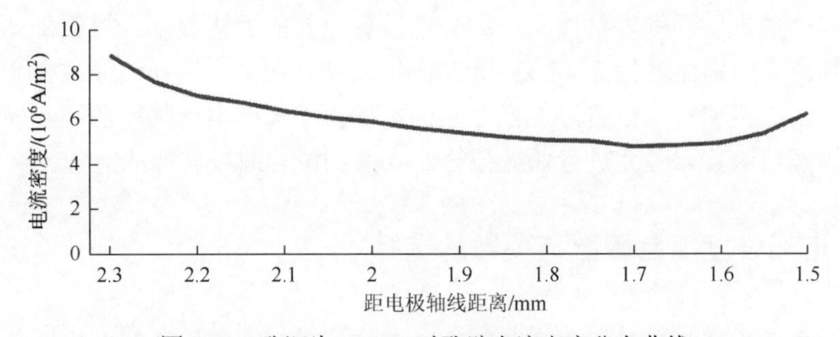

图 3.34　孔深为 0.8mm 时孔壁电流密度分布曲线

最后得出结论，随着孔深的不断增加，电极进入工件内部越来越深，导致电极下端集肤效应现象得到削弱，最终使孔底表面处受到集肤效应的影响越来越弱，电流密度分布由外到内过渡越来越平缓。在电流密度总值不变的情况下，随着孔深增加，分配到孔壁上的电流密度也随之增加，最终导致孔底表面总的电流密度减小；孔口处的电流密度随之增加，孔底处的电流密度则减小。

3.5　集肤效应影响下电极端面与工件孔底表面放电概率计算

集肤效应影响下电极端面与工件孔底表面放电概率的获得是分析微细电火花加工放电能量分布的必要条件，也是预测加工后电极形状变化、电极边缘损耗及孔底形状的理论基础。

3.5.1　电场强度曲线拟合步骤

以得到的电场强度分布规律表征电极端面放电概率的影响因素，利用MATLAB软件将电场强度分布曲线进行拟合，并得出曲线方程及拟合曲线图。为方便计算，对拟合后的曲线进行归一化处理，再对归一化处理后的数据进行曲线拟合，得到电极端面的放电概率分布曲线方程。

在计算放电概率时，由于电极端面和孔底表面电场强度分布关于电极轴线对称，在计算放电概率时为了缩小计算量，只对电极端面和孔底表面左半部分的电场强度曲线进行处理计算，即在计算电极端面放电概率时，对铜电极在直流电流为2A和脉冲频率为500kHz时的电场强度分布曲线的左半部分进行曲线拟合；在计算不同深度孔底放电概率时，分别取孔深为0mm、0.4mm和0.8mm时孔底的电场强度分布曲线的左半部分进行曲线拟合，最后得到拟合曲线和曲线方程。

拟合电场强度曲线的具体步骤如下：①在 MATLAB 界面中导入预先处理好的需要拟合的电场强度表格数据；②分别设置导入的表格数据，根据每列数据代表的坐标意义分别命名为X和Y；③在应用程序界面中，选择曲线拟合命令，在曲线拟合工具栏中对应位置添加已命名的数据；④根据电场强度曲线，确定曲线拟合所用插值函数方程并进行曲线拟合；⑤得到拟合曲线和曲线方程。

3.5.2　电场强度拟合函数与项数的选择

拟合电场强度曲线时拟合函数的选取直接关系到曲线拟合的准确性，因此选择最适合的曲线拟合函数至关重要。以计算电极端面放电概率为例，由图3.18中500kHz时的电场强度分布曲线的形状可以看出，电极左半部分电场强度分布曲线与指数函数曲线相似，所以在MATLAB软件中首先尝试利用指数函数作为插值函数对曲线进行拟合。

指数函数拟合函数[9]的表达式为

$$f(x)=\sum_{i=1}^{n}c_i\mathrm{e}^{s_i x} \tag{3.32}$$

式中，n为指数函数的项数；c_i、s_i为系数。

在利用指数函数作为插值函数进行拟合时，还有一个影响拟合精度的因素是指数函数的项数，在选择合理项数时就需要对不同项数的拟合结果进行对比，而比较的依据就是拟合曲线的拟合优度。拟合优度的评价标准包括：和方差（sum of squares due to error，SSE）、均方根误差（root mean square error，RMSE）、R^2（确定系数），其中SSE表示拟合数据与原始数据对应点的误差平方和，计算公式为

$$\mathrm{SSE}=\sum_{i=1}^{n}w_i(y_i-\hat{y}_i)^2 \tag{3.33}$$

由式（3.33）可知，SSE的数值越接近于0，说明拟合越好。

RMSE也称为回归系统的拟合标准差，计算公式为

$$\mathrm{RMSE}=\sqrt{\mathrm{SSE}/n}=\sqrt{\frac{1}{n}\sum_{i=1}^{n}w_i(y_i-\hat{y}_i)^2} \tag{3.34}$$

由式（3.34）可知，RMSE越接近于0，说明拟合越好。

R^2是由回归平方和（sum of squares due to regression，SSR）和总离差平方和（sum of squares total，SST）决定的，SSR表示预测数据与原始数据均值之差的平方和，计算公式为

$$\mathrm{SSR}=\sum_{i=1}^{n}w_i(\hat{y}_i-\overline{y}_i)^2 \tag{3.35}$$

SST表示原始数据和均值之差的平方和，计算公式为

$$\mathrm{SST}=\sum_{i=1}^{n}w_i(y_i-\overline{y}_i)^2 \tag{3.36}$$

确定系数R^2定义为SSR和SST的比值，所以R^2的表达式为

$$R^2=\frac{\mathrm{SSR}}{\mathrm{SST}}=1-\frac{\mathrm{SSE}}{\mathrm{SST}} \tag{3.37}$$

由式（3.37）可知，R^2的正常取值范围为0～1，越接近1，表明数据拟合得越好。

综合以上拟合优度参数对比发现，采用一项指数函数进行拟合时，SSE = 0.115，$R^2 = 0.998$；而采用二项指数函数进行拟合时，SSE = 0.0013，非常接近于 0，而 $R^2 = 1$ 说明采用二项指数函数对曲线的拟合准确性更高。

采用二项指数函数进行曲线拟合得到的拟合曲线一般式为

$$f(x) = Ae^{Bx} + Ce^{Dx} \tag{3.38}$$

式中，A、B、C、D 为系数。

对电场强度曲线进行拟合后得到，各项系数在 95%的置信范围内的取值范围分别为：$A = (0.037, 0.038)$，$B = (-9.736, -9.694)$，$C = (0.107, 0.114)$，$D = (5.473, 6.406)$。拟合系统默认当 A、B、C、D 分别取 0.03768、−9.715、0.1103、5.94 时，拟合的完全程度可以达到最高，所以将各项系数带入式（3.38）即可得到最后的准确性最高的电场强度比值拟合方程为

$$f(x) = 0.03768e^{-9.715x} + 0.1103e^{5.94x} \tag{3.39}$$

拟合后的电场强度曲线如图 3.35 所示，其中横坐标表示距电极轴线的距离，纵坐标表示电极端面各处电场强度比值。图中的离散点即电场强度比值的原始数据，曲线即拟合所有点后得到的电场强度分布曲线，由图中点与曲线的重合情况可以发现所有原始数据点几乎都分布在曲线上。

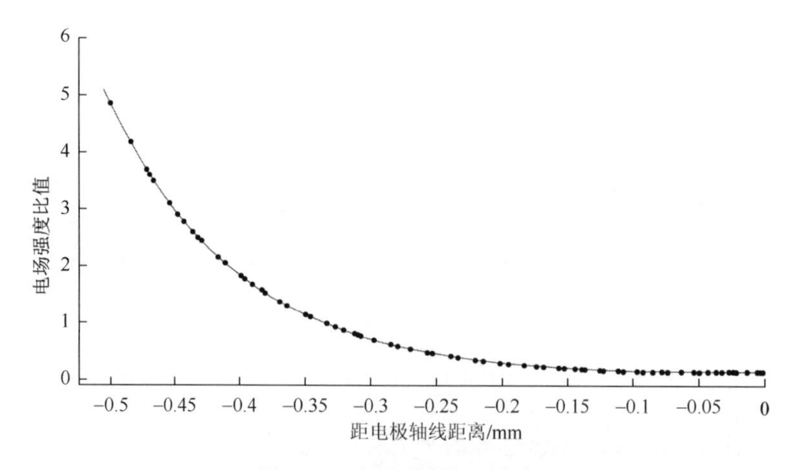

图 3.35　电场强度拟合曲线

拟合后利用曲线方程计算出的电场强度比值与仿真结果处理得到的电场强度比值的对比曲线如图 3.36 所示，由图可以看出，两条曲线几乎完全重合，这说明拟合曲线方程的准确性较高，而且经过数值对比计算后发现两曲线的重合度达到 99%以上，因此可以用该拟合曲线来代表电场强度的实际分布状态进行相关分析。

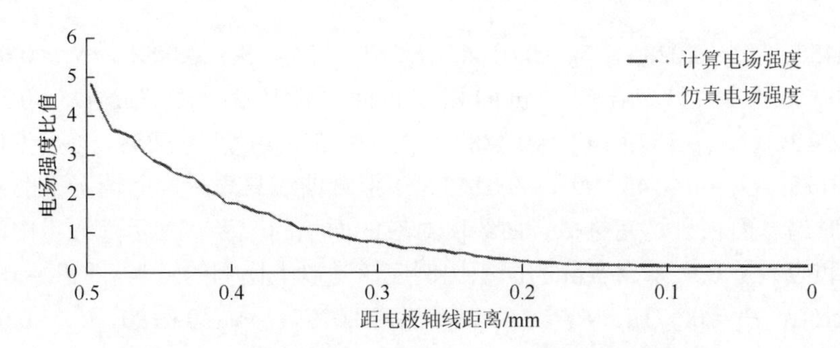

图 3.36　拟合方程计算电场强度与仿真电场强度对比曲线

3.5.3　电极端面与工件不同深度孔底表面放电概率计算

1）电极端面放电概率计算

为了得到概率密度函数，需要将拟合曲线进行归一化处理，归一化是一种简化计算方式，就是将有量纲的表达式，经过转换变为无量纲的表达式，使之成为纯量。在统计学中，归一化的作用是归纳和统一样本的统计分布性，归一化数据在 0～1 是统计概率分布，在–1～+1 是统计坐标分布[10]。若要利用归一化得到放电概率的分布规律，需要将数据归一化为 0～1。本节思路为利用已知曲线方程，采用积分求面积的方法进行归一化，即利用积分求面积公式 $S=\int_a^b f(x)\mathrm{d}x$，其中积分下限 a 为–0.5，积分上限 b 为 0，积分函数为拟合后的电场强度比值曲线方程，积分后得到曲线下的总面积为 $S=0.5129$。积分区域示意如图 3.37 所示，将拟合曲线下的面积沿 X 轴均分成 S_1～S_{10} 十个等间距的面积区域。

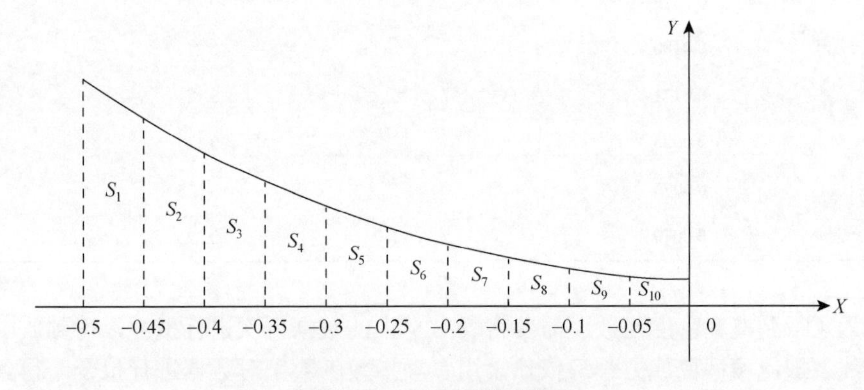

图 3.37　积分区域示意图

同样用积分法算出每一份的面积分别为 $S_1=0.1924$，$S_2=0.1186$，$S_3=0.0733$，

$S_4 = 0.0455$，$S_5 = 0.0286$，$S_6 = 0.0184$，$S_7 = 0.0124$，$S_8 = 0.0090$，$S_9 = 0.0075$，$S_{10} = 0.0072$。然后计算出每一份面积占总面积的比例分别为：$Q_1 = 0.3751$，$Q_2 = 0.2312$，$Q_3 = 0.1429$，$Q_4 = 0.0887$，$Q_5 = 0.0558$，$Q_6 = 0.0359$，$Q_7 = 0.0242$，$Q_8 = 0.0175$，$Q_9 = 0.0146$，$Q_{10} = 0.0140$。该拟合曲线只表示实际情况下的一半，所以此时的总面积只是完整拟合曲线所对应的面积的一半，图示部分当中的面积比例总和应该是 0.5，那么实际的面积比例应该是以上比例的一半，即 $P_1 = 0.1876$，$P_2 = 0.1156$，$P_3 = 0.0715$，$P_4 = 0.0444$，$P_5 = 0.0279$，$P_6 = 0.0180$，$P_7 = 0.0121$，$P_8 = 0.0088$，$P_9 = 0.0073$，$P_{10} = 0.0070$。$P_1 \sim P_{10}$ 相加的结果为 0.5，说明实现了归一化处理。此时的 $P_1 \sim P_{10}$ 可以看作对应区域内电场强度的分布比例，由于电场强度的大小直接体现在放电概率上，此比值可以看作对应区域内的放电概率；放电概率对应的区域间隔都为 0.05mm，间隔非常小，所以近似认为 $S_1 \sim S_{10}$ 的每一个小部分的面积为线面积，那么最后得到的 $P_1 \sim P_{10}$ 表示的放电概率所对应的横坐标，可以看作是每个小区域的中点，所以得出一半电极放电概率及其对应点如表 3.5 所示。

表 3.5　放电概率及其对应点一览表

放电概率	对应点
0.1876	−0.475
0.1156	−0.425
0.0715	−0.375
0.0444	−0.325
0.0279	−0.275
0.0180	−0.225
0.0121	−0.175
0.0088	−0.125
0.0073	−0.075
0.0070	−0.025

为了得到概率密度函数，需要将表 3.5 中的数据再次进行拟合，得到放电概率曲线及放电概率曲线方程。依然采用二项指数函数来对数据进行拟合，得到放电概率拟合曲线如图 3.38 所示。

拟合后得到各项系数在 95%的置信范围内的取值范围分别如下：$A = (0.001828, 0.001872)$，$B = (-9.745, -9.695)$，$C = (0.005014, 0.005412)$，$D = (4.904,$

5.974)。拟合系统默认当 A、B、C、D 分别取 0.00185、−9.72、0.005213、5.439 时，拟合的完全程度可以达到最高，所以得到最后的准确性最高的一半电极放电概率曲线方程为

$$f(x)=0.00185\mathrm{e}^{-9.72x}+0.005213\mathrm{e}^{5.439x},\quad -0.5\leqslant x<0 \tag{3.40}$$

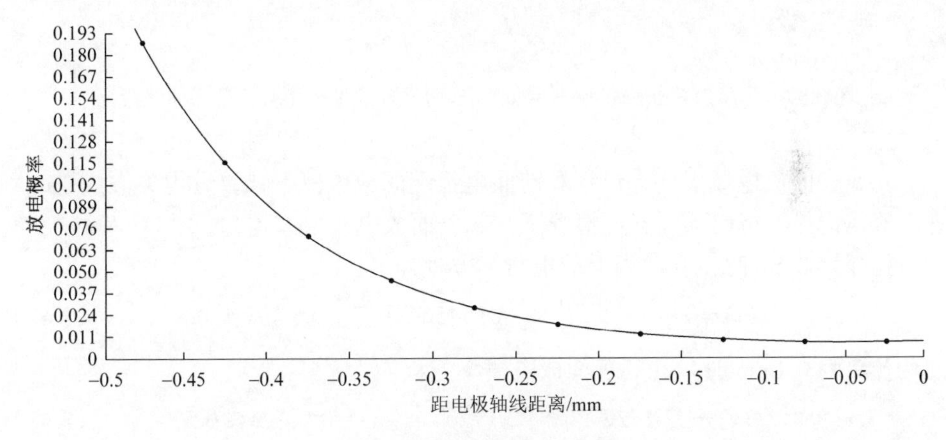

图 3.38 放电概率拟合曲线

圆柱电极是对称的，所以利用对称性可得右半部分放电概率曲线方程，最终得到整个电极截面放电概率曲线方程为

$$f(x)=0.00185\mathrm{e}^{-9.72|x|}+0.005213\mathrm{e}^{5.439|x|},\quad -0.5\leqslant x\leqslant 0.5 \tag{3.41}$$

由式（3.41）可得到电极端面各点在直径方向上的放电概率，通过放电概率可以对电极截面的随机放电进行模拟，结合电极材料去除体积和多次放电迭代，可对电火花加工放电能量分布和电极损耗及形状变化规律进行揭示。

2）不同深度孔的孔底表面放电概率计算

由孔底表面电流密度分布规律得到孔底表面电场强度分布规律，在已知电场强度下可以得到孔底表面的放电概率，再结合电极端面放电概率来预测高频脉冲微细电火花加工后的孔底形貌，为实现直接用电火花加工技术来加工微细复杂曲面的高效精确加工方法提供理论依据。

图3.39为不同孔深时电极对应部分孔底表面电场强度分布曲线对比。电场强度数值是利用电流密度与电场强度公式［式（3.1)］获得的，已知不同孔深时的孔底表面电流密度如图 3.27 所示，并将铁的电导率代入式（3.1），即可得到电场强度分布数值，因此电场强度分布曲线的变化规律与电流密度分布曲线相同。

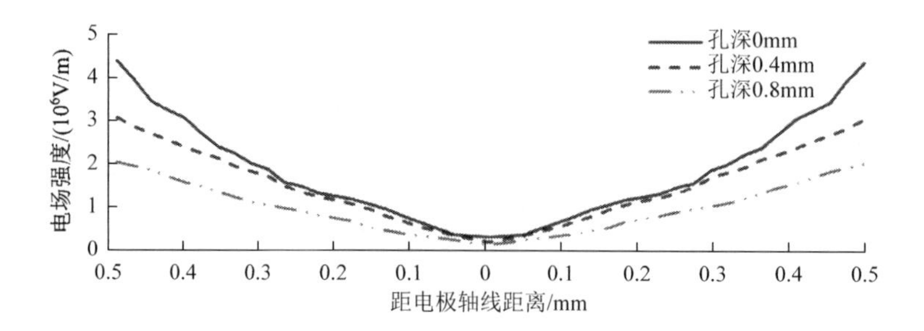

图 3.39　孔深为 0mm、0.4mm 和 0.8mm 时孔底表面电场强度分布曲线对比

孔底表面放电概率计算过程和前面电极端面放电概率计算过程类似，在此不进行赘述，最终得出不同孔深情况下孔底表面放电概率方程为

孔深为 0mm 时，孔底表面放电概率方程为

$$f(x)=0.007985\mathrm{e}^{-11|x|}+0.01545\mathrm{e}^{4.13|x|},\quad -0.5\leqslant x\leqslant 0.5 \tag{3.42}$$

孔深为 0.4mm 时，孔底表面放电概率方程为

$$f(x)=-2.172\mathrm{e}^{0.0619|x|}+2.172\mathrm{e}^{0.6761|x|},\quad -0.5\leqslant x\leqslant 0.5 \tag{3.43}$$

孔深为 0.8mm 时，孔底表面放电概率方程为

$$f(x)=0.9703\mathrm{e}^{0.1327|x|}-0.9744\mathrm{e}^{0.08825|x|},\quad -0.5\leqslant x\leqslant 0.5 \tag{3.44}$$

3.5.4　实际加工中总放电概率的计算

在实际高频脉冲电火花加工中，想要获得电极与工件间准确的加工放电概率，需要同时考虑电极下端面放电与孔底表面放电综合作用下的总放电概率。为了获得更加符合实际的总放电概率，将电极下端面的放电概率与孔底表面的放电概率分别乘以 0.5（将 0.5 作为电极下端面与孔底表面放电概率权重）来计算。最后将计算权重的两个概率加在一起，得到不同孔深的情况下高频脉冲微细电火花加工电极与工件间的总放电概率，如表 3.6 所示，将表中数据绘制成放电概率曲线图，如图 3.40 所示。由图中不同深度处总放电概率的对比可以发现，随着加工深度的增加，电极边缘放电概率有所减小，电极中心处的放电概率同样有所减小，但是在电极边缘与中心的过渡区域，放电概率则随着加工深度的增加而增加，所以电极端面的放电概率曲线较为平缓。出现这种现象的原因可以理解为，随着加工深度的增加，电场强度更多地被分布到孔壁上，极间电场有所减小，而且削弱了电极的集肤效应，从而导致加工深度越深，放电概率沿着半径方向上的变化逐渐趋于平缓。

表 3.6　不同孔深时电极与工件间的总放电概率

对应点	孔深		
	0mm	0.4mm	0.8mm
−0.475	0.1487	0.1457	0.1424
−0.425	0.1025	0.1028	0.1027
−0.375	0.0720	0.0742	0.0746
−0.325	0.0517	0.0545	0.0551
−0.275	0.0378	0.0404	0.0418
−0.225	0.0282	0.0299	0.0322
−0.175	0.0214	0.0218	0.0225
−0.125	0.0163	0.0153	0.0144
−0.075	0.0124	0.0100	0.0092
−0.025	0.0090	0.0056	0.0052

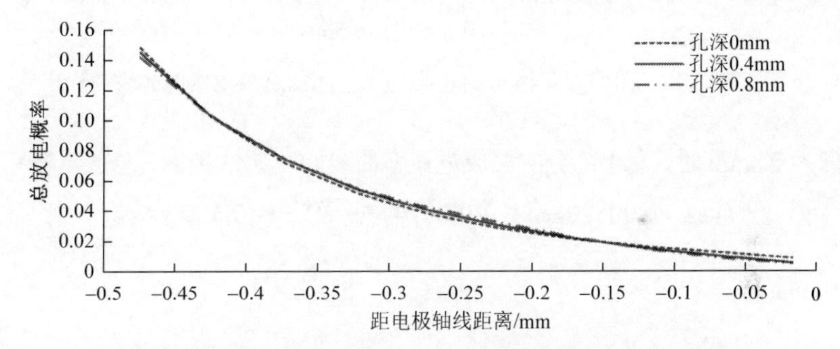

图 3.40　不同孔深时电极与工件间的总放电概率对比曲线

对表 3.6 中数据进行拟合，得到左半部分的总放电概率方程及概率曲线如下。

孔深为 0mm 时，左半部分的总放电概率曲线如图 3.41 所示，总放电概率方程为

$$f(x)=0.0002851\mathrm{e}^{-11.4x}+0.008025\mathrm{e}^{-4.959x},\quad -0.5\leqslant x\leqslant 0 \tag{3.45}$$

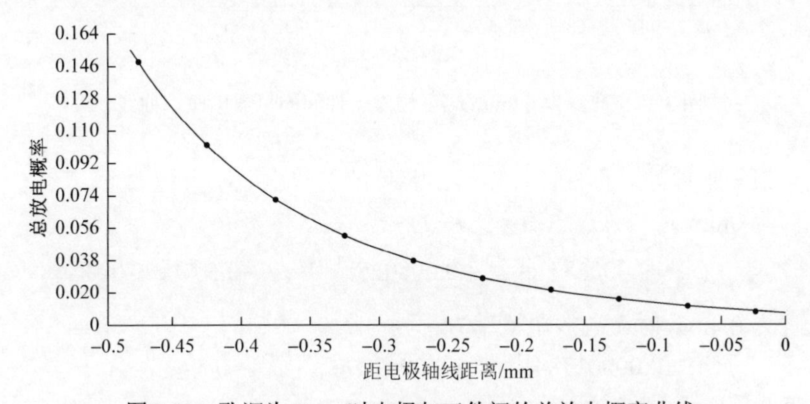

图 3.41　孔深为 0mm 时电极与工件间的总放电概率曲线

孔深为0.4mm时，左半部分的总放电概率曲线如图3.42所示，总放电概率方程为

$$f(x)=0.00001784\mathrm{e}^{-13.38x}+0.006929\mathrm{e}^{-6.248x},\quad -0.5\leqslant x\leqslant 0 \tag{3.46}$$

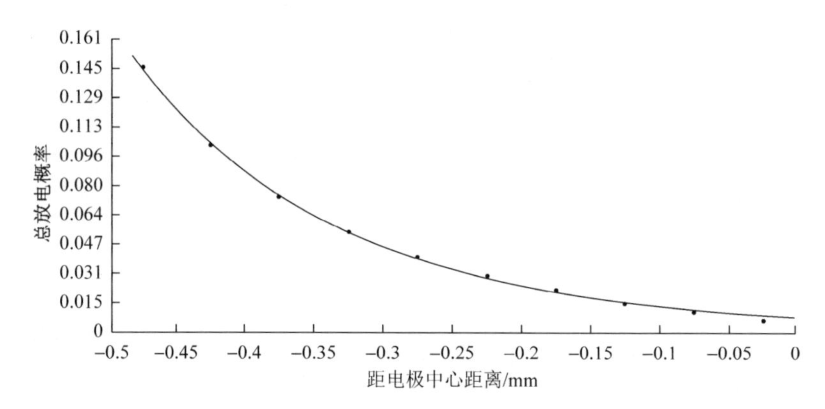

图3.42　孔深为0.4mm时电极与工件间的总放电概率曲线

孔深为0.8mm时，左半部分的总放电概率曲线如图3.43所示，总放电概率方程为

$$f(x)=0.005708\mathrm{e}^{15.3x}+0.007473\mathrm{e}^{6.189x},\quad -0.5\leqslant x\leqslant 0 \tag{3.47}$$

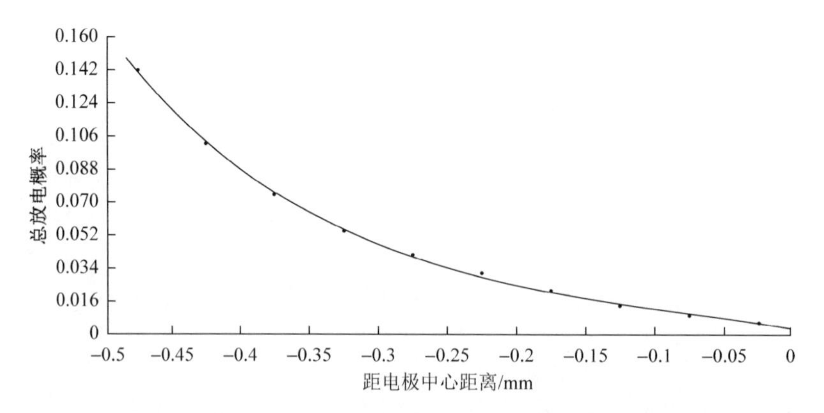

图3.43　孔深为0.8mm时电极与工件间的总放电概率曲线

由电极和工件的对称性，可以得出整体的总放电概率方程如下。

孔深为0mm时，总放电概率方程为

$$f(x)=0.0002851\mathrm{e}^{11.4|x|}+0.008025\mathrm{e}^{4.959|x|},\quad -0.5\leqslant x\leqslant 0.5 \tag{3.48}$$

孔深为0.4mm时，总放电概率方程为

$$f(x)=0.00001784\mathrm{e}^{13.38|x|}+0.006929\mathrm{e}^{6.248|x|},\quad -0.5\leqslant x\leqslant 0.5 \tag{3.49}$$

孔深为0.8mm时，总放电概率方程为

$$f(x)=-0.005708\mathrm{e}^{15.3|x|}+0.007473\mathrm{e}^{6.189|x|},\quad -0.5\leqslant x\leqslant 0.5 \tag{3.50}$$

不同加工深度时对应的高频脉冲电火花加工的总放电概率，直接体现了电火花加工过程放电能量的分布情况，可以为研究微细电火花加工电极形状变化及预测加工后电极边缘损耗和孔底形状提供理论基础，并为实现直接采用电火花加工技术加工微细复杂曲面的高效精确加工方法提供指导性意见。

3.6　高频脉冲微细电火花加工放电通道形成过程

微细电火花加工采用降低单位脉冲放电能量的方法，将常规电火花加工引入微细加工领域。为了提高加工效率，广泛应用高频的短脉冲电源。然而，这种高频加工电源的采用并没有从根本上降低微细电火花加工的加工能量，只是将能量重新细化分布，这些细小脉冲能量的密集排布将电火花加工带入了新的加工环境——高频电磁场。在这种高频时变电磁场的作用下，电火花原本的加工过程将受到影响，进而，在应用于航空航天等高科技领域中的微细槽、孔及复杂结构元件的加工中，其精度与质量也将受到影响。

本节考虑高频电磁场对微细电火花加工过程的影响，分析高频条件下放电通道的磁力箍缩效应及其对微细电火花加工过程的影响，提出微细电火花加工放电通道磁力箍缩的物理模型，并进行试验验证。

3.6.1　放电通道的发展与高频脉冲下的磁力箍缩效应

电火花加工采用脉冲式火花放电击穿距离极近的两电极中的绝缘介质，形成放电通道，利用火花放电的电热效应同时在两极蚀除相应材料。通过微观蚀除的不断累积，实现整个特征或零件的加工。放电过程中，放电通道内部密度和温度的梯度及带电粒子的横向运动会产生向外扩张的压力，同时放电通道还受到磁场力箍缩效应的约束及周围介质的压力作用，在它们的共同约束下，放电通道等离子体会发生位形变化，直至达到位形平衡。因此，等离子体中带电粒子的受力平衡关系为：放电通道等离子体的扩张压力等于自生磁场的约束力（即洛伦兹力）与流体介质的阻力之和，如图 3.44 所示。

放电通道直接与两极相连，放电通道是材料去除过程的能量源，因此放电通道的形态直接影响到电极材料的蚀除过程，一般而言，放电通道的直径通常与放电凹坑直径相当。此外，放电通道的波动特性对电极材料的放电蚀除影响也很大。带电粒子振荡的纵振与横振分量可以对熔融的电极材料产生冲击压力波动，由压力变化所引起的气化热爆炸力可将熔融材料挤出或溅出放电凹坑。

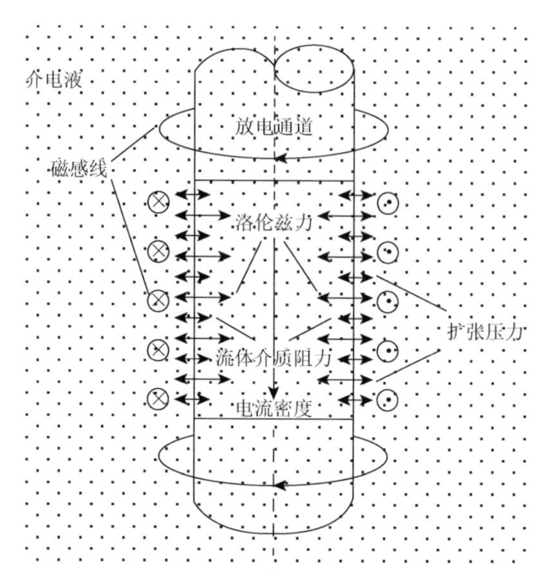

图 3.44　放电通道等离子体受力平衡关系

微细电火花加工中，为保证很小的单位去除量，放电脉宽时间一般控制在 5μs 或者更小，与之对应的脉间也随之减小。因此，在纳秒级脉冲电源的作用下，放电脉冲的频率可高达兆赫兹（MHz）级。在这种情况下，微细电火花加工过程不得不考虑高频电磁场的影响。

由等离子体物理学 Z 箍缩理论可知，放电过程中放电通道等离子体的运动形式与洛伦兹力（$F=J\times B$）作用下的加速相符合。因此，放电通道扩张过程中所受的磁力箍缩效应是由向心的洛伦兹力作用于等离子体产生的，完全导电等离子体平衡静磁力学方程也证明了这一点：

$$\nabla P-\frac{1}{c}J\times B=0 \tag{3.51}$$

$$\nabla\times B=\frac{4\pi}{c}J,\quad \nabla\cdot B=0 \tag{3.52}$$

式中，∇ 为梯度算子；P 为热压力；c 为真空中的光速；J 为电流密度；B 为磁感应强度。

从式（3.52）中也可得到变化的电流与自生磁场的关系。对于高频电磁场，假设等离子体为圆柱状，半径为 a，其中流过的正弦电流 $i(t)=I_{\mathrm{m}}\sin\omega t$，则等离子体中的电场强度 E 和磁感应强度 B 都是正弦时间函数，由于圆柱的对称关系，电场强度 E 和电流密度 J 只有沿圆柱轴线方向的分量，而磁感应强度 B 只有沿圆柱周向的分量。由高频电磁场中的集肤效应可得，电流密度 J 与磁感应强度 B 的表达式分别为

$$J_{\mathrm{m}}=\frac{I_{\mathrm{m}}pI_{0}(pr)}{2\pi aI_{1}(pa)} \tag{3.53}$$

$$B_{\mathrm{m}}=\mu\frac{I_{\mathrm{m}}I_{1}(pr)}{2\pi aI_{1}(pa)} \tag{3.54}$$

式中，J_{m}、B_{m} 分别为 J 和 B 的幅值；$I_k(x)$为第一类变态的 k 阶贝塞尔函数；$p=\sqrt{\mathrm{j}\omega\mu\gamma}$，j 为虚数单位，$\omega$ 为角频率，μ 为材料的磁导率，γ 为材料的电导率；r 为带电粒子到等离子体中心的距离。

则考虑集肤效应作用下的洛伦兹力 F_{s} 为

$$F_{\mathrm{s}}=J_{\mathrm{m}}\times B_{\mathrm{m}} \tag{3.55}$$

$$F_{\mathrm{s}}=\frac{\mu I_{\mathrm{m}}^{2}pI_{0}(pr)I_{1}(pr)}{4\pi^{2}a^{2}I_{1}^{2}(pa)} \tag{3.56}$$

由 $p=\sqrt{\mathrm{j}\omega\mu\gamma}$、$\omega=\sqrt{2\pi f}$ 可知，放电频率 f 与 F_{s} 存在密切关系，高频电磁场对电流及其自生磁场的影响将改变洛伦兹力在等离子体中的分布，进而影响放电通道等离子体的位形与性质。

将微细电火花加工中常用的连续方波脉冲电源输出波形按照脉宽和脉间相等的假设，展开成傅里叶级数可得

$$f(t)=\frac{I_{\mathrm{m}}}{2}+\frac{2I_{\mathrm{m}}}{\pi}\left(\sum_{n=0}^{\infty}\frac{1}{2n+1}\sin(2n+1)\omega t\right) \tag{3.57}$$

通过傅里叶级数展开，将原本相互独立的单个脉冲作为一个系列的整体分析，在微细电火花高频加工中考虑了各个脉冲对放电加工作用的相关性，更符合电火花加工实际。

式（3.57）中，常量在整个加工过程中保持恒定不变，因而其对时变电磁场的影响可以忽略。又因为洛伦兹力及集肤效应推导过程中的麦克斯韦方程组、全电流定律和贝塞尔方程均满足叠加原理，则可将式（3.57）中的各正弦分量代入式（3.56）中分别求解，再按照幅值的比例进行叠加得到总的洛伦兹力 F_{a}：

$$|F_{\mathrm{a}}|=\left|\frac{2I_{\mathrm{m}}}{\pi}\sum_{n=0}^{\infty}\frac{1}{2n+1}F_{sn}\right|=\frac{\mu I_{\mathrm{m}}^{3}\mathrm{I}_{1}}{2\pi^{3}a^{2}}\sum_{n=0}^{\infty}\frac{1}{2n+1}\left|\frac{pI_{1n}(pr)\times I_{0n}(pr)}{I_{1n}^{2}(pa)}\right| \tag{3.58}$$

将式（3.58）进行数值计算。通常认为，放电通道的直径与放电凹坑的直径较为接近。根据试验测得结果，特定情况下微细电火花放电凹坑直径约为 2.3μm，为便于计算，取放电通道等离子体半径为 1.2μm。将等离子体的电导率近似为金属导体的电导率，磁导率近似为 24 倍的真空磁导率。当脉冲放电的峰值电流为 $I_{\mathrm{m}}=1\mathrm{A}$，放电频率取 $f=500\mathrm{kHz}$、$f=100\mathrm{kHz}$ 和 $f=20\mathrm{kHz}$ 时，沿放电通道等离子体径向上带电粒子所受的洛伦兹力数值计算结果如图 3.45 所示。由图 3.45 可以看出，在高频放电脉冲的作用下，等离子体横截面上洛伦兹力的分布产生了明显的变化，等离子体通道边缘处带电粒子所受的洛伦兹力迅速增大。

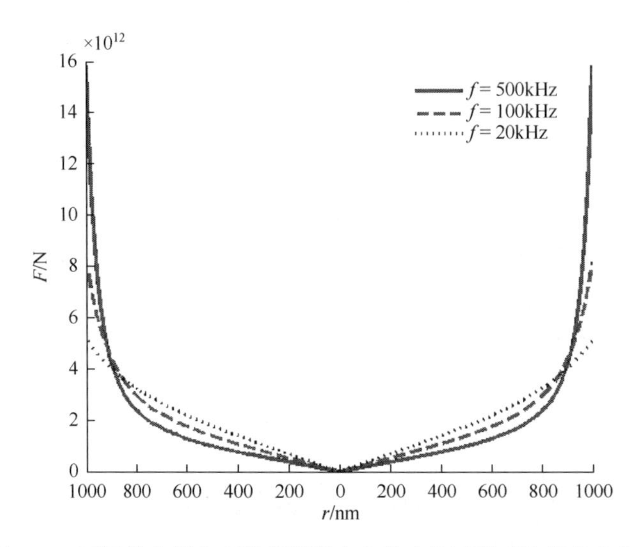

图 3.45　不同放电频率下放电通道内部带电粒子所受洛伦兹力分布

需要说明的是，图 3.45 中的数值计算是基于放电通道中带电粒子密度均匀分布的假设而进行的。事实上，放电通道截面上的粒子密度为中心处较高、边缘处较低，因而实际的洛伦兹力应较计算值偏低，但这并不影响高频电磁场作用显著增强放电通道磁力箍缩效应的事实。当然，图 3.45 中的计算也是以放电过程中等离子体放电通道直径不变为前提条件的，计算中采用的放电通道等离子体半径可以看作整个放电过程中等离子体半径的平均值。

3.6.2　高频磁力箍缩效应对放电通道的影响

在微细电火花加工中，较高的放电频率增大了放电通道形成过程中的磁力箍缩效应，而这一作用必将对放电过程中放电通道的扩展带来影响，进而改变传统电火花加工的材料去除模式。高频电磁场磁力箍缩效应对微细电火花加工过程的影响可以概括为两个方面：一方面，减小了放电通道等离子体的直径，并相应增加了放电通道单位截面面积上的能量；另一方面，加剧了放电通道等离子体的振荡，影响了等离子体的位形平衡。

1）对放电通道的影响

由图 3.45 可见，在不同的电磁场频率下，带电粒子沿放电通道等离子体径向所受的洛伦兹力大小明显不同，但洛伦兹力的整体分布趋势却大体相同。在高频电磁场的作用下，等离子体边缘处的电场与磁场能量较为集中，带电粒子所受的向心洛伦兹力显著提高，是通常情况的几到几十倍。极高的压力迅速将带电粒子推向等离子体中心，这一过程将产生强大的磁力箍缩效应，压缩放电通道的直径。另外，等离子体中心处的电磁场较弱，带电粒子在放电通道中心和边缘处所受电磁场作用差别很大。由不均匀电磁场理论可知，带电粒子具有由较强电磁场推向较弱电磁场的趋势，这种电磁场强度之间的差别越大，粒子运动的加速度就越大，等离子体的磁力箍缩效应就越明显。而在低频时，等离子体边缘的磁力箍缩效应将明显减弱。

在高频加工中，放电通道因受到强大的磁力箍缩效应作用，其扩张受到极大的约束，这种约束限制下的放电通道比平常更加细小，而粒子密度高、热能密度高。图 3.46 为受磁力箍缩效应作用的放电通道截面示意图，图 3.46（a）中放电频率较低，等离子体边缘所受洛伦兹力较小，放电通道直径较大；图 3.46（b）中高频脉冲显著增大了放电通道边缘的洛伦兹力，形成对等离子体的强力箍缩，因此放电通道直径明显减小，相应地，通道截面内的热能密度显著增大。较小的放电通道截面导致与其对应的两极表面受热作用区域减小，并最终导致放电凹坑截面减小。放电通道中较高的粒子密度使得高速带电粒子撞击电极表面的作用更加集中，放电凹坑单位面积所接受的能量更大，因而形成较深的放电凹坑。高的热能密度使得电极材料的气化蚀除比例增大，气化热爆炸与等离子体内爆作用也显著增强，这些作用都加剧了放电过程电极材料的蚀除。

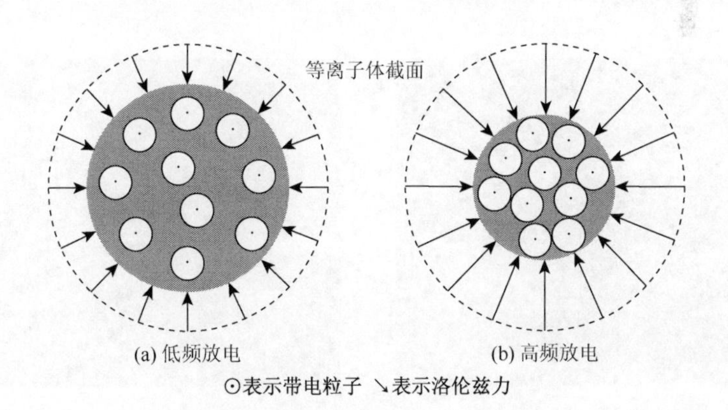

图 3.46　箍缩效应下放电通道截面图

2）对等离子体波动性的影响

具有较高电流密度、热能密度的带电粒子在狭长的放电通道内高速运动，为等离子体的位形平衡带来了不稳定。放电通道内电子密度的提高加剧了等离子体振荡的纵波作用，在纵波作用下，熔融材料表面的压力变化使得部分材料在放电过程中被去除。而材料去除的同时，放电通道的热作用和带电粒子的冲击作用并没有结束，这些从熔融、气化材料到冲击、蚀除材料过程的交替进行，使得放电凹坑在极短的时间内不断深化，这些放电过程微观条件的变化是导致放电凹坑窄而深的关键因素。

放电通道等离子体除了在纵波作用下进行疏有密的振荡外，还会沿轴向垂直方向进行横波振荡。并且，随着放电通道直径的减小、热能密度的提高，等离子体发生横波振荡的概率会增加，振幅也会相应增大。等离子体的横波振荡使得放电通道与电极表面的接触中心并非牢牢地固定在同一位置上，而是在一定范围内随机地游走，而其接触中心在电极表面局部停留的时间也不是固定的。由于等离子体的振荡在高频作用下变得活跃，放电通道中心位置的变化表现在加工后的电极表面则是放电凹坑的形状变化。

3.6.3　试验验证与讨论

为了验证高频电磁场对微细电火花加工电极材料蚀除过程影响的理论分析的正确性，进行高频脉冲电源下微细电火花加工试验。试验采用自行研制的微细电火花加工机床上的线电极电火花磨削模块，在微细电极上加工一个正四棱柱，试验设备如图 3.47 所示。

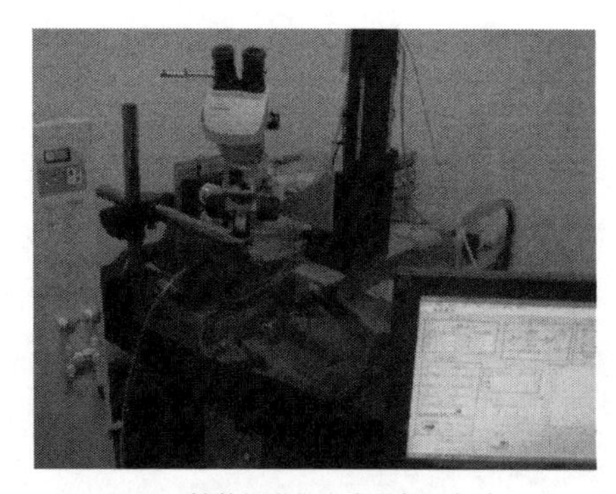

(a) 三轴数控微细电火花加工机床

(b) 线电极电火花磨削模块

图 3.47　微细电火花加工试验设备

圆柱状钨电极加工前长度为 100mm、直径为 300μm，加工后的正四棱柱的尺寸为 60μm×60μm×150μm。加工分为粗加工和精加工两部分，精加工中脉宽 T_{on} 与脉间 T_{off} 均为 1μs，放电频率为 500kHz，加工参数如表 3.7 所示。加工后采用扫描电子显微镜（scanning electron microscope，SEM）对所加工电极表面进行观察，所得的高频脉冲微细电火花加工后的正四棱柱的局部形貌如图 3.48 所示。

表 3.7　高频脉冲微细电火花加工参数

项目	参数
线电极材料	黄铜
电极材料	钨
绝缘液	煤油（Commonwealth 185）
电压 U	70V
放电电容	100pF
加工极性	线电极：负极；电极：正极

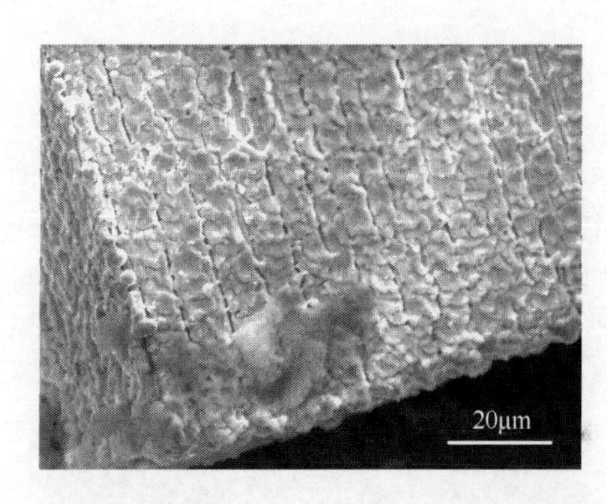

图 3.48　高频脉冲微细电火花加工后的正四棱柱局部形貌

1）放电凹坑直径的测量

通过对表面放电凹坑的观察可以看出，放电凹坑多为不规则的圆形或椭圆形，这是放电通道在放电过程中发生扰动而形成的，因此凹坑的最小直径才是与放电通道直径直接相关的放电凹坑最小直径。放电凹坑的最小直径如图 3.49 所示，在微细电火花加工后的表面随机选取 15 个放电凹坑进行直径测量，每个放电凹坑的最小直径如图 3.50 所示。得到放电凹坑最小直径的平均值约为 2.3μm，为便于计算，取半径为 1.2μm 作为数值计算的参数。

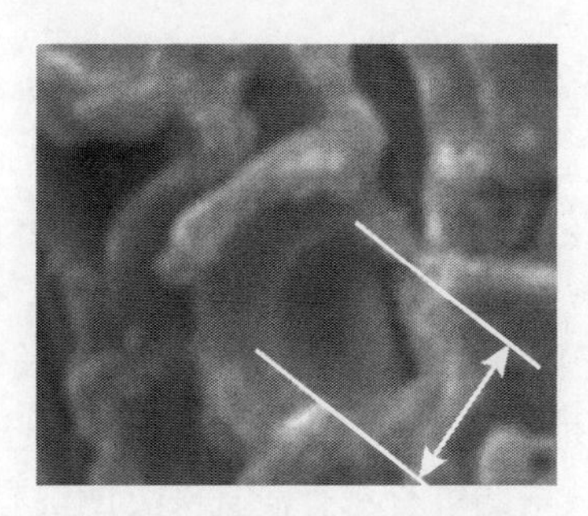

图 3.49　放电凹坑的最小直径

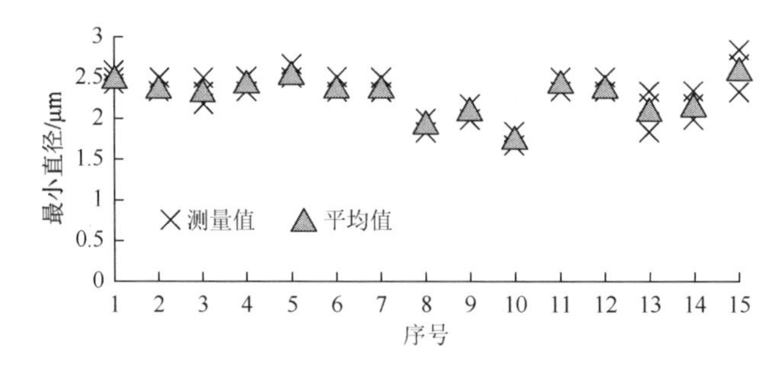

图 3.50　放电凹坑最小直径测量结果

2）高频加工后电极表面形貌的变化

微细电火花高频加工后的电极表面微观形貌如图 3.51 所示，从图中可以看出，加工后的电极表面放电凹坑窄而深；放电凹坑形状不规则，且部分凹坑有相互连接迹象；电极表面材料抛出过程中凝结的球状凸起较多，且局部有微裂纹。而这些现象在低频率加工中并不常见。

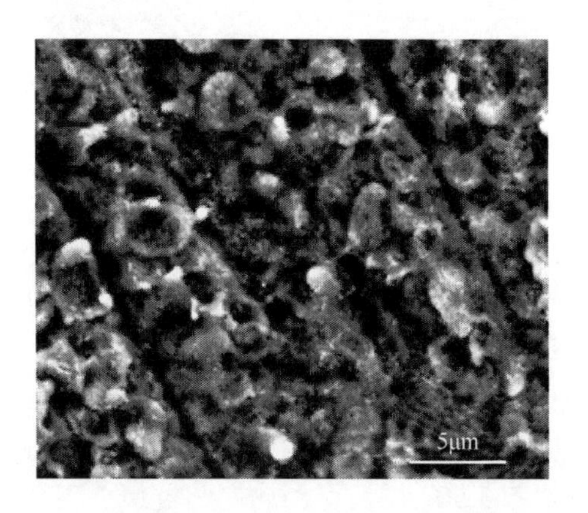

图 3.51　微细电火花高频加工后电极表面微观形貌

放电凹坑的窄而深对应着放电通道直径的减小和热能密度的提高，这是高频脉冲作用下强磁力箍缩限制等离子体扩张作用的结果，同时放电通道等离子体纵波振荡也是放电凹坑加深的原因。而放电凹坑形状的不规则说明放电过程中放电通道中心位置产生了移动，对应等离子体的横波振荡。横波振荡使得等离子体中心在停留位置和停留时间上随机变化，在停留时间较长的部位，可形成近似的放电坑，而停留时间较短的地方，则形成凹坑之间的过渡区，这就是在图 3.51 中有的放电凹坑形状不规则，放电凹坑有深有浅且部分凹坑有互相连接的迹象的原因。

加工表面较多的重凝凸起是材料去除过程剧烈的标志，常规电火花加工后电极表面的重凝凸起如图 3.52 所示。

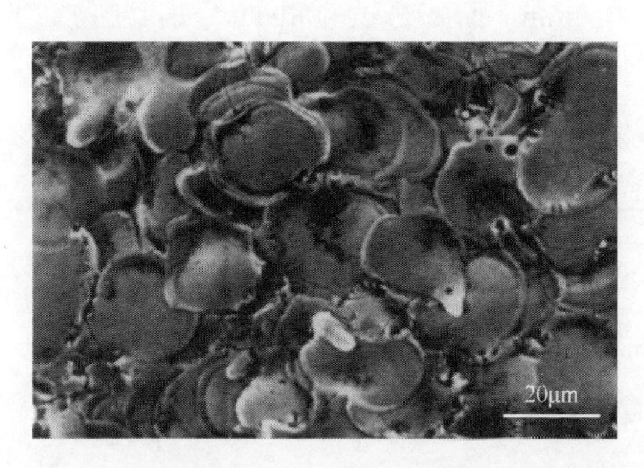

图 3.52 常规电火花加工后电极表面的重凝凸起

通过对试验结果中微细电火花高频加工表面特殊形貌进行分析，可以推断，微细电火花加工是一个剧烈、复杂、随机、瞬时的过程。为什么微细电火花加工的放电能量比常规电火花加工的能量小，却能产生比常规电火花加工更剧烈的放电现象呢？这可能是因为高频脉冲作用下的强磁力箍缩效应使得放电能量更加集中，尽管总能量小，但能产生更高的热能密度。

在高频脉冲作用下的微细电火花加工放电过程中，放电通道直径由于强磁力箍缩效应而收缩，放电通道内部等离子体热能密度集中，以及由此而产生的等离子体剧烈振荡等微观放电条件的变化，是出现放电过程中放电凹坑形成、分布和熔融材料产生、抛出等特殊现象的重要原因。因此，可以认为，通过采用如增加脉间等方法降低脉冲频率可以改善放电加工材料的蚀除过程，但这需要进一步的研究。

3.7 应用集肤效应的曲面加工

3.7.1 集肤效应影响电极形状的试验研究

试验在电火花小孔加工机床（ZNC-CM500）上进行，采用直径为 200μm 的电极加工孔，使用 RC 脉冲电源，脉冲频率也做了相应分类，试验参数如表 3.8 所示。为改变脉冲频率，将试验按照脉宽 T_{on} 的不同分为 3 组，每组中设定不同的脉间 T_{off}，分组情况如表 3.9 所示。加工后的电极采用 Nikon 光学测量显微镜（MM-40）进行观察与测量。1 号试验的加工时间控制在 4min，为了保证每个电极都处于均匀损耗阶段，其他试验加工时间的设定通过保证相同实际加工能量而实现。例如，2 号试验的脉冲周期为 1 号试验的 2 倍而二者脉宽相同，所以 2 号试验的加工时间为 8min，而 6 号试验和 11 号试验的加工时间分别为 100min 和 200min。

表 3.8　小孔加工的试验参数

项目	参数
工件材料	304 SS
工具材料	钨
工具直径	200μm
放电电压	45V
放电电流	1.2A
工作液	煤油（Commonwealth 185）
极性	工具：负极，工件：正极

表 3.9　脉冲参数的分组情况

编号	T_{on}/μs	T_{off}/μs	编号	T_{on}/μs	T_{off}/μs
1	1	1	9	2	22
2	1	3	10	2	38
3	1	5	11	2	98
4	1	11	12	3	9
5	1	19	13	3	15
6	1	49	14	3	33
7	2	6	15	3	57
8	2	10			

试验部分结果如图 3.53 所示，由图可知，脉冲频率改变，均匀损耗阶段的工具电极形状也随之改变。高频脉冲作用下，电极形状近似于子弹形，而随着脉冲频率的降低，电极形状逐渐变钝。

图 3.53 中，对应的脉冲频率分别为 500kHz、250kHz、50kHz 及 20kHz，与图 3.7 中的理论计算相对应，随着脉冲频率降低，电极端面形状由尖变钝。这是由于集肤效应的存在，空间电场和电流密度在电极不同部位存在明显的不同。在电极端面圆周上的环形区域中，电场线分布非常密集，在此区域中的工作介质承受的电场强度很高，因此在相同条件下，电极边缘处更容易发生击穿放电。随着

加工的进行，柱状电极下端面外圆周上的材料将被迅速去除，而端面其他部分材料去除量相对较少。随着脉冲频率的提高，电极不同部位材料的蚀除量的差异更加显著，因此造成了电极形状的变化。

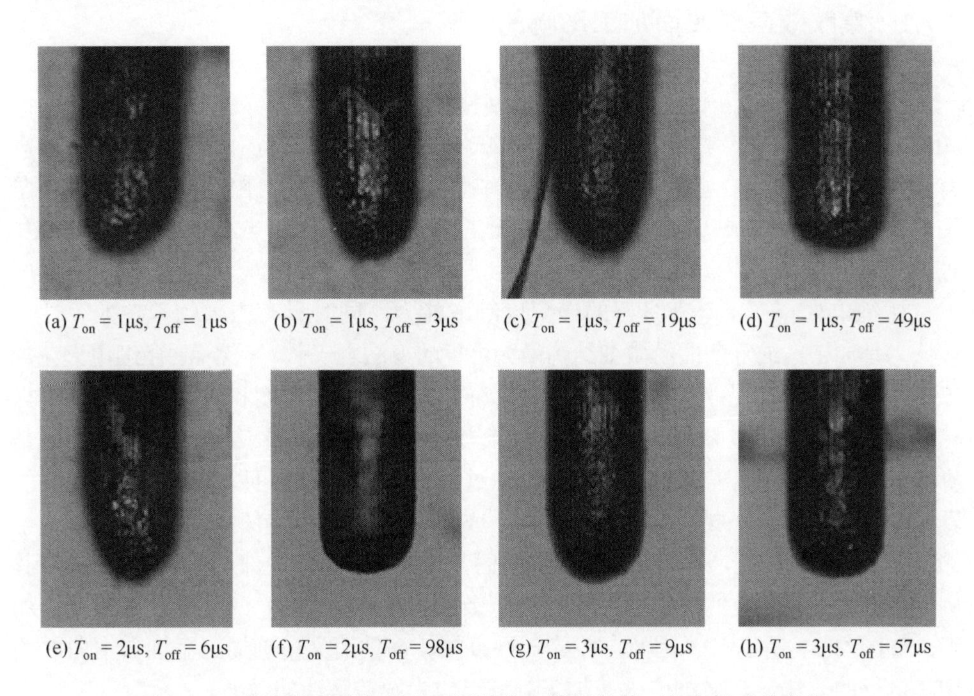

(a) $T_{on} = 1\mu s, T_{off} = 1\mu s$ (b) $T_{on} = 1\mu s, T_{off} = 3\mu s$ (c) $T_{on} = 1\mu s, T_{off} = 19\mu s$ (d) $T_{on} = 1\mu s, T_{off} = 49\mu s$

(e) $T_{on} = 2\mu s, T_{off} = 6\mu s$ (f) $T_{on} = 2\mu s, T_{off} = 98\mu s$ (g) $T_{on} = 3\mu s, T_{off} = 9\mu s$ (h) $T_{on} = 3\mu s, T_{off} = 57\mu s$

图 3.53 微细电火花加工中不同脉宽和脉间条件下的电极形状变化

试验中除了脉宽、脉间、脉冲频率变化外，其他条件都一致，试验结果是按照相同脉宽分组进行比较的，因此也排除了脉宽对结果的影响，而对于脉间的影响，前面已有相关说明，脉间的改变对电极的整体形状不会有太大的影响，因此可以认为是脉冲频率的变化改变了电极的形状。图 3.53（e）和（f）也有相同的电极变化趋势，不同的是，图 3.53（e）和（h）的电极形状没有图 3.53（b）中那样尖细，这说明电极形状仍然会随着脉冲频率的增加而改变。改变脉宽将会影响脉冲放电能量，脉冲放电能量会影响材料去除率，与电极形状变化无关，而脉冲频率的改变主要影响了加工中集肤效应的作用。因此，通过以上对图 3.53 的比较分析可知，导致电极形状变化的主要原因是集肤效应。

通过前面的分析，可以了解到高频脉冲作用下的集肤效应增加了放电蚀除的剧烈程度，加快了电极损耗速度，且改变了电极损耗的位置，从而改变了电极加工形状，降低了加工精度。这些集肤效应所带来的影响似乎都不利于微细电火花加工，从这个方面讲，应该避免电火花加工中显著的集肤效应的出现。但是，一切事物都具有两面性，高频电磁场中的集肤效应同样可以应用于微细电火花加工的其他方面。

3.7.2　集肤效应对曲面加工影响的试验研究

目前，机电产品生产的发展要求微细元件具有高精度、高质量和复杂结构，如自由曲面特征等。不同于常规表面（如平面、柱面和圆锥曲面等），自由曲面没有严格的数学方程描述，它们在自然界中普遍存在。微细自由曲面零件通常由坚硬的难加工材料制成，并且越来越广泛地应用于航空航天、电子信息、模具加工、光学和医疗领域中[11]。

微细电火花加工具有良好的微尺度制造能力，同时具有杰出的数控兼容性，被认为是加工三维复杂曲面微细结构最为可行的方法之一[12-15]。然而，微细电火花加工自由曲面不易实现，严重的电极损耗会降低工件的加工精度和质量[16]。微细电火花铣削加工可以通过分层的方法将二维结构累积成复杂的三维结构，但是得到的是阶梯状表面，而不是平滑的表面。尽管通过细化分层，最终可以加工出相对光滑的表面，但是大量的分层增加了加工路径生成的复杂性，而且耗时的加工过程降低了加工效率。尽管如此，采用平底电极加工时，自由曲面的某些部位仍然很难加工到，例如，表面某些地方的曲率半径和工具电极直径相差不大时，凹坑的内部就无法加工，如图 3.54 所示[17]。因此，找到一种直接、高效而又精确加工微细自由曲面的切实可行的方法，在微细电火花加工领域已成为亟待解决的课题。

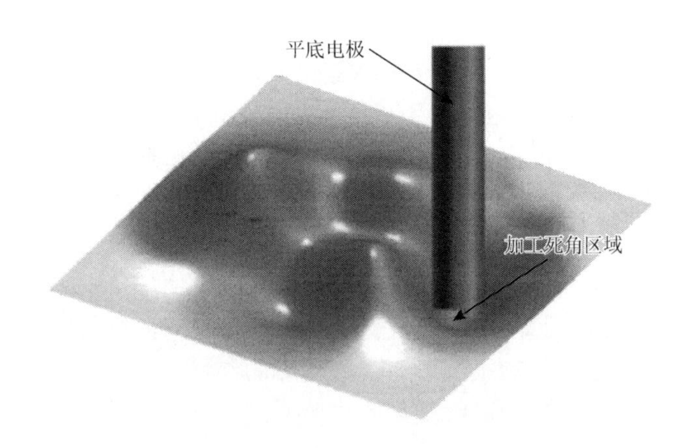

图 3.54　平底电极用于自由曲面加工的缺陷

本节尝试采用微细电火花在线修形后的电极平滑表面直接加工自由曲面特征。通过应用集肤效应理论改变脉冲频率，来改变工具电极均匀损耗阶段的端面形状，实现微细电极的在线修形；运用修形后不同端面形状电极的平滑表面，实现表面平滑、高精度的自由曲面特征的微细电火花加工。

对于微细自由曲面的加工，人们期待能够可重复地得到与常规自由曲面加工中使用的球头工具形状类似的电极，如图3.55所示。在加工初始阶段，电极形状随时间变化较快，难于控制，在均匀损耗阶段，电极形状趋于稳定。因此，在相同加工条件下，能够可重复地得到均匀损耗阶段的电极形状，通过电极在线修形获取均匀损耗阶段中不同形状的电极，可以将这些电极作为加工自由曲面特征的工具应用于微细电火花加工中。

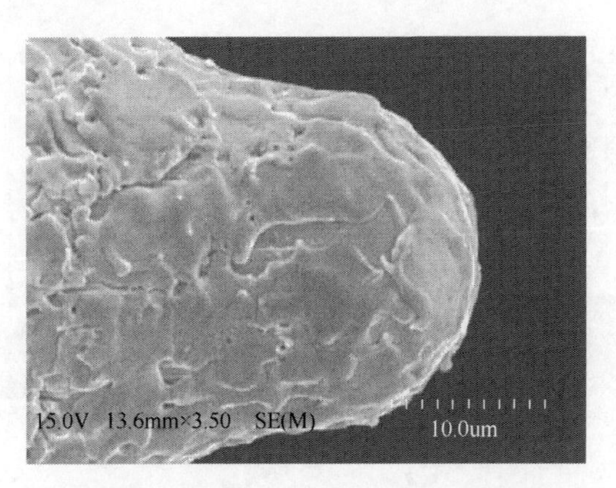

图3.55　微细电火花加工的球头电极端面

不同的加工条件下，电极均匀损耗阶段保持的形状不同，因此可以考虑通过改变加工条件而改变最终获得的电极形状。根据放电击穿理论，电极形状只与电场强度分布关系密切，然而通常情况下，对于特定形状的电极，其电场强度的分布已经确定，因此电极形状也很难改变。

由于高频电磁场中集肤效应的存在，采用高频脉冲电源的微细电火花加工过程将受到影响。在集肤效应的作用下，电火花加工的脉冲放电能量将呈现边缘集中、中心稀少的集肤分布，这将改变加工过程工具电极的形状。根据集肤效应的规律，通过调整脉冲频率，集肤效应的作用程度将会得到控制，进而，所获得的工具电极加工形状也能进行适当的调整。

因此，本节采用的微细电火花加工电极在线修形方法的原理如下：运用集肤效应，通过改变微细电火花加工电源脉冲频率来改变电极加工区域电场强度的分布情况，从而改变均匀损耗阶段电极的形状，以获得不同形状的工具电极，用于加工不同的自由曲面特征。

运用集肤效应可以在一定程度上控制电极端面形状变化，并可能得到用于自由曲面加工的不同端面形状的系列电极。试验采用同一柱状电极（直径为200μm）

单次装夹加工自由曲面。首先，设定脉宽为 1μs，脉间为 3μs，在工件 1 上加工 3mm 深的孔，就得到了比较尖锐的电极端面形状，加工过程如图 3.56（a）和（b）所示。改变形状后的电极以相同的加工条件在工件 2 上加工一个浅坑，深度约为 20μm，如图 3.56（c）和（d）所示。然后，将脉间设为 49μs，在工件 3 上加工另一个 3mm 深的孔，得到了比较圆钝的电极端面形状，加工过程如图 3.56（e）和（f）所示。在不改变加工参数的情况下，在工件 2 的指定位置加工另外 4 个浅坑，深度约为 10μm，如图 3.56（g）所示。最终，通过改变电极的形状，在工件 2 上加工出了一个自由曲面特征，如图 3.56（h）所示。

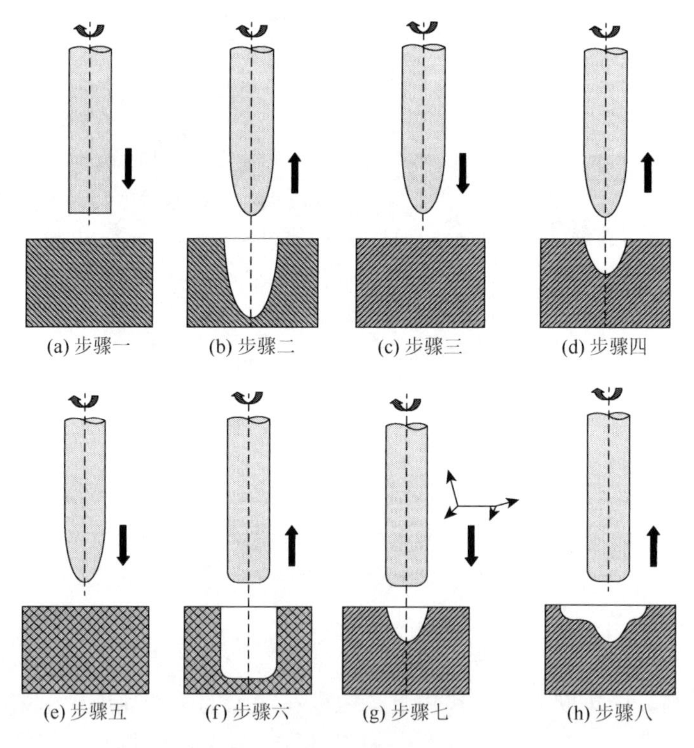

图 3.56　自由曲面的加工过程

表示工件 1；表示工件 2；表示工件 3

如图 3.57 所示，所得结构的形貌采用 Nikon 光学测量显微镜（MM-40）进行测量和观察，图中的加工结果与期望的加工形状吻合较好。特征的制造过程是在同一道工序下完成的，省去了常规方法中更换工具电极的必要环节，因此避免了由于更换工具电极及装夹造成的误差，各特征之间的位置精度则由机床的精度保证。加工过程采用电极在线修形以后的平滑表面进行自由曲面的加工，因此要比其他加工方法（如分层铣削法）加工的自由曲面在曲面质量、平滑性等方面有所改善。图 3.57 中曲面间的过渡较为平滑，未出现明显的棱角，加工的不足之处在于所加工特征的尺寸存在些许偏差。

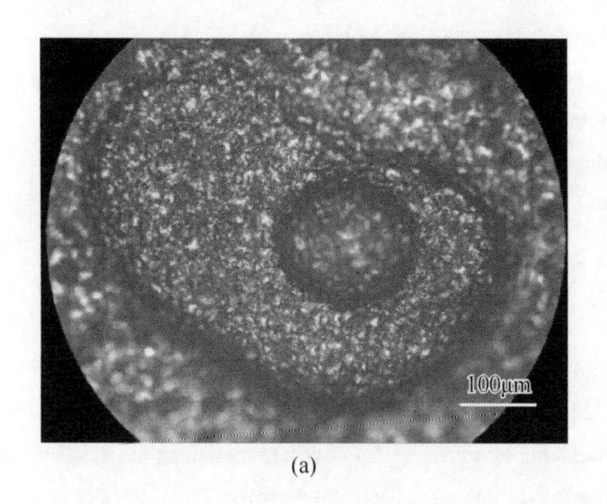

(a)

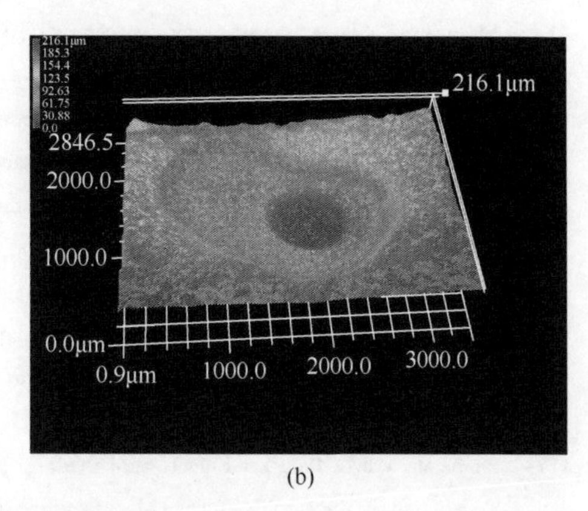

(b)

图 3.57　加工自由曲面微结构的显微形貌

本节利用微细电火花加工无法避免的电极损耗现象进行了电极在线修形，在不改变放电条件的前提下，使加工中电极处于均匀损耗阶段，因而电极端面的形状不会发生改变，加工特征的形状精度可以得到保证，而尺寸偏差可能是因为对电极的损耗及放电间隙的估算不准确造成的。

综上所述，本节采用均匀损耗的加工方法避免了工具电极在加工过程中的端面形状的变化，而采用集肤效应改变电极端面形状的在线修形方法避免了由于更换工具电极及装夹造成的误差，可以说在加工精度上得到了改善。本节利用修形后电极的平滑表面进行自由曲面的加工，在曲面质量、平滑性等方面也有一定的提高。

参 考 文 献

[1] Mattis D C，Bardeen J. Theory of the anomalous skin effect in normal and superconducting metals[J]. Physical Review，1958，111（2）：412.

[2] Wheeler H A. Formulas for the skin effect[J]. Proceedings of the IRE，1942，30（9）：412-424.

[3] Barka A，Bernard J J，Benyoucef B. Thermal behavior of a conductor submitted to skin effect[J]. Applied Thermal Engineering，2003，23（10）：1261-1274.

[4] 黄礼镇. 电磁场原理[M]. 北京：人民教育出版社，1980.

[5] Matsuhara Y，Obara H. Study on high finish machining in wire EDM[J]. Journal of Electrical Machining Technology，2004，28（90）：19-22.

[6] Schacht B，Kruth J P，Lauwers B，et al. The skin-effect in ferromagnetic electrodes for wire-EDM[J]. The International Journal of Advanced Manufacturing Technology，2004，23（11-12）：794-799.

[7] 刘宇. 微细电火花加工中集肤效应的影响机理及相关技术研究[D]. 大连：大连理工大学，2011.

[8] 刘金寿，徐朋，仲海洋，等. 电磁学[M]. 长春：吉林人民出版社，2004.

[9] 肖华勇，田铮，孙进才. 指数函数拟合曲线的最优基法[J]. 数值计算与计算机应用，1999（4）：302-311.

[10] 赵龙. 基于数据挖掘的火电厂设备状态检修研究[J]. 大科技，2016（20）：86-87.

[11] Masuzawa T. State of the art of micromachining[J]. Cirp Annals，2000，49（2）：473-488.

[12] Peng Z，Wang Z，Dong Y，et al. Development of a reversible machining method for fabrication of microstructures by using micro-EDM[J]. Journal of Materials Processing Technology，2010，210（1）：129-136.

[13] Virwani K R，Malshe A P，Rajurkar K P. Understanding dielectric breakdown and related tool wear characteristics in nanoscale electro-machining process[J]. Cirp Annals，2007，56（1）：217-220.

[14] 王振龙. 微细加工技术[M]. 北京：国防工业出版社，2005.

[15] Karthikeyan G，Ramkumar J，Dhamodaran S，et al. Micro electric discharge milling process performance：an experimental investigation[J]. International Journal of Machine Tools and Manufacture，2010，50（8）：718-727.

[16] Sun C，Zhu D，Li Z，et al. Application of FEM to tool design for electrochemical machining freeform surface[J]. Finite Elements in Analysis and Design，2006，43（2）：168-172.

[17] Sundaram M M，Rajurkar K P. Toward freeform machining by micro electro discharge machining process[C]// Transactions of the North American Manufacturing Research Institution of SME，Monterrey，2008：381-388.

4 电蚀产物排出过程仿真研究

电火花加工过程中，伴随着材料的去除过程，会在加工区域产生电蚀产物。电蚀产物随着加工的进行，在电极和工件之间的放电间隙中不断产生、聚集，累积的电蚀产物使极间工作液电导率增大，影响击穿放电稳定性和加工效率，有时甚至会阻碍加工的顺利进行。本章通过仿真研究的方法，分析电火花加工间隙流场中电蚀产物运动及排出过程，研究的成果可为实现高效、稳定的电火花加工加艺提供理论依据。

4.1 电蚀产物排出过程建模

4.1.1 间隙流场特性分析

电火花加工过程中，依靠电极的上下运动，控制放电间隙，实现放电加工，从工件表面蚀除材料。蚀除后的大部分液态熔融材料飞溅到工作液中，由于冷却、凝固而形成近似球形的小颗粒，即电蚀产物，同时在工件和电极表面形成凹坑。少部分电蚀产物重铸在凹坑表面，极间工作液恢复绝缘状态，直至下次击穿放电。随着加工的进行，形成的电蚀产物越来越多，累积的电蚀产物使极间工作液电导率增大，影响击穿放电稳定性和加工效率。在加工过程中，特别是微小孔加工，伺服运动促进了电蚀产物的排出。当电极在流场中运动时，一小部分电蚀产物受到电极运动产生的流体扰动，从工件和电极之间的间隙排出。图 4.1 展示了电极运动模型及电极运动所引起的流场扰动，当电极向上运动时，如图 4.1（a）所示，底部流场形成了负压区，清澈的工作液被引入加工间隙，降低了电蚀产物浓度。相反，当电极向下运动时，如图 4.1（b）所示，底部流场形成了正压区，电蚀产物受到压力作用向四周散开，部分会排出加工间隙。

4.1.2 电蚀产物运动方程

电蚀产物在流场中受到多种力的共同作用，其中起着重要作用的是阻力，其他作用力如萨夫曼升力、虚质量力等可在一定条件下予以忽略[1]。电蚀产物的阻力在计算时应当考虑进去，因为它是电蚀产物与工作液之间最基本的作用力，该作用力是

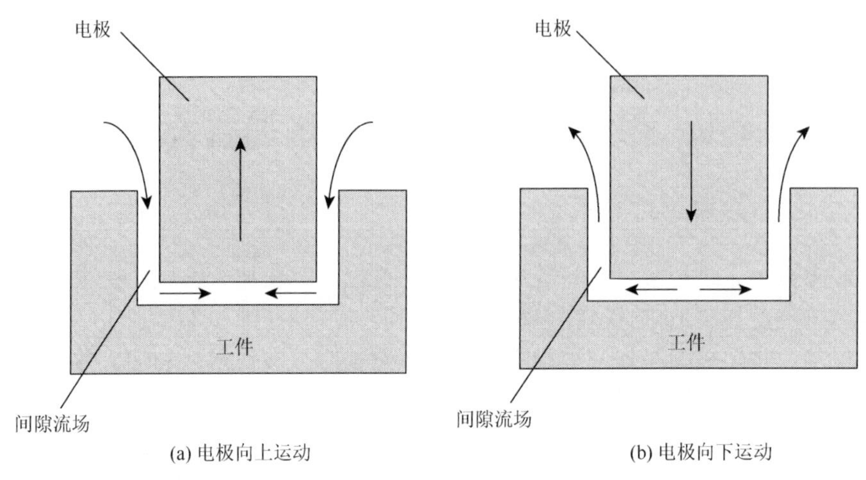

图 4.1　电极运动模型

由于工作液流动而产生的，它对电蚀产物的运动起着驱动作用。因此，求出单个颗粒的阻力有利于了解电蚀产物运动的特点，为了计算阻力方程，所做假设如下。

（1）电蚀产物均为球形颗粒，大小相同。

（2）仅考虑流体对电蚀产物运动的影响，不考虑放电产生的温度场变化，没有热量传播或交换。

（3）流场是无限域的，流体没有黏度，不可压缩，壁面不存在摩擦力，当颗粒碰撞壁面时，壁面不吸附颗粒，发生反弹[2]。

（4）颗粒之间没有相互作用力，不会相互吸附、黏结，各自相互独立。

在电火花加工极间间隙区域，电极和工件可以看作两个平行板，电极和工件侧面间隙为两平行板之间的缝隙[3]，如图 4.2 所示，上板代表电极壁面，下板代表孔的内壁，v_0 和 v_f 分别代表电极速度和流体速度。

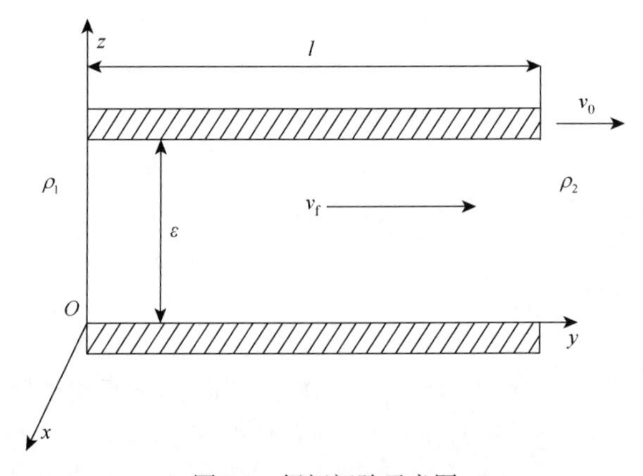

图 4.2　极间间隙示意图

在这一流场环境中，斯托克斯方程可以简化为

$$-\frac{1}{\sigma}\frac{\mathrm{d}p}{\mathrm{d}y}+\lambda\frac{\mathrm{d}^2 v_{\mathrm{f}}}{\mathrm{d}z^2}=0 \tag{4.1}$$

式中，p 为压力；y 和 z 为坐标系；λ 为系数。

压力 p 沿 y 轴均匀降低，可以用式（4.2）表示：

$$\frac{\mathrm{d}p}{\mathrm{d}y}=-\frac{\Delta p}{l} \tag{4.2}$$

式中，$\Delta p=p_1-p_2$。

当电极向下移动时，v_0 指向 y 轴正方向，Δp 小于 0。当电极向上移动时，v_0 指向 y 轴负方向，Δp 大于 0。

将式（4.1）和式（4.2）组合得到式（4.3）：

$$\frac{\mathrm{d}^2 v_{\mathrm{f}}}{\mathrm{d}z^2}=-\frac{\Delta p}{\mu l} \tag{4.3}$$

通过对式（4.3）积分，可以得到式（4.4）：

$$v_{\mathrm{f}}=-\frac{\Delta p}{2\mu l}z^2+C_1 z+C_2+v_{\mathrm{t}} \tag{4.4}$$

式中，C_1 和 C_2 为系数；v_{t} 为某点在冲液情况下的速度。

取上板速度为 0.01m/s，下板静止，边界条件可以用式（4.5）表示：

$$\begin{cases} z=\varepsilon, & v_{\mathrm{t}}=v_{\mathrm{f}}=0.01 \\ z=0, & v_{\mathrm{t}}=v_{\mathrm{f}}=0 \end{cases} \tag{4.5}$$

式中，ε 为 z 轴位置。

通过结合式（4.4）和式（4.5）解得 C_1 和 C_2，v_{t} 可通过式（4.6）获得：

$$\begin{cases} \dfrac{\partial \rho_{\mathrm{m}}}{\partial t}+\dfrac{\partial}{\partial z}(\rho_{\mathrm{m}} v_{\mathrm{t}})=0 \\ \rho_{\mathrm{m}}\left(\dfrac{\partial v_{\mathrm{t}}}{\partial t}+v_{\mathrm{t}}\dfrac{\partial v_{\mathrm{t}}}{\partial z}\right)=-\dfrac{\partial \rho}{\partial z}-\rho_{\mathrm{m}} g\cos\theta-\dfrac{p}{A}\tau_{\mathrm{w}} \\ \dfrac{\partial}{\partial t}\left[\rho_{\mathrm{m}}\left(e_0+\dfrac{v_{\mathrm{t}}^2}{2}\right)\right]+\dfrac{\partial}{\partial z}\left[\rho_{\mathrm{m}} v_{\mathrm{t}}\left(h+\dfrac{v_{\mathrm{t}}^2}{2}\right)\right]=\dfrac{1}{A}\left(\dfrac{\partial g_z}{\partial z}-\dfrac{\partial \omega}{\partial z}\right)-\rho_{\mathrm{m}} v_{\mathrm{t}} g\cos\theta \end{cases} \tag{4.6}$$

式中，e_0 表示单位质量的热能。

奥西总结出的颗粒曳力 F_{d} 的计算公式如下：

$$F_{\mathrm{d}}=6\pi\mu r_{\mathrm{p}}(v_{\mathrm{f}}-v_{\mathrm{p}})\sigma \tag{4.7}$$

式中，r_{p} 表示颗粒的半径。

将式（4.4）代入式（4.7），可得到式（4.8）：

$$F_{\mathrm{d}} = 6\pi\mu r_{\mathrm{p}}\left(-\frac{\Delta p}{2\mu l}z^2 + C_1 z + C_2 + v_{\mathrm{t}} - v_{\mathrm{p}}\right)\sigma \tag{4.8}$$

因此，电蚀产物在间隙流场中受到的曳力可通过式（4.8）得到。

4.1.3 冲液排屑加工方式

电蚀产物在加工间隙中积累到一定程度会引起二次放电及有害的拉弧放电，进而影响到工件加工质量，有时甚至导致无法完成加工。虽然电极的上下伺服运动能够引起工作液流场的扰动，使大多数电蚀产物随工作液排出加工间隙，然而这仅在较浅的加工深度下作用较为明显[4]。当小孔加工深度变深时，电极的运动难以将清澈的工作液带入加工间隙，电蚀产物排出效果变弱。冲液作为一种经济适用的方式，普遍应用在电火花加工中。冲液方式可以影响到极间工作液的流动状态和电蚀产物的运动方式，恰当的冲液方式可以有效排出电蚀产物，从而确保加工的稳定性和工件质量，传统的冲液方式可以分为以下三种。

（1）电极内冲液。电极为中空，冲液管位于电极顶部位置，向电极中空部分注入清澈工作液，液体从电极底部和工件之间间隙流出。这种冲液方法使液体从加工间隙中心位置流出，使电蚀产物向四周运动，流经侧面间隙，最终排出加工间隙，降低工作液中的电蚀产物浓度。

（2）工件冲液。这种冲液方式是在工件上加工一个冲液孔。加工时，清澈的工作液不断从底部进入加工间隙，带动电蚀产物向四周运动，混有电蚀产物的工作液从侧面间隙排出，降低工作液中的电蚀产物浓度。

（3）侧冲液。这种冲液方式分为单侧冲液和多侧冲液，是最为常用的冲液方式，适用于加工面积比较小的工件。加工时，冲液嘴对准加工间隙，流经加工间隙的工作液能够带动电蚀产物从另一侧或多侧排出，降低工作液中电蚀产物浓度。

电蚀产物的集聚和不均匀分布可能引起电极不均匀损耗，从而影响加工精度[5, 6]。在保证加工质量的前提下，应尽可能多地排出加工间隙中的电蚀产物并确保工件的加工质量。由于侧冲液实现方便、应用广泛，本章所述的仿真和试验均选取单侧冲液方式进行研究，冲液速度选为 2m/s 和 5m/s。

4.2 流场仿真模型建立

本节采用专业的流体动力学仿真软件 FLUENT 来模拟电火花加工过程中冲液情况下间隙流场及电蚀产物运动情况。FLUENT 是目前国际上广泛使用的流体动力学计算软件，可以模拟不可压缩的复杂流动，采用了多种求解方法和多重网格加速收敛技术，能够获得最佳的收敛速度和求解精度，适用于燃料电池、化学反应与燃烧、材料加工等不同领域。运用 FLUENT 软件进行流体计算基本步骤为：建立几何模型、划分网格、设定边界条件、选择求解器、设定材料属性、初始化、计算及图像后处理。

4.2.1　极间间隙流场几何模型

图 4.3 为极间间隙流场仿真模型示意图，所选电极为圆柱形电极，直径为 1mm 和 2mm，工作液为去离子水，加工深度分别选择为 0.5mm、1mm、2mm、3.5mm、5mm。本章重点是分析间隙内电蚀产物运动特性，间隙流场附近的工作液会影响加工间隙内的压强、速度和电蚀产物的运动情况，而加工槽中的工作液影响不大。因此，为了减少软件仿真过程中的计算量，提高收敛速度和计算的稳定性，尽量减少间隙外流场区域的计算，只对间隙内的流场区域进行建模、划分网格。此外，为了加快网格划分速度，划分网格时在加工间隙位置周围将网格局部加密，其他远离加工间隙区域的位置网格划分较为稀疏，这也能够提高仿真计算的速度，如图 4.3（a）所示。

模型边界条件设定如图 4.3（b）所示。根据其他学者的测量，通常情况下，电火花小孔加工中侧面间隙宽度为 0.2mm，底面间隙为 0.1mm。上边界设置为压力出口，电极、工件和四周流场区域设置为壁面，内部区域为去离子水。冲液管管口和工作液会产生交换作用，因此选择交互接口作为边界条件。

FLUENT 软件中提供了大量的用户自定义函数（user defined function，UDF）供用户二次开发来建立模型。考虑到电极运动且建立的是三维仿真模型，研究使用 DEFINE_CG_MOTION 函数，该函数的参数可以定义仿真中的电极线速度、电极角速度、当前仿真时间及时间步等。通过定义线速度可以控制电极的运动方向和进给速度，定义角速度可以控制电极的旋转速度和角度。考虑到前半个周期和后半个周期电极运动方向不同，可以根据仿真时间使电极向不同的方向运动，最终在一个加工周期后停止运动[7]。将写好的代码文件导入软件中进行编译并加载，便可以在电极动网格菜单选择该模块使用。

小孔加工时的间隙流场模型近似为三维圆柱组合体，在 Gambit 中建立几何模型并划分网格，电极和冲液管均为圆柱体，加工深度为 3mm，工具电极直径为 1mm；考虑工作液的流动，电极上方周边区域适当增大范围。建立的三维模型如图 4.3（c）所示，其中 1 为小孔壁面，2 为被加工件表面，3 为工具电极，4 为冲液管，5 为工件表面上工作液流动区域。由于冲液管面与工作液间会产生数据交换，选用 interface 边界条件；冲液管管口设置为速度入口；模型上边界面设置为压力出口，其他边界面均设置为壁面。电蚀产物的抛出位置在电极和工件附近，为提高计算精度和效率，工具电极底面附近使用线网格功能细化，其他位置网格粗略划分[8-10]。根据前人的研究并划分流域，圆柱形区域 A1 为低面间隙；环形区域 A2 为侧面间隙；上圆柱形区域 A3 为外部流动区，如图 4.3（d）所示。

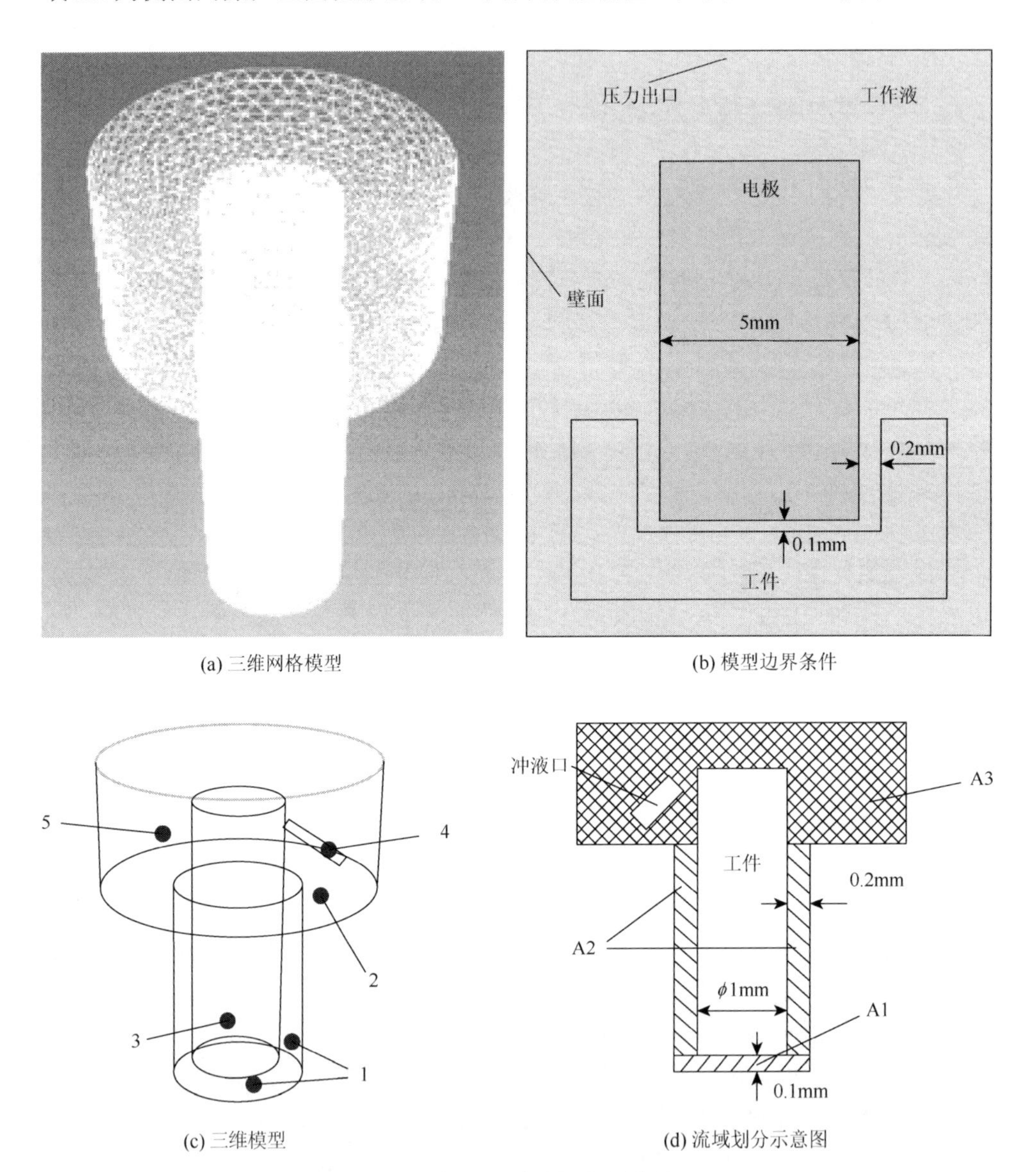

(a) 三维网格模型　　(b) 模型边界条件

(c) 三维模型　　(d) 流域划分示意图

图 4.3　极间间隙流场仿真模型

4.2.2　流场区域变形模型

电火花加工过程中，为了满足放电加工条件，电极在伺服电机的带动下做自适应抬刀运动使工件和电极之间保持一定的放电间隙。仿真过程中，由于电极的运动计算区域总是不断变化的，常规静网格无法满足研究中的仿真条件，为此运用 FLUENT 动网格技术模拟流场网格形状随时间改变的过程。计算中网格为保持自身平衡，始终在动态更新，即网格重新构建。选择合适的动网格可以使模型网格边界上的节点连接具有较高的质量来确保计算的稳定性，否则可能出现负网格或网格撕裂现象而使局部计算域网格更新失败，导致仿真出错[11-13]。根据模型的特点，选取局部网格重构法及弹性光顺法，利用局部网格重构法能够使恶化的网格自动重新划分确保仿真顺利进行，利用弹性光顺法能够使系统网格达到新的平衡状态，此时动网格便会根据实际情况将相邻节点合并或者当两节点之间的距离较大时，新增一个节点以保持较好的网格质量。根据每个迭代步中边界的变化情况，由 FLUENT 自动完成网格的更新过程。在使用动网格模型时，必须首先划分初始网格、确定边界运动方式并指定参与运动的区域。初始网格应根据实际运动情况设定大小，运动方式可以通过 FLUENT 提供的用户自定义函数控制。

4.2.3 电蚀产物生成模型

连续加工过程中，随着两极放电材料受热熔化、气化，电蚀产物不断产生并游离在加工间隙中[14]。使用 FLUENT 提供的粒子注入功能模拟电蚀产物形成，在粒子注入菜单中定义粒子初始阶段注入的粒子数量、位置、时间及材料。此外，由于电火花连续加工过程中电蚀产物是不断产生的，通过设定粒子注入时间可以控制每个时间步长内的粒子注入数量。

关于放电点的位置分布，有学者认为放电点的位置分布与上一次放电位置有关，然而大体上来说，放电点的位置趋于随机分布[15-17]。假设每次放电时放电点位置都是随机的，没有规律性，粒子的产生位置应该也是随机的，通过软件菜单选项已经不能完全满足仿真模型要求。

FLUENT 的二次开发接口当中提供了 DEFINE_DPM_INJECTION_INIT 函数，该函数可以定义粒子产生的位置及物理属性等参数，应用该函数可以将粒子随机注入流场模型中的不同位置。二次开发使用的是 C 语言，在 C 语言编程中，提供了随机函数，方便用户直接调用。但实际上，计算机产生的随机数并不是真正意义上的随机数，通常称为伪随机数，这是由于计算机中的随机数实质是按照一定算法模拟产生的，遵循一定的规律。因此，在调用 C 语言中的随机函数时，应该想办法让随机数变得无规律，更贴近于实际情况，为此，设定前后两个随机数产生时需要的间隔时间，而这个间隔时间也是随机产生的，这样可以使得随机数更趋向于无规律。

在仿真模拟连续放电过程中，电极运动一个周期的时间为 0.02s，放电脉宽为 20μs，即理论上共产生 1000 次放电，实际加工中并不是所有放电都是有效的，假设放电有效率为 50%，即最终有 500 次有效放电，每次放电均有粒子产生。仿真开始时，电蚀产物分布于三层，每一层有 850 个粒子，均匀分布在底部间隙中。有相关研究表明，加工过程中每次放电都会产生约 30 个粒子，根据前期加工试验，钛合金和紫铜材料蚀除体积比为 2∶1，假设粒子直径大小相同，则钛合金粒子和紫铜粒子在单脉冲下产生的数量比也为 2∶1，加工结束时共有 17550 个粒子产生。

在 FLUENT 软件中需要将编译好的代码文件加载到软件中，在粒子注入 UDF 界面设置位置，找到已加载的代码文件名并设定每个时间步长均执行一次程序，最后将粒子释放到间隙中。

4.3 连续放电过程电蚀产物运动仿真

建立好连续放电电蚀产物排出模型后，通过 FLUENT 软件对无冲液和单侧冲液条件下的电火花微小孔加工过程进行仿真模拟，并考虑不同冲液速度和不同孔深条件下电蚀产物随加工进行的运动状态，验证模型的有效性。

4.3.1 仿真条件

表 4.1 为连续放电加工仿真参数，模型工作液使用去离子水，采用正极性紫铜电极加工钛合金工件，电极的移动速度为 0.01m/s。电极初始运动方向分为两种：第一种为由底部运动至顶部，然后返回底部；第二种为由顶部运动至底部，然后返回顶部。表 4.2 为仿真分组设计，电极直径分别为 1mm 和 2mm，冲液速度分别为 2m/s 和 5m/s，工件加工深度考虑了四种，分别为 0.5mm、2mm、3.5mm 和 5mm，观察电蚀产物运动规律。

表 4.1 连续放电加工仿真参数

工作液	电极	工件	电极移动速度	极性
去离子水	紫铜	TC4	0.01m/s	正极性

表 4.2 仿真分组设计

移动方向	电极直径/mm	冲液速度/(m/s)	加工深度/mm
从下向上，从上向下	1、2	2、5	0.5、2、3.5、5

4.3.2 电蚀产物运动仿真与结果分析

1）无冲液电蚀产物结果及分析

图 4.4 和图 4.5 分别是 0.5mm 和 2mm 加工深度下的电蚀产物分布图。电极的伺服运动均是先从顶部运动至底部再从底部返回顶部。加工半个周期后，由于没有冲液的作用，电蚀产物主要依靠电极运动所带来的扰动排出，在底部分布较为均匀，有的电蚀产物受到扰动作用被带到了侧面间隙中，但是此时没有电蚀产物被排出孔外。在后半个周期里，电极开始向上运动。由于电极底部的移动，形成了负压场，清澈的工作液被引入，电蚀产物受到工作液的影响向中心区域移动，底部的电蚀产物向中心集中。

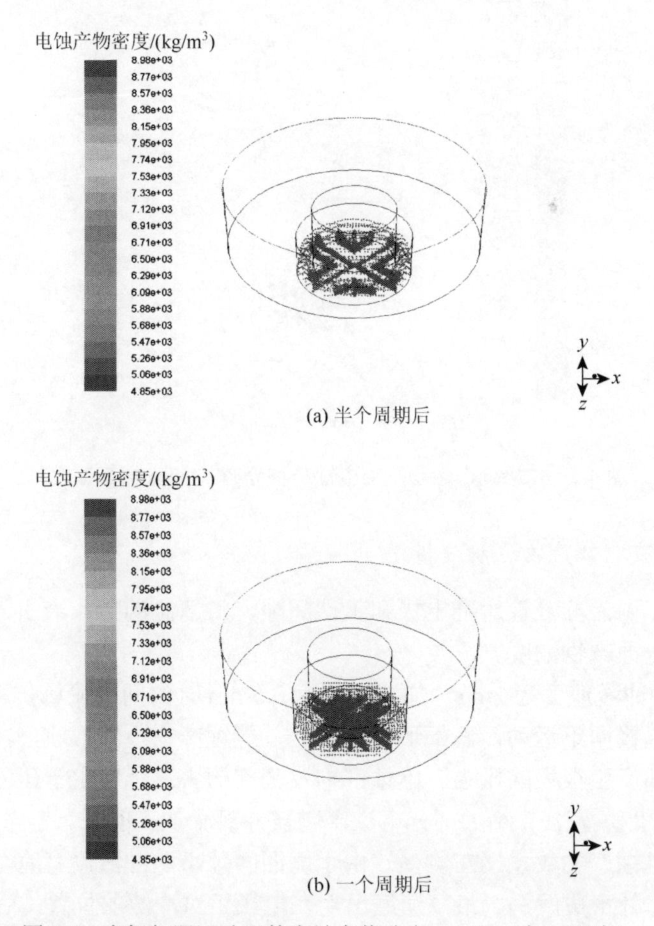

(a) 半个周期后

(b) 一个周期后

图 4.4 电极伺服运动下的电蚀产物分布（0.5mm 加工深度）

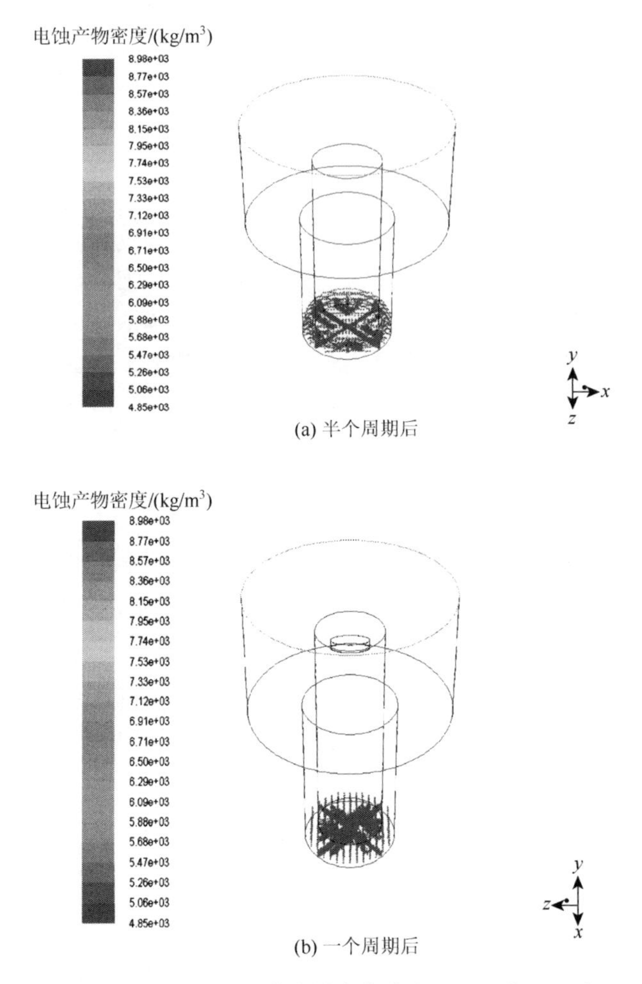

(a) 半个周期后

(b) 一个周期后

图 4.5　电极伺服运动下的电蚀产物分布（2mm 加工深度）

2）侧冲液电蚀产物运动分析

冲液加工中，冲液管对准电极和工件间隙，将清澈的工作液引入放电间隙，降低了极间电蚀产物浓度。

图 4.6 为冲液速度为 2m/s、加工深度为 0.5mm 时的间隙流场仿真结果。前半个周期内，电极向下运动，底部形成正压区，电蚀产物不断形成，冲液与左下方液体碰撞局部产生很大的压强。电蚀产物及底部的去离子水由于压差作用被冲向了四周。由于凹坑较浅，绝大部分电蚀产物被冲离了加工间隙。考虑到冲液影响，右侧残留的电蚀产物数量比左侧多。由于侧面间隙小，冲液没有完全进入加工间隙，在管出口处形成漩涡。最高速度出现在电极正对冲液的位置，达到 2.30m/s，左侧的液体速度较右侧大。最大的压力出现在电极到达最低点的位置，达到

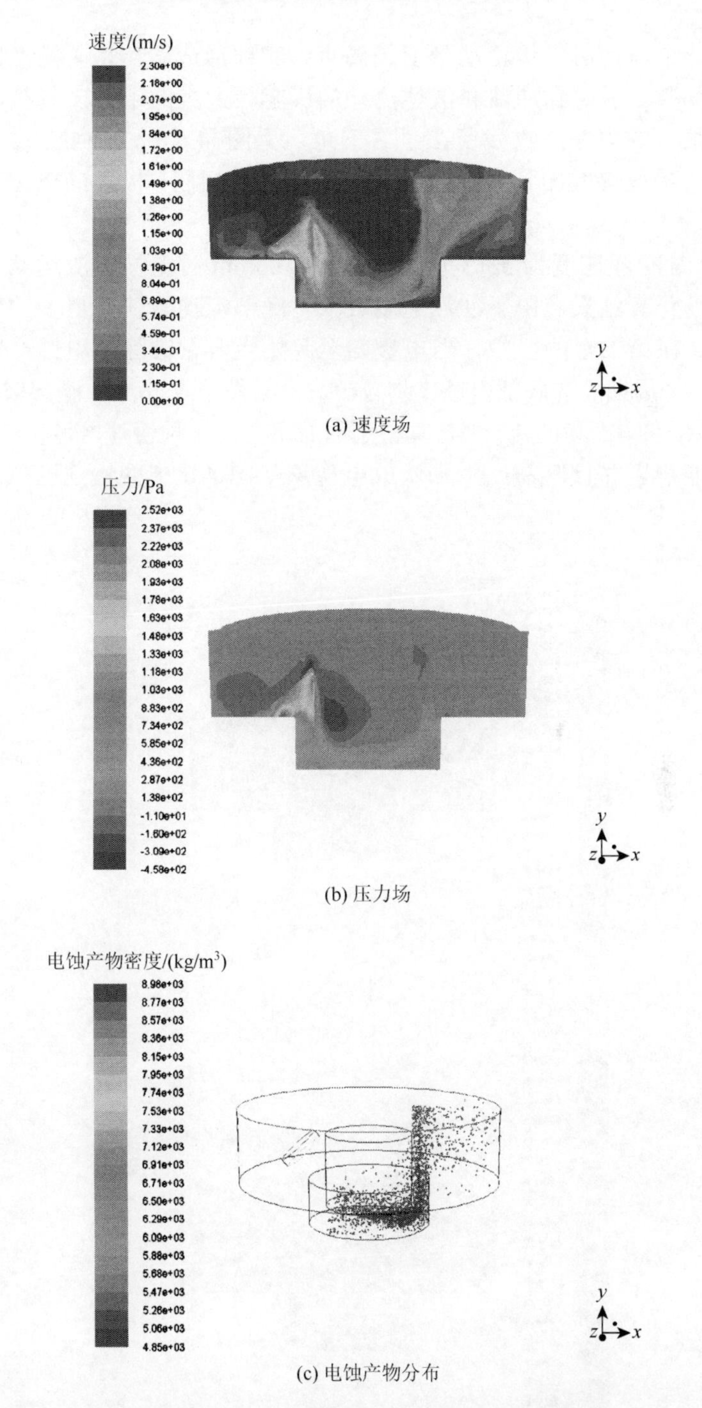

(a) 速度场

(b) 压力场

(c) 电蚀产物分布

图 4.6 冲液速度为 2m/s、加工深度为 0.5mm 时的间隙流场仿真结果

2520Pa。一个周期后电极移动到了最高点，底部形成负压区，清澈的工作液被引入加工间隙。考虑到冲液和液体流动的影响，大量的电蚀产物被冲到了右侧间隙，有很少的电蚀产物残留在了右下角，见图 4.6（c）。加工过程中产生的电蚀产物数量很快增加到与冲出的电蚀产物数量相同，极间的电蚀产物数量达到了平衡。

图 4.7 是冲液速度为 5m/s、加工深度为 0.5mm 时电极伺服运动一个周期后的间隙流场仿真结果。由于冲液速度较大，底部流速较快，更多的电蚀产物被水流带走。在第二个阶段中，当电极归至起始点时，蚀除的电蚀产物比生成的多，因此一个周期后的底部电蚀产物较少，且与图 4.6 相比，底部残余的电蚀产物大量减少。图 4.6 和图 4.7 中仿真模型的右下角均出现慢速区域，在此区域，电蚀产物可能积累并且容易产生二次放电现象，图 4.6 中的慢速区域比图 4.7 要小些。

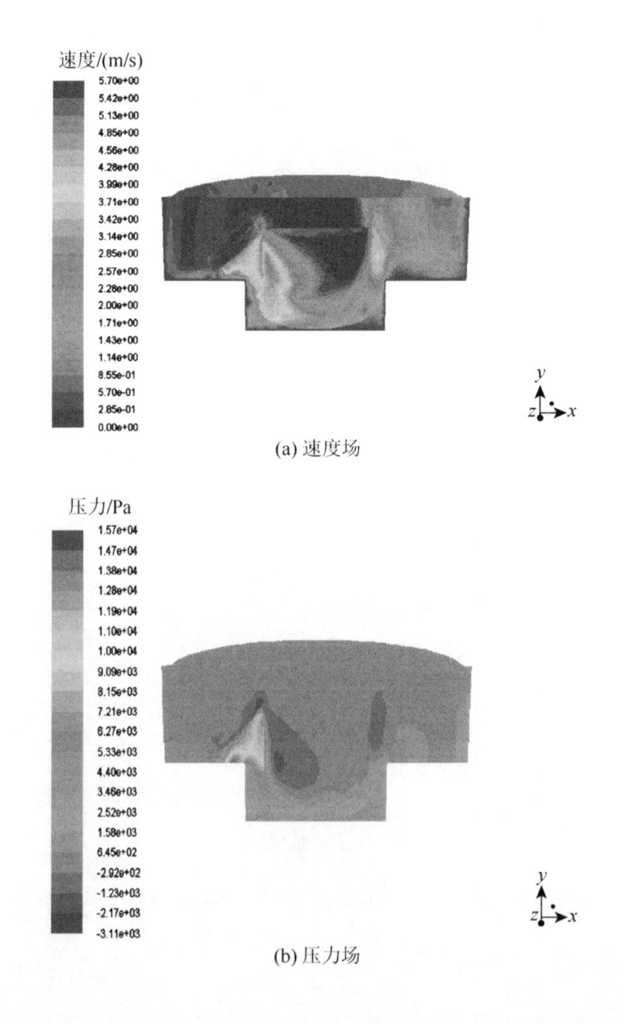

(a) 速度场

(b) 压力场

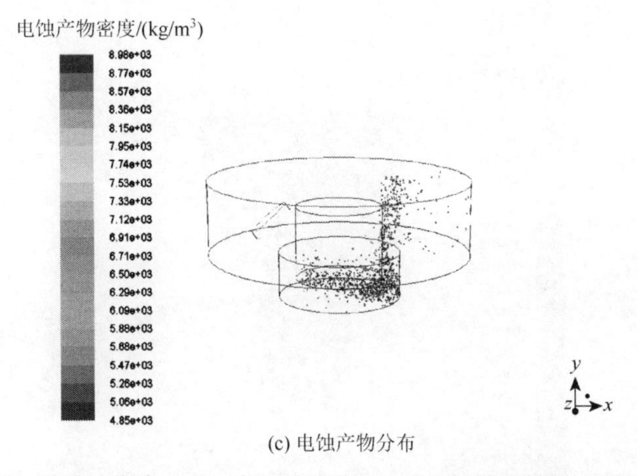

(c) 电蚀产物分布

图 4.7　冲液速度为 5m/s、加工深度为 0.5mm 时的间隙流场仿真结果

图 4.8 是冲液速度为 2m/s、加工深度为 2mm 时的电极伺服运动一个周期后的间隙流场仿真结果。半个周期后，当电极下降至最低点时，最大速度和最大压力出现在冲液入口处，分别达到了 2.34m/s 和 2700Pa。一个周期后电极处于最高点，最大速度下降至 2.31m/s，压强增加至 2720Pa，分别见图 4.8（a）和（b）。与前半个周期相比，大部分电蚀产物被冲液带走，见图 4.8（c）。

图 4.9 是冲液速度为 5m/s、加工深度为 2mm 时的间隙流场仿真结果。如图 4.9（a）所示，电极下部分周围工作液速度接近于零，冲液对此部分不产生影响，此部分的速度主要和电极运动相关。图 4.9（b）显示冲液受到电极阻挡形成很大的压力场，电极侧面的压力场较小，因为冲液可以从侧面直接进入间隙中。在电极下端，压力大幅度减小，因为冲液很难进入间隙中，电蚀产物也很难被冲走，大多停留在右下角，见图 4.9（c）。一个周期后，因液体流入间隙，底部间隙压力变大，电蚀产物被工作液带走。

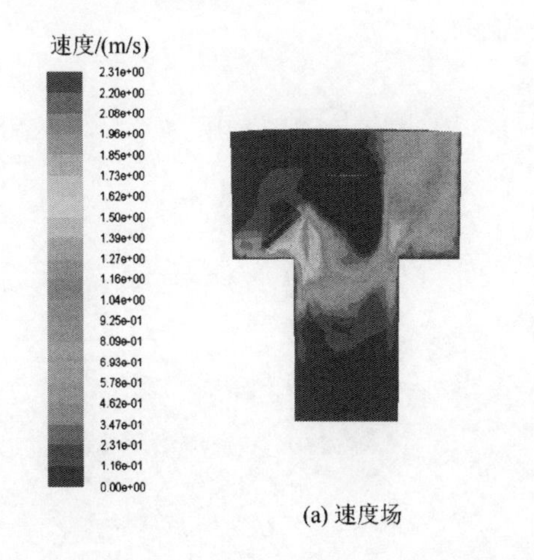

(a) 速度场

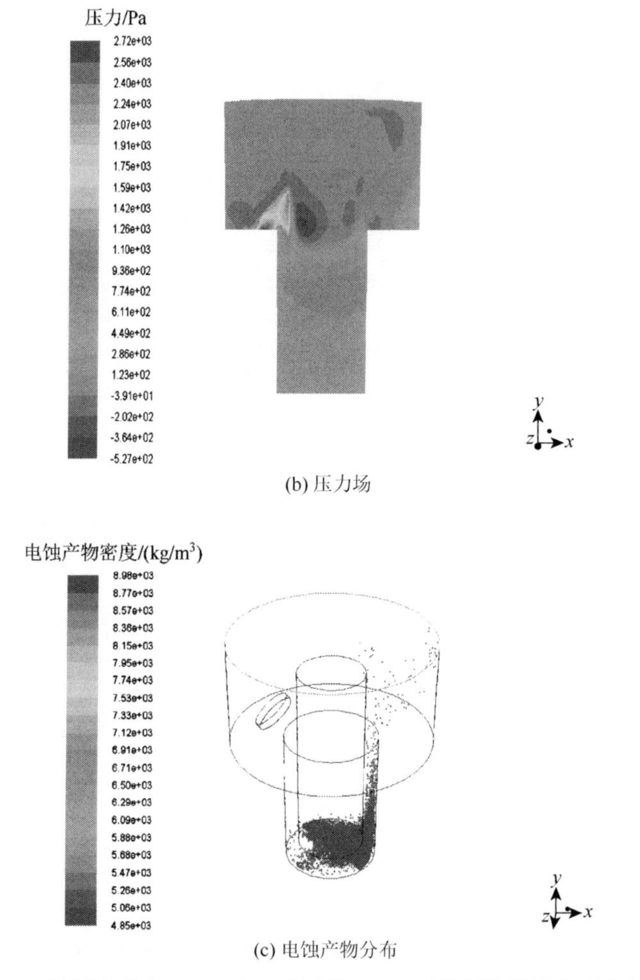

(b) 压力场

(c) 电蚀产物分布

图 4.8 冲液速度为 2m/s、加工深度为 2mm 时的间隙流场仿真结果

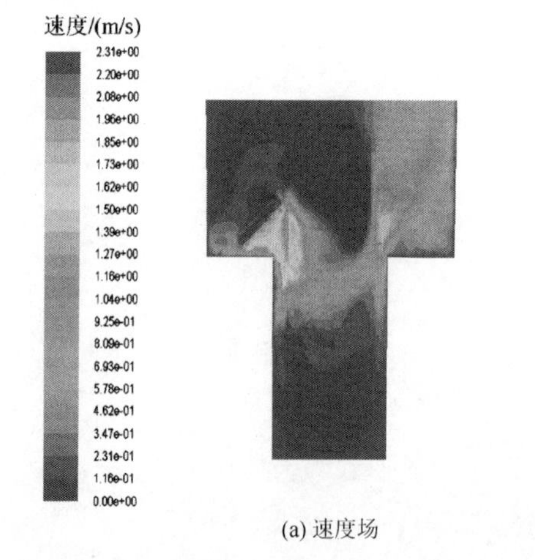

(a) 速度场

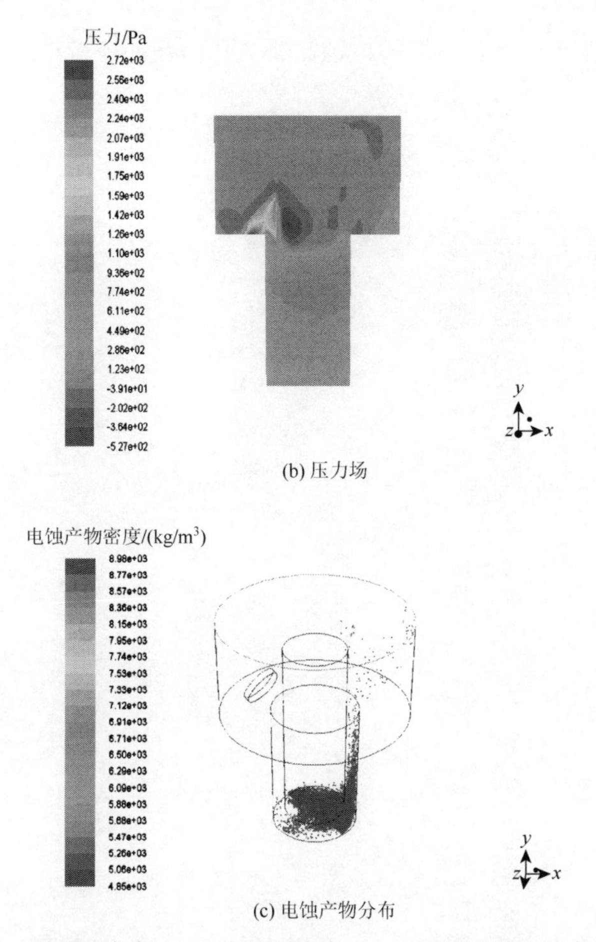

(b) 压力场

(c) 电蚀产物分布

图 4.9 冲液速度为 5m/s、加工深度为 2mm 时的间隙流场仿真结果

图 4.10～图 4.13 考虑了在 3.5mm 和 5mm 两种加工深度下，冲液速度不同时的间隙流场仿真情况。从仿真结果分析，由于小孔深度较大，冲液很难深入加工间隙，冲液压力和速度对于电蚀产物的排出效果有限。因此，在较深的加工情况下，很难有电蚀产物从加工间隙中排出。残留在底部的电蚀产物很容易与工件和电极发生二次放电形成烧痕，损耗电极并降低工件加工质量，影响加工效果。图 4.10～图 4.13 中，底部工作液速度接近 0，该区域没有额外的压力，电蚀产物无法排出，大部分残留在底部。

图 4.14 是冲液速度为 2m/s、加工深度为 0.5mm 时的间隙流场仿真结果。如图 4.14（a）所示，此时流场最高速度达到 2.74m/s，出现在正对冲液管方向的电极壁面上。电蚀产物很快被冲到右侧底部位置，大部分从侧面间隙排出加工区域。一个周期之后，当电极移动到原来位置时，最大速度出现在左侧底部角落达到 2.74m/s，与前半个周期速度接近；最高压强达到 3660Pa。与图 4.6

相比，速度和压力变大，更多的电蚀产物从孔内被冲液带走。

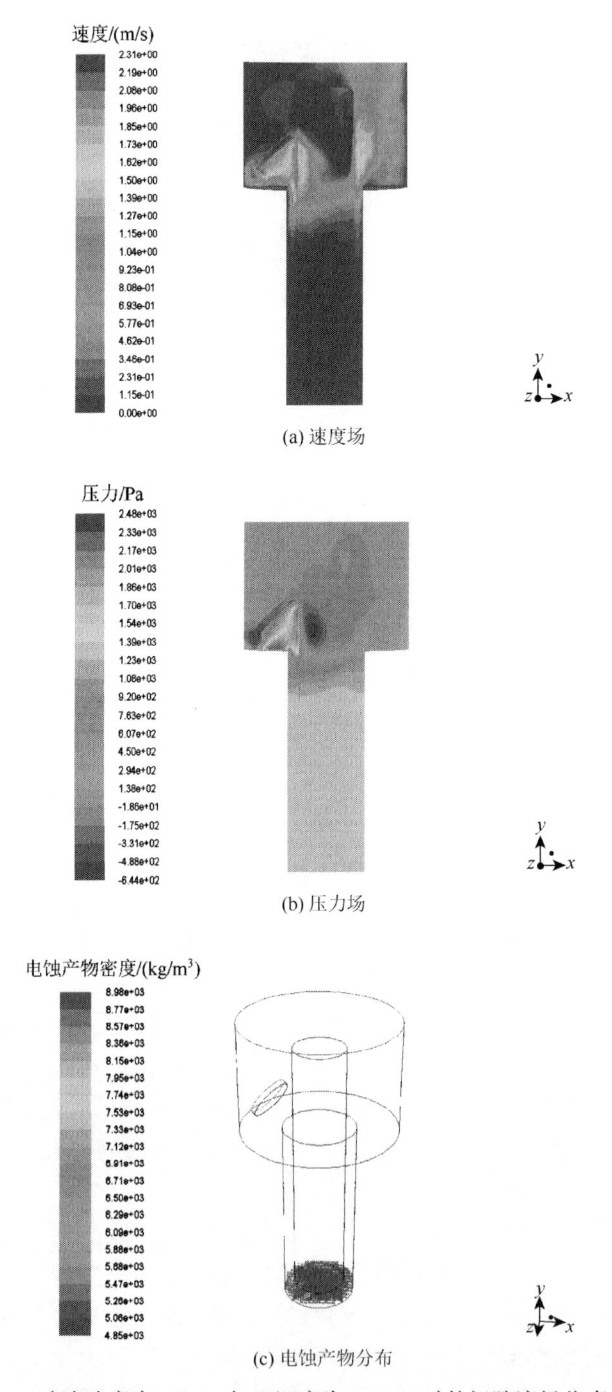

(a) 速度场

(b) 压力场

(c) 电蚀产物分布

图 4.10　冲液速度为 2m/s、加工深度为 3.5mm 时的间隙流场仿真结果

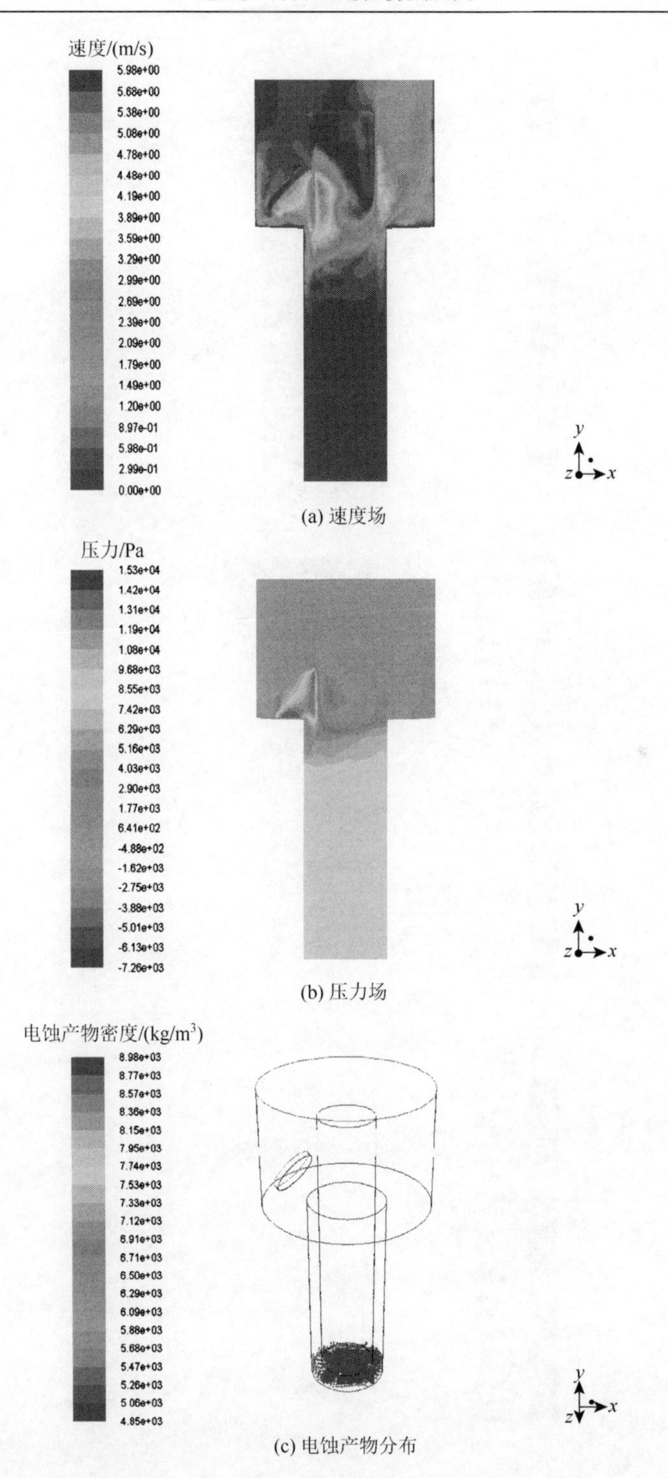

(a) 速度场

(b) 压力场

(c) 电蚀产物分布

图 4.11 冲液速度为 5m/s、加工深度为 3.5mm 时的间隙流场仿真结果

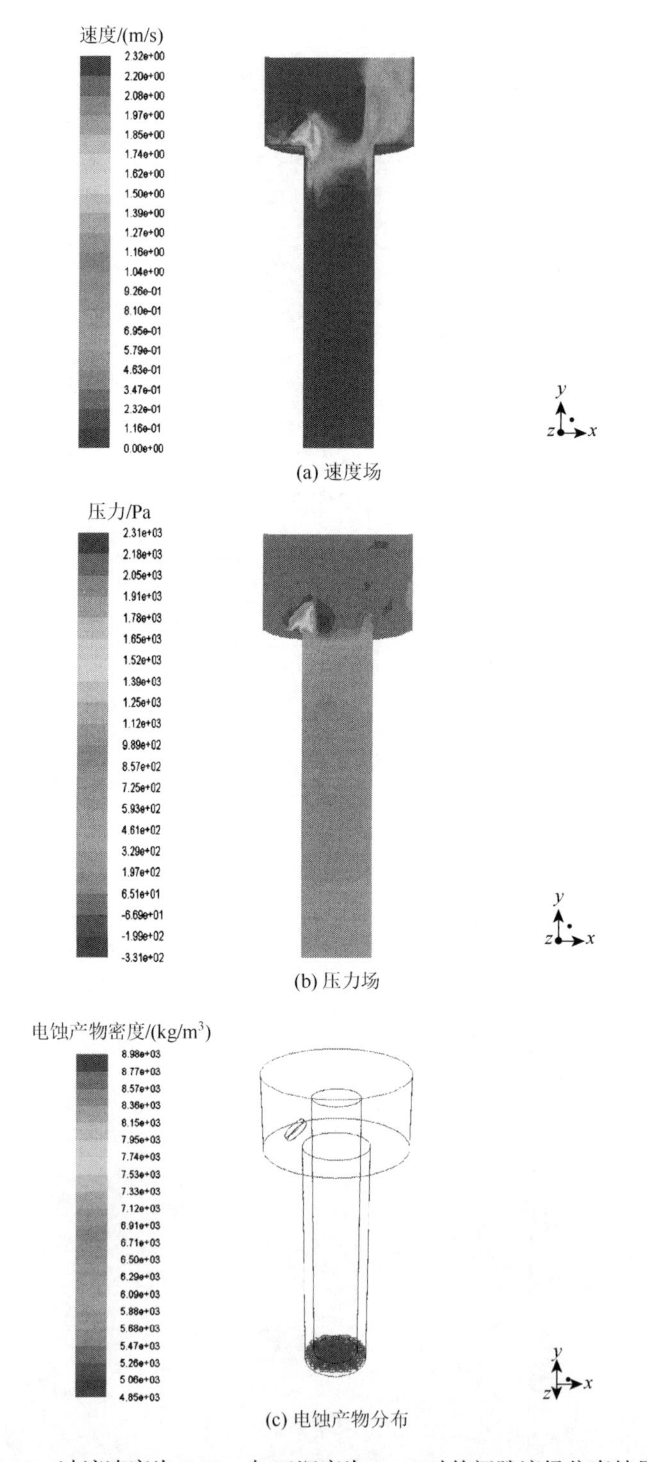

(a) 速度场

(b) 压力场

(c) 电蚀产物分布

图 4.12　冲液速度为 2m/s、加工深度为 5mm 时的间隙流场仿真结果

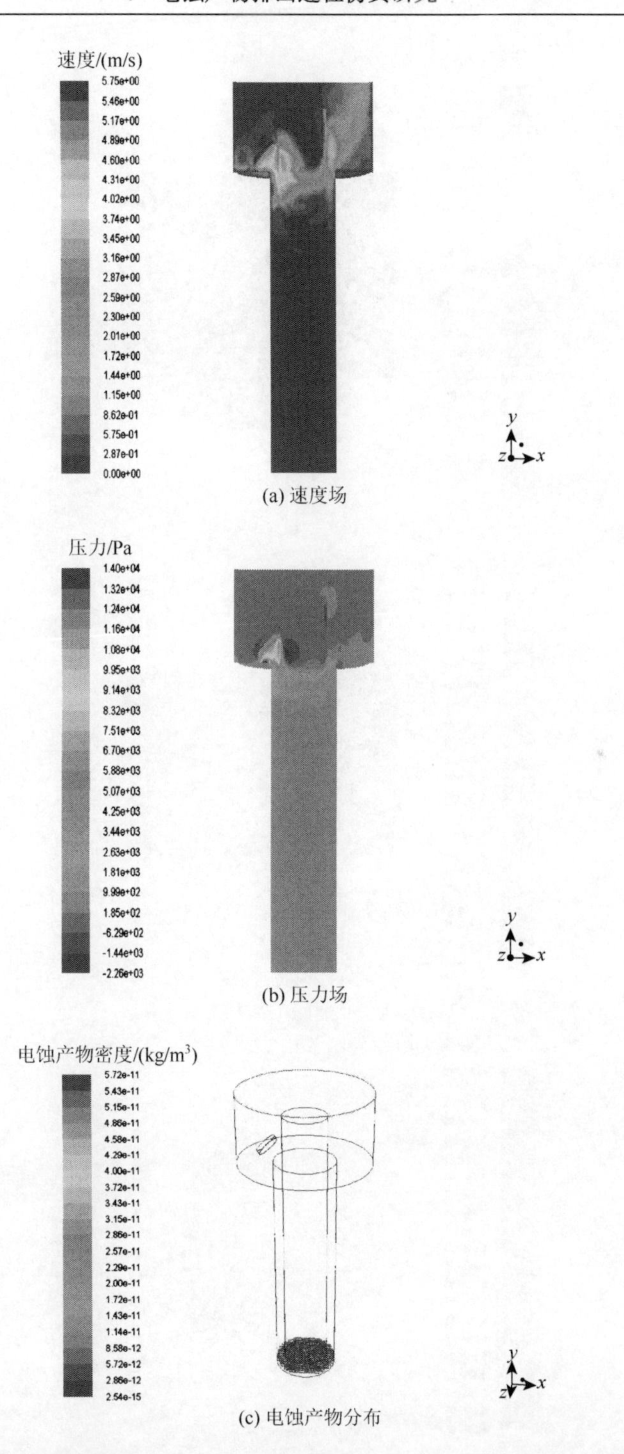

(a) 速度场

(b) 压力场

(c) 电蚀产物分布

图 4.13　冲液速度为 5m/s、加工深度为 5mm 时的间隙流场仿真结果

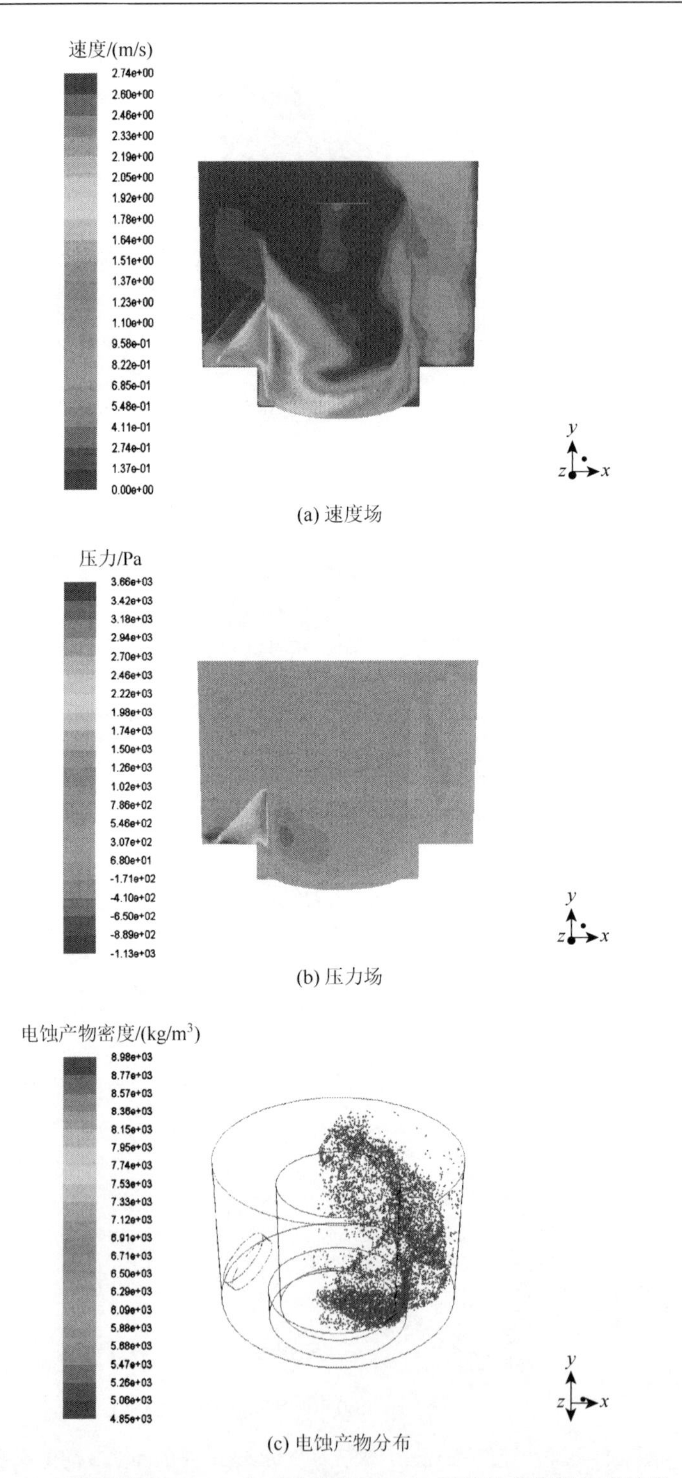

(a) 速度场

(b) 压力场

(c) 电蚀产物分布

图 4.14　冲液速度为 2m/s、加工深度为 0.5mm 时的间隙流场仿真结果

图 4.15 是冲液速度为 5m/s、加工深度为 0.5mm 时的间隙流场仿真结果。在电极表面区域速度较大，可达 6.97m/s，最大压力可达 22800Pa。冲液有着足够压力进入孔中，使更多的电蚀产物到达右侧间隙，见图 4.15（c）。

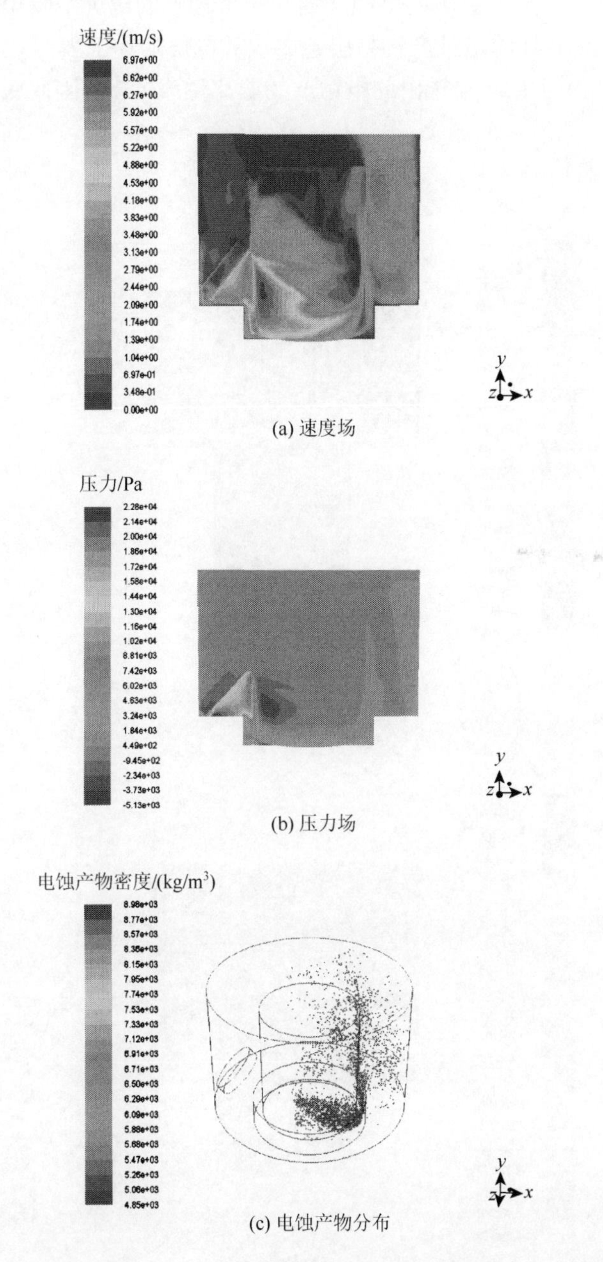

(a) 速度场

(b) 压力场

(c) 电蚀产物分布

图 4.15 冲液速度为 5m/s、加工深度为 0.5mm 时的间隙流场仿真结果

图 4.16 和图 4.17 分别为冲液速度为 2m/s、5m/s 时，在加工深度为 2mm 的条件下间隙流场仿真结果。从图中可以看出，电蚀产物从右侧排出，近似一条直线，最终在孔出口处散开。图 4.17 中，由于冲液速度较大，电极表面出现了更大的速度区域，工作液带走了更多的电蚀产物。一个较小的电蚀产物聚集区域出现在了右下角，残留在此处的电蚀产物易引起二次放电烧灼加工表面。与图 4.8 和图 4.9 相比，图 4.16 和图 4.17 中排出的电蚀产物要比生成的多，因此底部电蚀产物剩余较少。

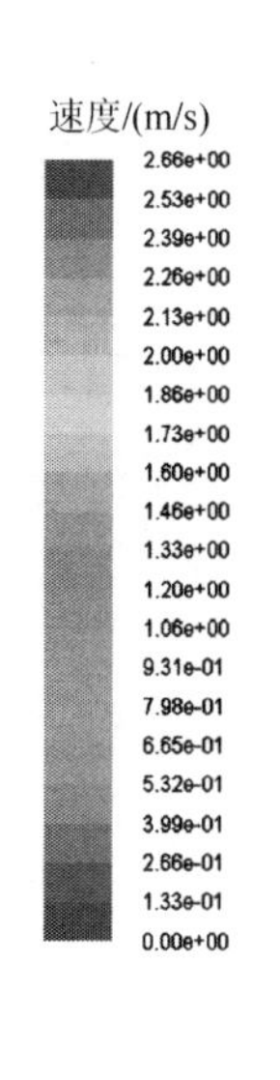

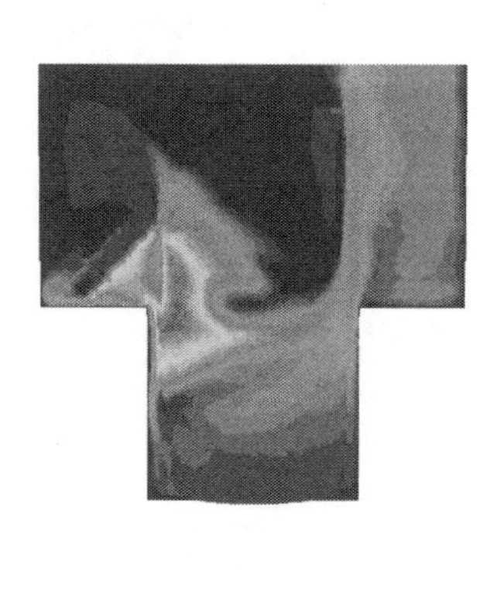
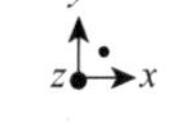

(a) 速度场

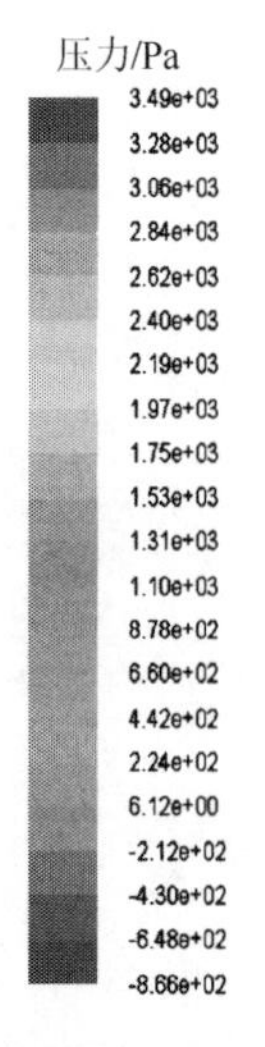

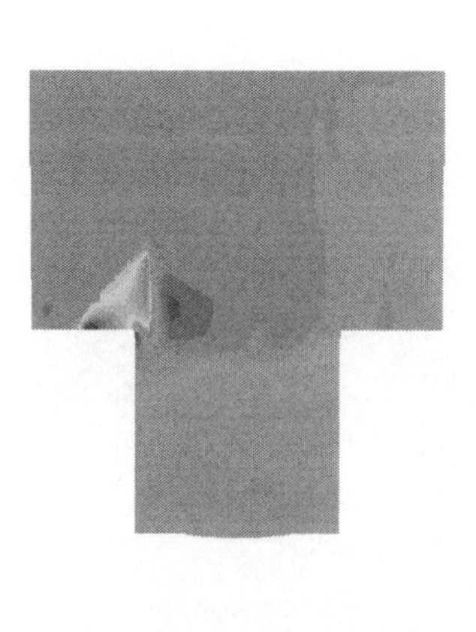
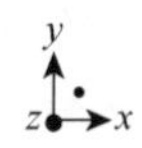

(b) 压力场

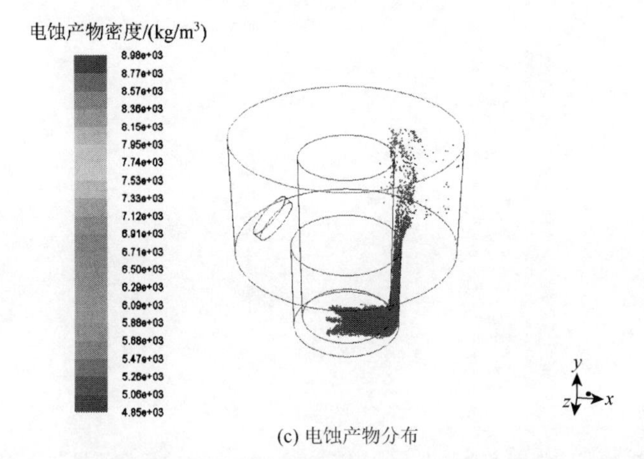

(c) 电蚀产物分布

图 4.16　冲液速度为 2m/s、加工深度为 2mm 时的间隙流场仿真结果

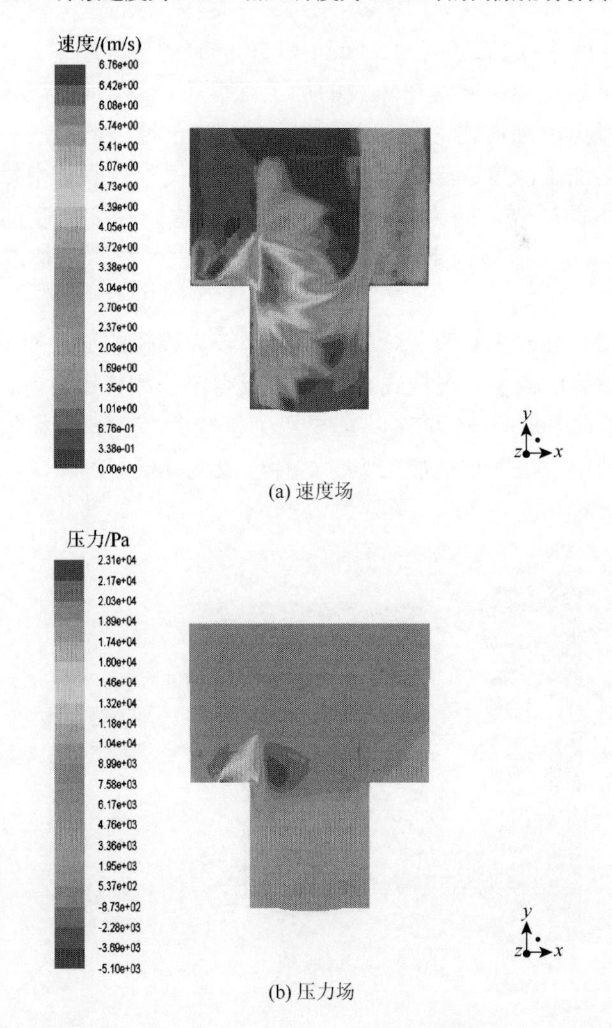

(a) 速度场

(b) 压力场

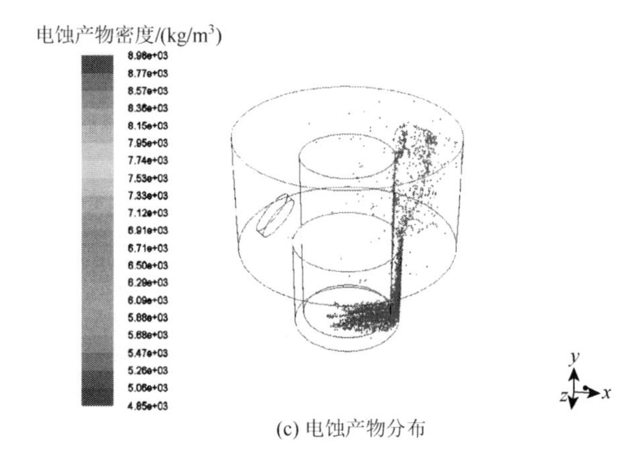

(c) 电蚀产物分布

图 4.17　冲液速度为 5m/s、加工深度为 2mm 时的间隙流场仿真结果

不同冲液速度下，加工深度为 3.5mm 和 5mm 时的仿真结果如图 4.18～图 4.21 所示，从图中可以发现，通常在较浅的加工深度下，冲液很容易进入加工间隙，有足够的速度排出电蚀产物，当加工深度为 3.5mm 时，电蚀产物虽能够排出，但并不容易。当加工深度为 5mm 时，电蚀产物就很难从间隙中排出了，在底部留下了大量的电蚀产物，因为冲液作用很难达到这一深度，底部间隙中的流体速度主要依靠电极的运动，不足以将电蚀产物排出，在这种情况下二次放电概率会增加。

对比 1mm 和 2mm 电极直径，当液体流经较大直径的加工间隙时，它受到的阻力更小，压力差也较小。根据式（4.4）可以得出，如果压力差较小，工作液流速变快，可以带走更多的电蚀产物。如果压力差较大，工作液流速就会相对较慢，电蚀产物很难带走。在微小孔加工中，这种现象尤其明显。

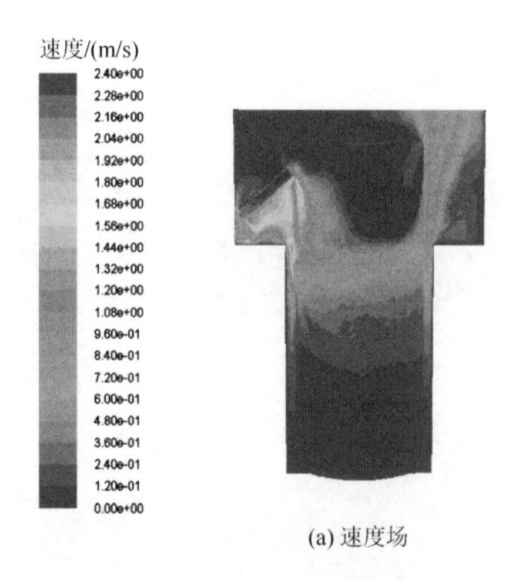

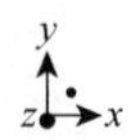

(a) 速度场

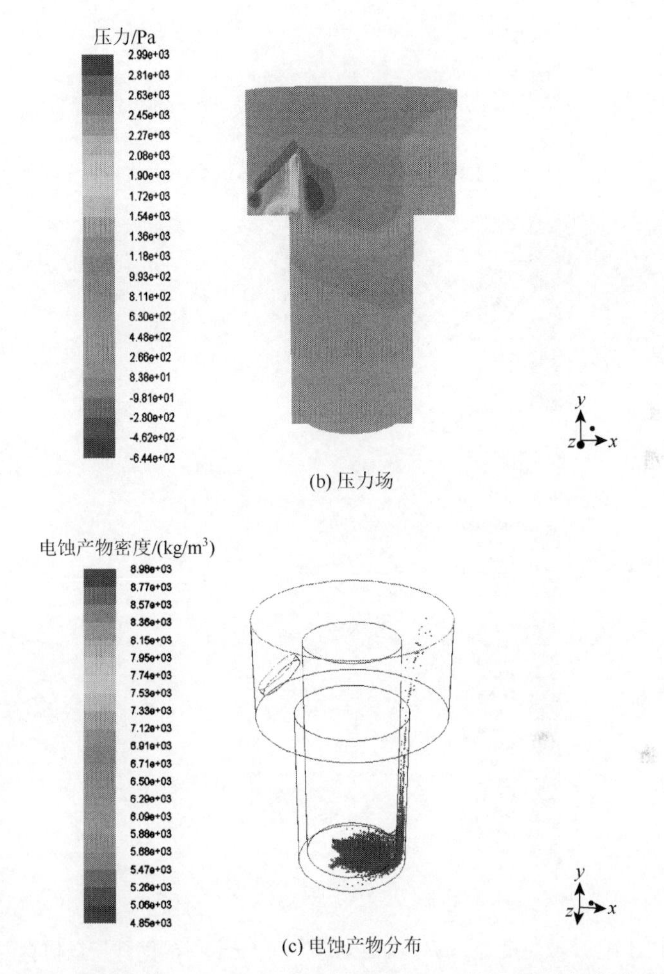

(b) 压力场

(c) 电蚀产物分布

图 4.18　冲液速度为 2m/s、加工深度为 3.5mm 时的间隙流场仿真结果

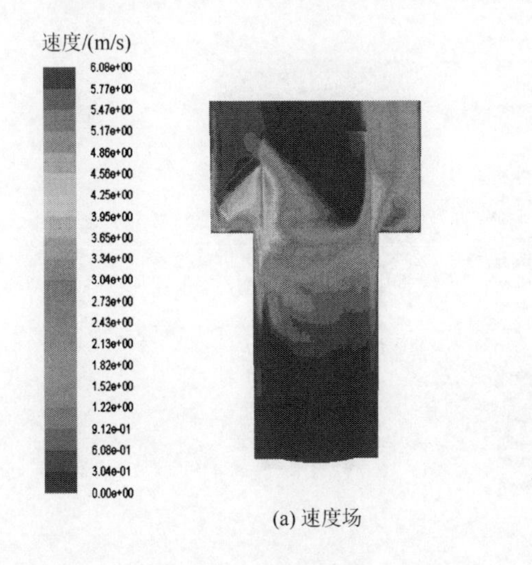

(a) 速度场

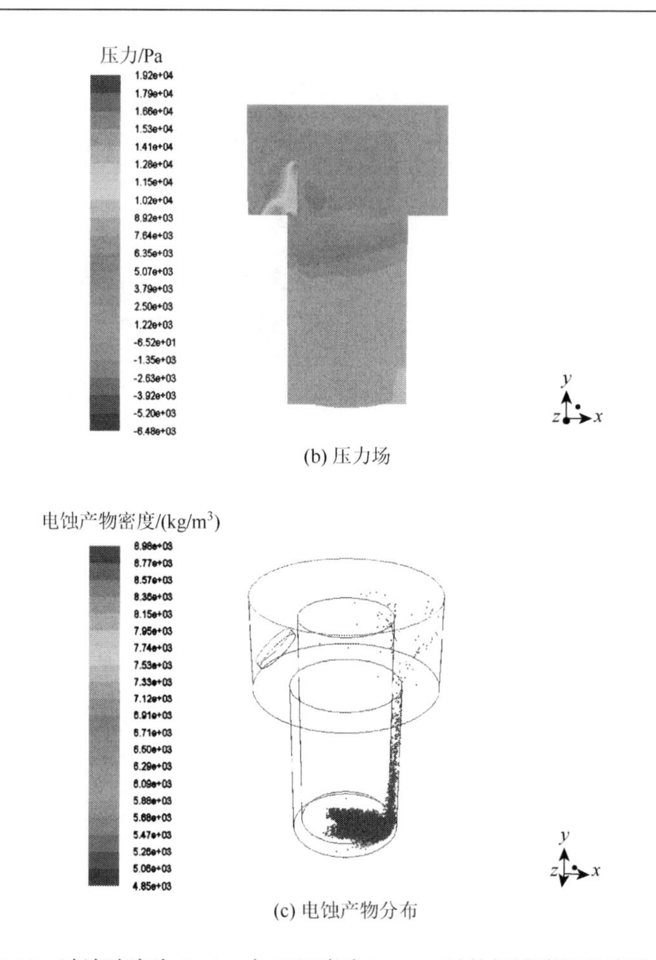

(b) 压力场

(c) 电蚀产物分布

图 4.19　冲液速度为 5m/s、加工深度为 3.5mm 时的间隙流场仿真结果

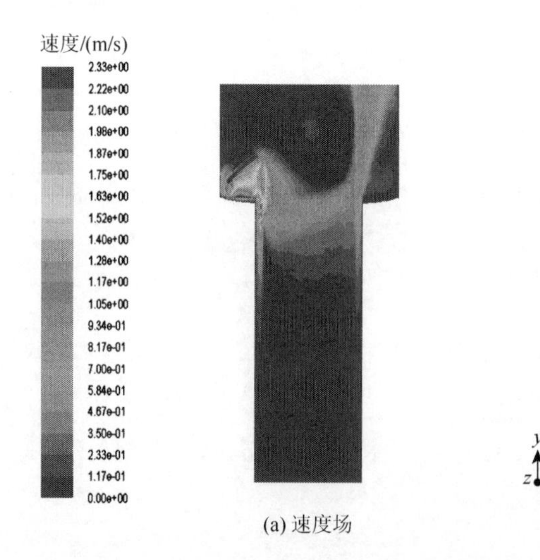

(a) 速度场

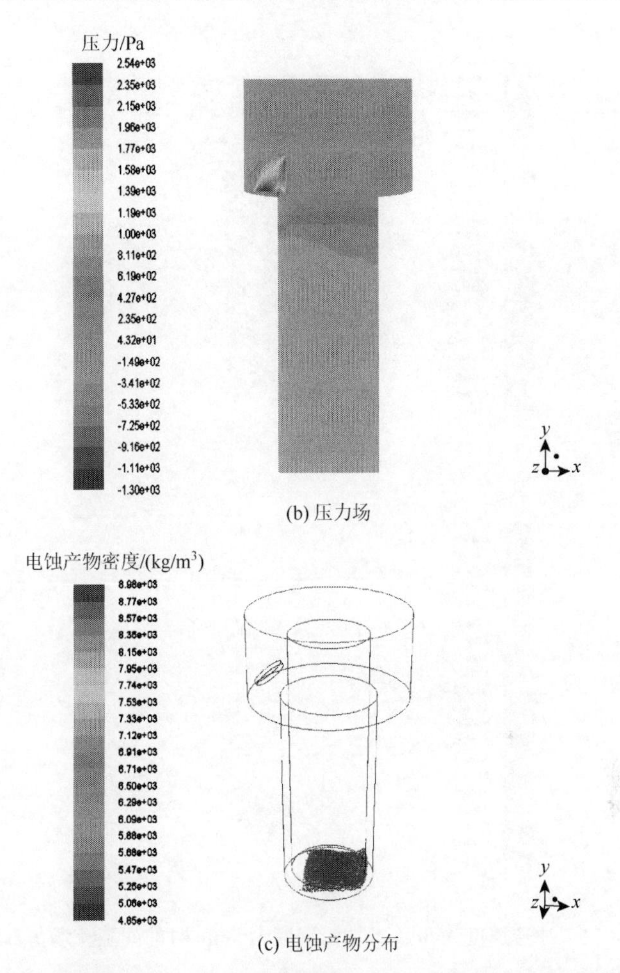

(b) 压力场

(c) 电蚀产物分布

图 4.20　冲液速度为 2m/s、加工深度为 5mm 时的间隙流场仿真结果

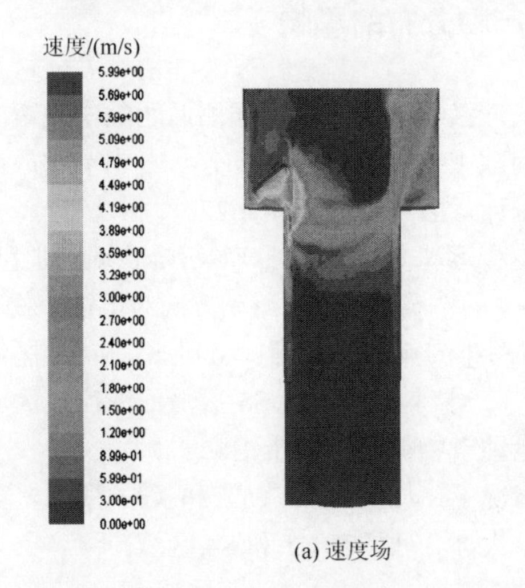

(a) 速度场

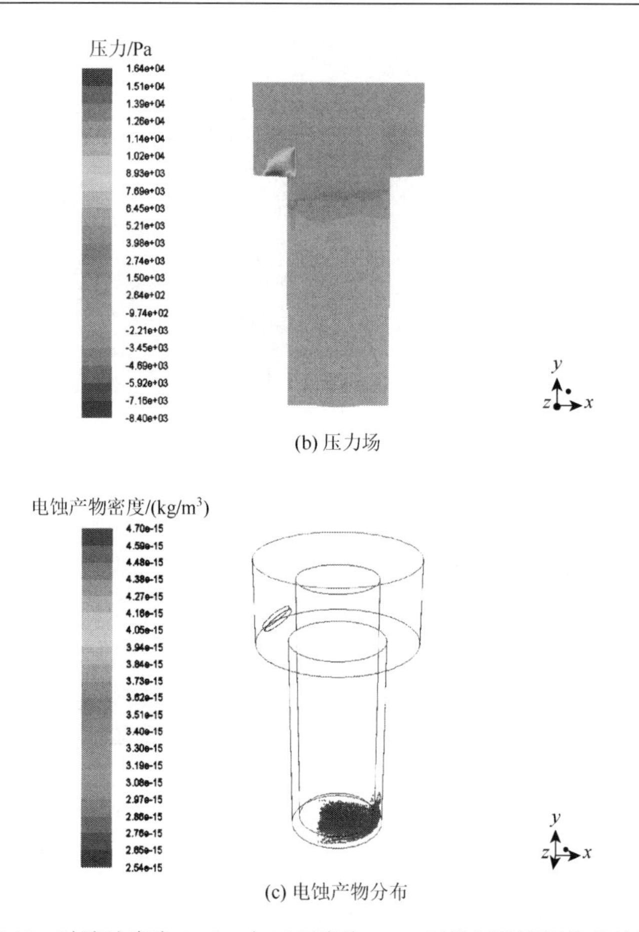

(b) 压力场

(c) 电蚀产物分布

图 4.21　冲液速度为 5m/s、加工深度为 5mm 时的间隙流场仿真结果

4.3.3　加工参数对电蚀产物分布的影响

从仿真结果还可发现，冲液状态下，底面和侧面间隙中残留的粒子分布存在很大差异。为反映出放电间隙中的电蚀产物浓度分布，本节对放电间隙中不同区域内的电蚀产物数目进行统计，区域划分见图 4.22。

图 4.23 可认为是分析电极运动方向对电蚀产物分布影响的典型图例。从图 4.23 可以看出，在直径和深度不变的情况下，电极运动方向对电蚀产物分布几乎没有影响。由于冲液速度较大，右图［图 4.23（b）和（d）］S1 和 S2 区域电蚀产物的浓度比左图［图 4.23（a）和（c）］小很多，但 S5 区域的浓度较大。这是由于随着冲液速度的增加，更多的电蚀产物被工作液带走。

在直径和速度不变的情况下，如图 4.23（a）和（c）所示，当加工深度较深时，电蚀产物很难被排出，大部分残留在 S2 和 S4 区域。

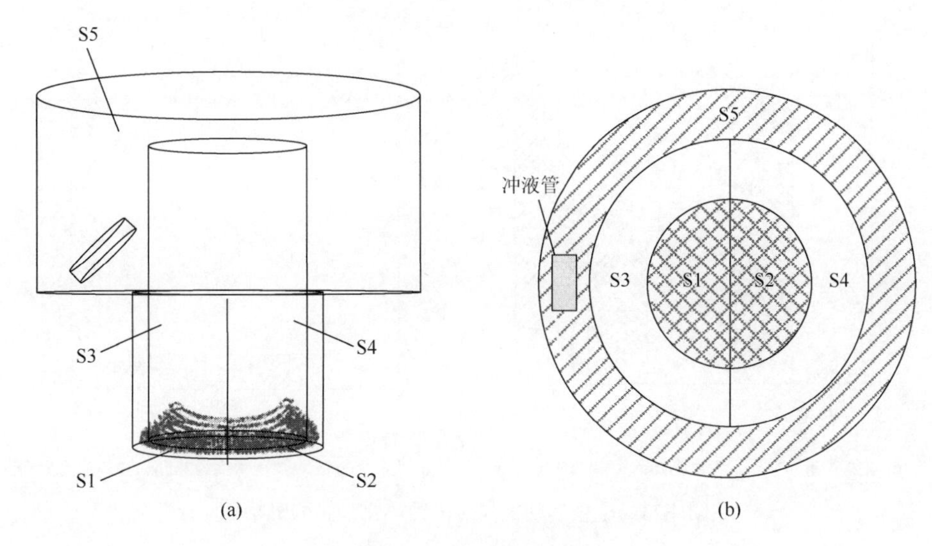

图 4.22 模型区域划分

在图 4.23（a）中，电极伺服运动方向为由底部向上，S1～S5 区域的电蚀产物浓度分别为 1.1%、15.4%、0、3.4%和 80.1%，区域浓度从大到小排列为 S5＞S2＞S4＞S1＞S3，其余各图和图 4.23（c）中的浓度分布顺序基本一致。

图 4.24 是加工深度对电蚀产物分布的影响，由图 4.24（a）可见，在 5mm 加工深度下，几乎没有工作液进入加工间隙，大部分电蚀产物仍然滞留在 S1 和 S2 区域，没有电蚀产物排出。在 3.5mm 加工深度下，大量电蚀产物聚集在 S2 区域，同 5mm 深度相比，少量电蚀产物被排出。在加工深度为 0.5mm 和 2mm 时，由于孔深度较浅，冲液有着足够的压力进入加工间隙排出电蚀产物。

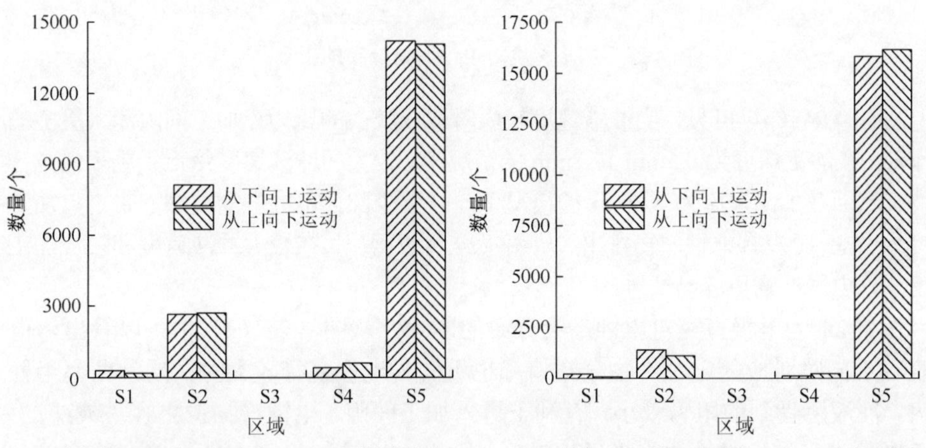

(a) 直径为2mm、加工深度为0.5mm、冲液速度为2m/s (b) 直径为2mm、加工深度为0.5mm、冲液速度为5m/s

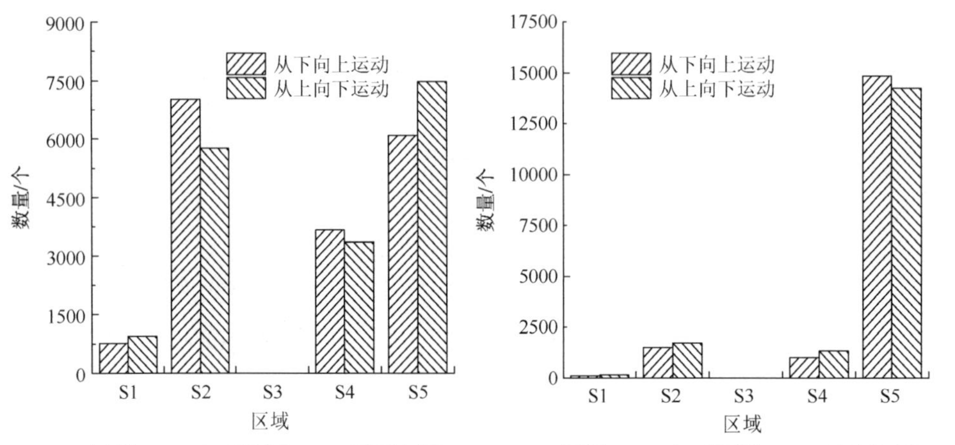

(c) 直径为2mm、加工深度为2mm、冲液速度为2m/s　(d) 直径为2mm、加工深度为2mm、冲液速度为5m/s

图 4.23　电极运动方向对电蚀产物分布的影响

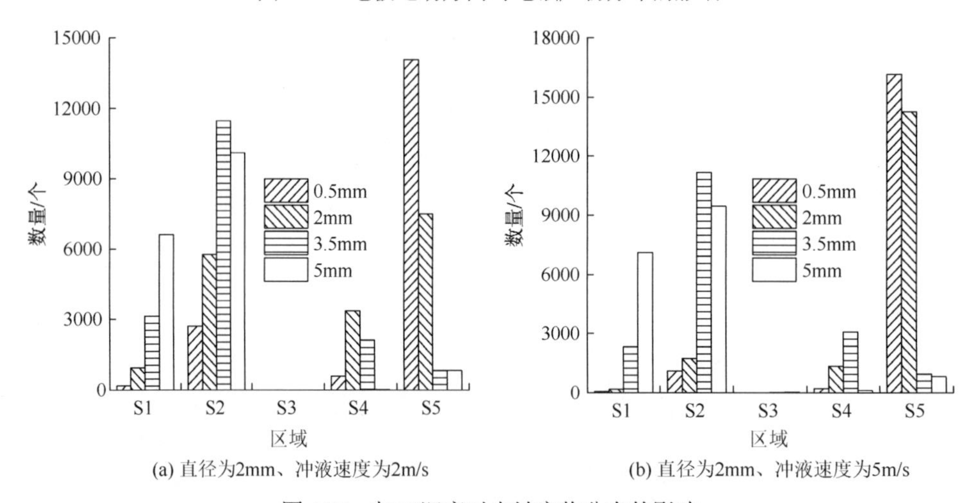

(a) 直径为2mm、冲液速度为2m/s　(b) 直径为2mm、冲液速度为5m/s

图 4.24　加工深度对电蚀产物分布的影响

由图 4.24（b）可见，当冲液速度较大时形成较大的压力，加工间隙涌入更多的工作液。在加工深度为 0.5mm 和 2mm 的情况下，较大的冲液速度带走了更多的电蚀产物。然而在加工深度为 3.5mm 的情况下，只有少部分电蚀产物被冲液带走，加工深度为 5mm 时没有电蚀产物排出。从图 4.24 可以得出，在较大冲液速度和较浅加工深度下，电蚀产物更容易被排出。

图 4.25 为电极直径对电蚀产物分布的影响，从图 4.25（a）中可以看出，电极直径不同时对应的电蚀产物分布情况也不同。电极直径较大时，通常曲率半径较大，冲液所受到的阻力较小，有利于进入加工间隙，电蚀产物也更容易被冲走。然而电极直径较小时，曲率半径也较小，大部分冲液碰撞到工件内壁，速度迅速下降，冲液没有足够的压力进入加工间隙，因此电蚀产物很难排出。

图 4.25（b）是深孔加工的情况，在加工深度为 5mm 时，冲液没有足够的压力进入加工间隙，电蚀产物聚集在凹坑底部，此时电极直径对电蚀产物分布的影响并不明显。

图 4.25（a）和（b）相比，电极直径为 2mm 时，电蚀产物在较浅加工深度时很快被排出。电极直径为 1mm，加工深度为 2mm 时，S1 区域电蚀产物数量比 S2 区域更少，但在深孔加工中，S1 和 S2 区域电蚀产物浓度分布基本相同[图 4.25(b)]。以上说明较浅的加工深度和较大的电极直径有利于电蚀产物的排出，而在较深的加工深度和较小的电极直径情况下，电蚀产物不易排出。

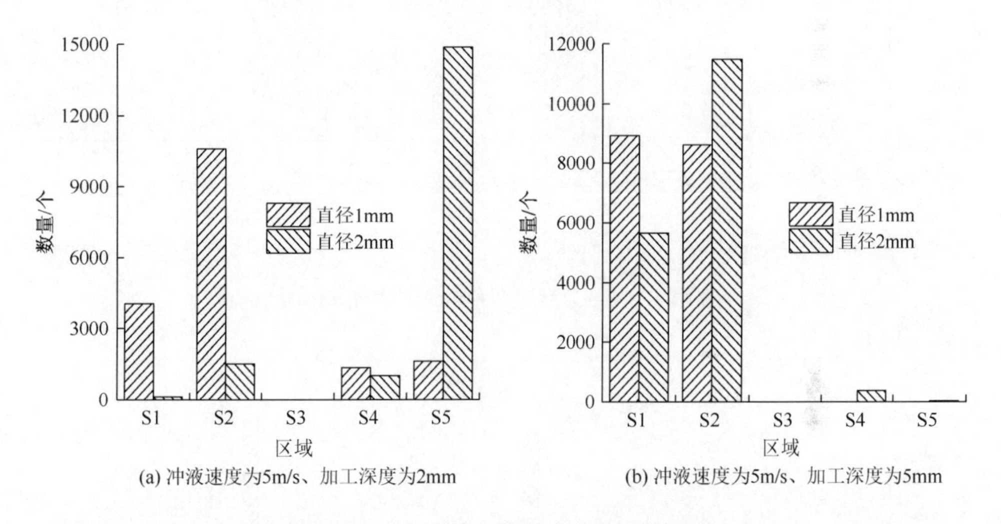

(a) 冲液速度为5m/s、加工深度为2mm

(b) 冲液速度为5m/s、加工深度为5mm

图 4.25 电极直径对电蚀产物分布的影响

图 4.26 是在不同冲液速度下钛合金颗粒和紫铜颗粒的分布情况，图 4.26（a）中，在较浅加工深度且冲液速度大于 5m/s 时，颗粒更容易被排出，由于钛合金和紫铜的蚀除率之比设置为 2∶1，虽然钛合金颗粒的数量比紫铜的多，但从分布上看，二者有着同样的变化趋势。图 4.26（b）中，加工深度较深，冲液很难进入加工间隙，速度对电蚀产物浓度分布影响有限。总体来说，冲液速度对两种颗粒的分布影响规律基本相同。

图 4.27（a）是在加工深度为 0.5mm、冲液速度为 2m/s 时，紫铜颗粒和钛合金颗粒的分布情况。在正极性加工情况下，钛合金和紫铜的蚀除率之比为 2∶1。由于钛合金的密度较紫铜小，钛合金颗粒更容易被冲走，钛合金颗粒和紫铜颗粒的实际排出比值大于 2，这种现象在电极直径较大时尤为明显。当液体流经直径较大的加工间隙时，它受到的阻力更小，有着足够的速度带走电蚀产物。图 4.27（b）是加工深度为 3.5mm、冲液速度为 2m/s 时的电蚀产物分布图。在

加工深度较大时，两种电极直径下的电蚀产物分布区别并不明显，这是因为冲液压力不足以进入加工间隙，对孔下半部分和电蚀产物的分布影响较弱。

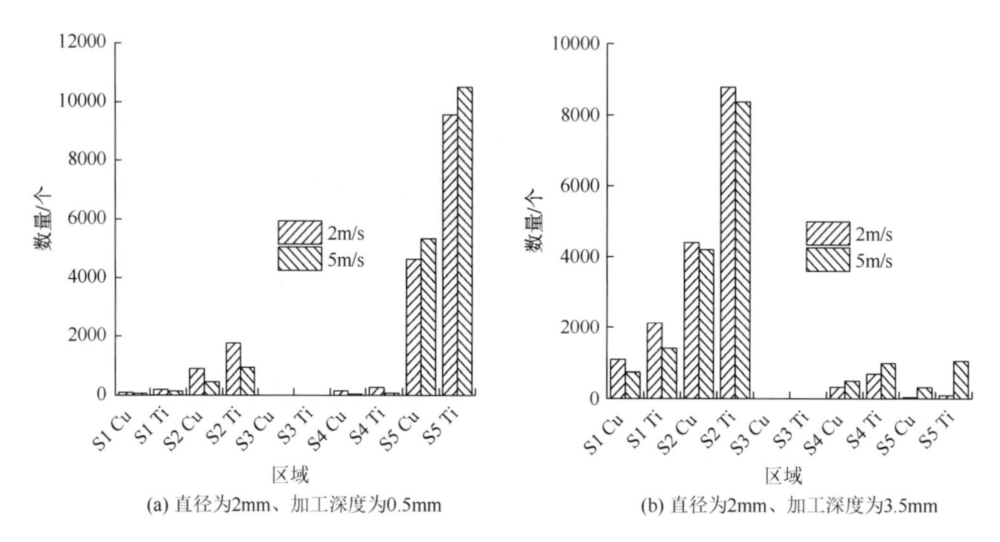

(a) 直径为2mm、加工深度为0.5mm　　(b) 直径为2mm、加工深度为3.5mm

图 4.26　冲液速度对两种电蚀产物分布影响

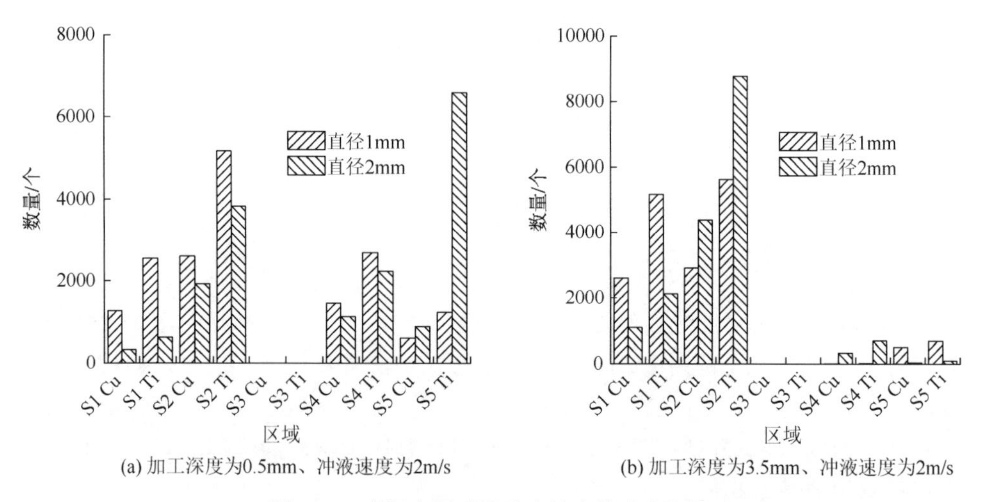

(a) 加工深度为0.5mm、冲液速度为2m/s　　(b) 加工深度为3.5mm、冲液速度为2m/s

图 4.27　电极直径对两种电蚀产物分布影响

4.3.4　电蚀产物排出的试验研究

试验在自行搭建的电火花加工机床上进行，使用紫铜作为电极，钛合金作为工件，采用正极性加工。使用示波器测得电火花加工机床放电维持电压为 15V，峰值电流为 0.8A，电极采用直径为 2mm 的紫铜，电极的进给速度是 0.01m/s，工作液采用去离子水，连续加工放电试验参数如表 4.3 所示。试验按照有无冲液分为两组，第一组进行 0.5mm 和 2mm 两种不同加工深度下的无冲液加工，第二组进行 0.5mm、2mm、3.5mm 和 5mm 四种不同加工深度下的冲液加工，分组设计如表 4.4 所示。

表 4.3 连续加工放电试验参数

维持电压	峰值电流	工作液	电极	工件	电极进给速度	电极直径
15V	0.8A	去离子水	紫铜	TC4	0.01m/s	2mm

表 4.4 连续加工放电试验的分组设计

	分组					
	1		2			
加工深度/mm	0.5	2	0.5	2	3.5	5
冲液速度/(m/s)	0	0	2	2	2	2

加工开始时，电极向下做自适应运动，使电极和工件之间维持一定的火花放电间隙。当达到指定的加工深度时，停止加工取出工件，放至电子显微镜下观察凹坑加工质量，并与仿真结果相比较。

1）*无冲液加工质量观察*

图 4.28（a）和（b）分别为加工深度为 0.5mm 和 2mm 时的无冲液小孔加工质量图像，从图中可以看出，两个孔的内壁均有明显的烧痕，这是因为电极运动引起的扰动很难排出电蚀产物，加工过程中电蚀产物没有完全被排出，残留在加工间隙中的电蚀产物增大了工作液的电导率，工件和电极很容易产生有害的拉弧放电，因而灼烧壁面，这是一个材料反复熔化和重铸的过程。电极在小孔中的上下运动引起了电蚀产物的移动，同时为加工间隙引入了清澈的工作液，可排

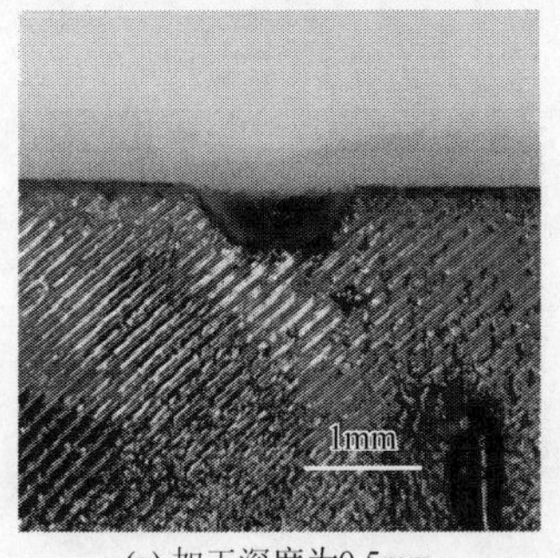

(a) 加工深度为0.5mm

(b) 加工深度为2mm

图 4.28 无冲液小孔加工质量图像

出小孔中部分电蚀产物。在加工深度为0.5mm时，由于小孔较浅，电蚀产物容易排出加工间隙，烧痕区域不大。在加工深度为2mm时，小孔加工深度较深，只有少量的电蚀产物能够排出加工间隙，大部分残留在底部及四周间隙，因而下半部分烧痕较为明显，上半部分由于受到电极运动水流的冲刷，烧痕要弱一些。从小孔形状上看，侧壁斜坡损耗与轴心对称，说明电蚀产物从四周排出的数量较接近，与仿真结论相一致，验证了无冲液情况下模型的正确性。

2）侧冲液加工质量观察

图4.29（a）和（b）分别为侧冲液情况时0.5mm和2mm加工深度下的小孔加工质量图像。在0.5mm加工深度下，小孔内壁基本没有烧痕，这是由于此时加工深度较浅，冲液有着足够的速度，很快将极间间隙内的电蚀产物从另一侧排出，小孔内的电蚀产物浓度很低，工作液清澈，拉弧放电现象很难发生，因而没有产生烧痕。2mm加工深度下，与无冲液相比较，小孔内壁的烧痕面积要小一些，分析原因是在冲液情况下，大部分电蚀产物都被排出，只有少部分残留在加工间隙周围，这些残留的电蚀产物导致极间工作液电导率增大，使得电极侧壁和底部发生拉弧，放电次数增加，下半部分烧痕明显，但是其电蚀产物残留数量相比无冲液少很多，所以烧痕面积较无冲液加工时小。电蚀产物受到冲液影响从一侧排出时，会与小孔内壁产生二次放电，进而损耗小孔内壁，与另一侧相比，壁面会产生微微的倾斜，但这种现象在该深度下很难观察到。

图4.29（c）为加工深度为3.5mm时的小孔加工质量图像，从图中可以看出，烧痕位置出现在小孔的右下角，产生的原因是加工深度较大，只有一部分冲液流入加工间隙，使得大多数的电蚀产物积聚在右下角而未完全排出，累积的电蚀产物提高了极间工作液的导电能力，工作液击穿发生拉弧放电并留下烧痕。少量的电蚀产物随着冲液从另一侧排出，排出过程中与内壁上半部分发生二次放电，损耗工件材料使之形成斜坡形状。结合之前3.5mm加工深度的仿真结果分析，电蚀产物大部分集中在右下角位置，只有少量排出加工间隙，与实际加工中烧痕位置相对应，验证了模型的正确性。

图4.29（d）是加工深度达到5mm时的小孔加工质量图像，从图中可以看出，烧痕位置同样集中在底部，但是相比于3.5mm加工深度，其烧痕面积明显变大，分析原因是此时加工深度更深，冲液很难由侧面间隙流入底部加工间隙，底部电蚀产物很难流动，更无法排出。因此，底部工作液电导率增加，材料被反复熔化、蚀除、重铸，严重影响加工质量。壁面出现斜坡的原因是在加工深度较小的时候，电蚀产物从一侧排出，与壁面发生二次放电造成侧壁损耗。

(a) 加工深度为0.5mm (b) 加工深度为2mm

(c) 加工深度为3.5mm (d) 加工深度为5mm

图 4.29 冲液加工后小孔加工质量图像

4.4 超声辅助电火花微小孔加工电蚀产物运动仿真

冲液加工是电火花加工中一种促进排屑的常用手段，冲液的过程使工作液介质进入加工间隙，促进了间隙工作液的循环，提高了流动性，有利于电蚀产物的排出。但经研究发现，在较大深径比情况下，较大的加工深度使冲液很难进入加工间隙带走电蚀产物，而附加超声振动能够解决在深径比较大时无法有效排出电蚀产物的问题[18]。针对超声振动对电蚀产物排出的影响这一问题，Imai 等[19]研究了压电高频响应驱动器对电火花加工速度的影响，得出高频振动可使精加工、高质量表面和直径为 240μm 微孔的加工速度提高 1.5～2.5 倍。Garn 等[20]通过试验表明，超声振动可以削弱系统延时对加工造成的影响，减小电弧放电，从而提高加工效率和加工表面质量。Mastud 等建立了超声振动下电蚀产物运动仿真模型，研究发现振幅和频率都会对电蚀产物运动产生一定的影响，促进电蚀产物的运动[21-23]。常伟杰等[24]基于 FLUENT 软件对超声振动辅助电火花铣削一个振动周期内的加工极间压力、流速和电蚀产物浓度分布进行了仿真研究，结果表明超声振动有利于电蚀产物从极间排出。超声振动辅助电火花加工极间流场运动极其复杂，试验难以验证，在深径比较大情况下附加单侧冲液和超声振动对电蚀产物运动及排出的研究甚少。本节基于 FLUENT 流体动力学仿真软件研究深径比为 3 时的单侧冲液条件下，附加超声振动对极间流场电蚀产物分布及排出的影响。

4.4.1 电蚀产物运动仿真与结果分析

表 4.5 为超声振动情况下的放电加工仿真参数，模拟在 0.04s 内不同超声振动振幅（以下简称振幅）和振动频率（以下简称频率）条件下的加工过程，并对比分析电蚀产物在不同运动时间所处的位置情况。

表 4.5 超声振动情况下的放电加工仿真参数

工作液	冲液速度/(m/s)	振幅/μm	频率/kHz
去离子水	2	5、10、20	20、30、40

1）振幅对电蚀产物排出的影响

在单侧冲液条件下加入工具电极超声振动，对不同振幅下电蚀产物在间隙流场内的运动状态进行仿真模拟，得到加工过程中电蚀产物在间隙流场中所处位置变化情况。选取频率为 20kHz，振幅分别为 5μm、10μm、20μm。当振幅设为 5μm 时，得到的仿真过程随时间变化结果如图 4.30 所示。

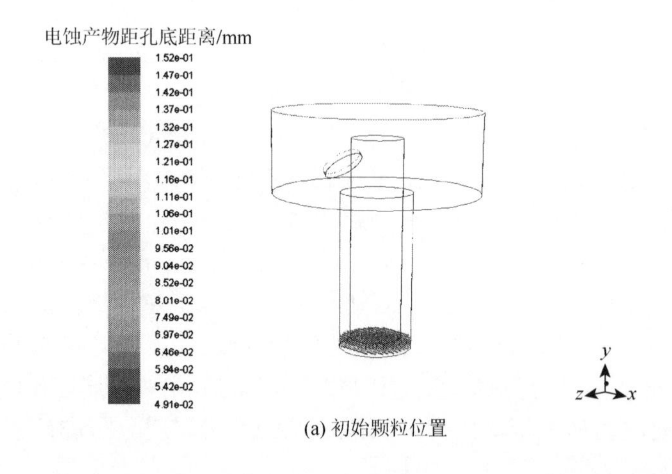

(a) 初始颗粒位置

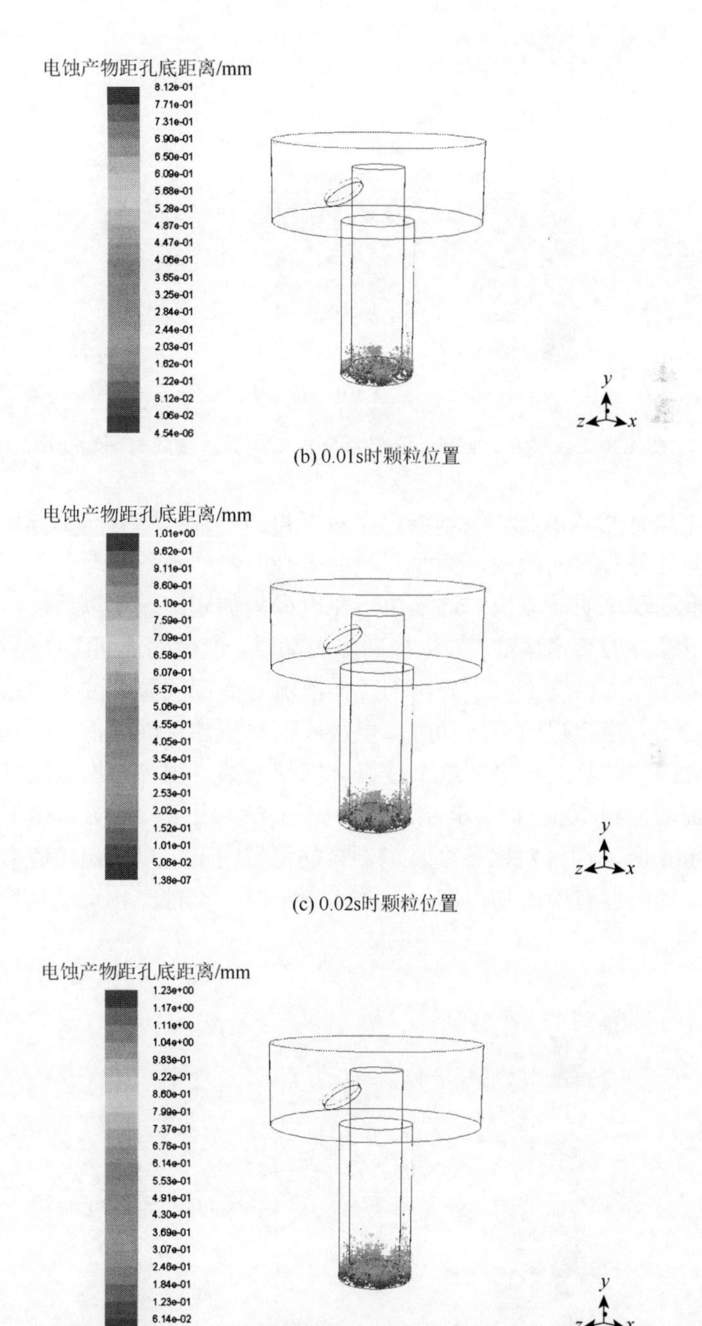

(b) 0.01s时颗粒位置

(c) 0.02s时颗粒位置

(d) 0.03s时颗粒位置

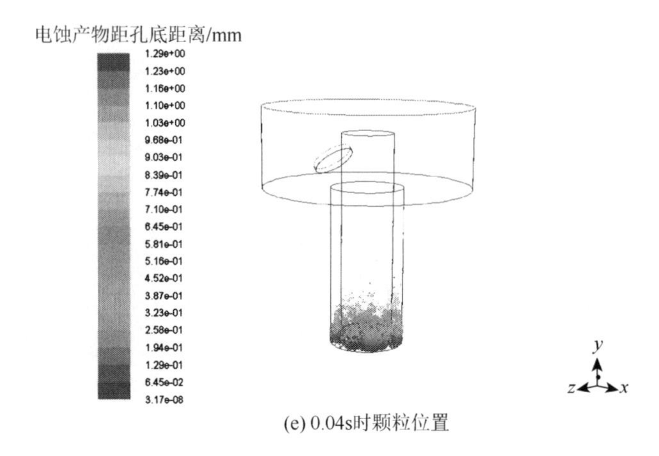

(e) 0.04s时颗粒位置

图 4.30　频率为 20kHz、振幅为 5μm 时电蚀产物随时间运动情况

从图 4.30 中可以看出，原本堆积在右下角的电蚀产物有一部分运动到了侧面间隙中，并且随着时间增加，侧面间隙中电蚀产物的数量和运动高度有所增加，电蚀产物堆积现象明显减少。这是由于在电极附加超声振动以后，电极在竖直方向上做上下往复的活塞运动，当电极向上运动时，电极底部间隙产生一个负压区，整个间隙流场压力梯度变大，外部的工作液流入底部间隙，冲击电蚀产物，扰动其做剧烈运动。当电极向下运动时，电极底面挤压加工间隙内的工作液，使工作液运动到侧面间隙甚至排出，这个过程会携带电蚀产物排出加工区域。

当振幅增加到 10μm 时，其仿真结果如图 4.31 所示。与图 4.30 相比，当增大振幅到 10μm 时，通过对比各个时刻颗粒的位置情况可以看出，随着时间增加，电蚀产物运动高度有所增加，例如，在 0.04s 时，电蚀产物运动高度明显高于振幅为 5μm 时。

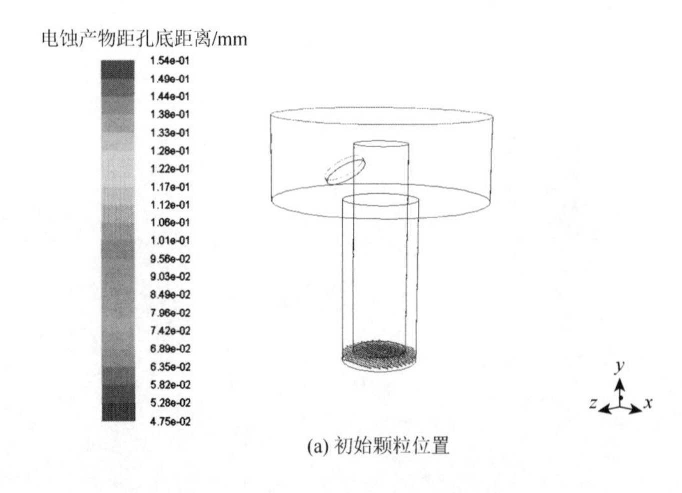

(a) 初始颗粒位置

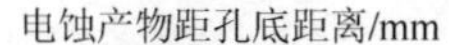

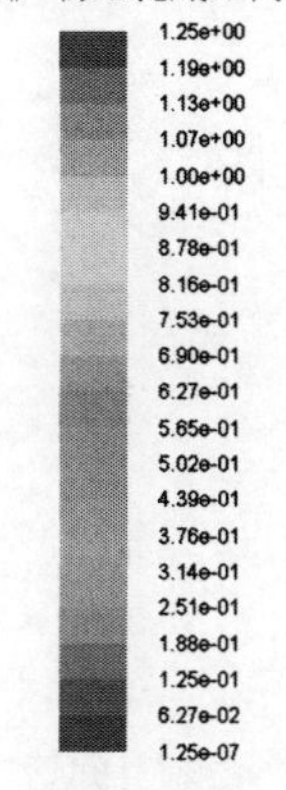

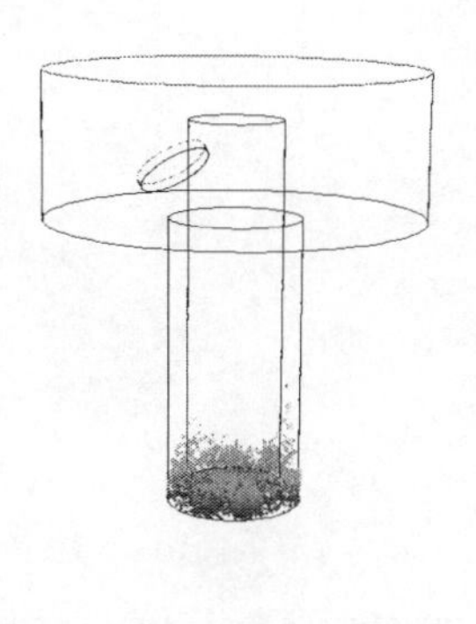

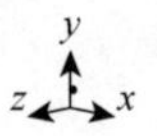

(b) 0.01s时颗粒位置

电蚀产物距孔底距离/mm

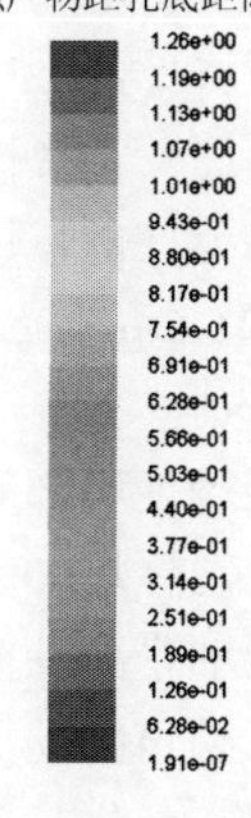

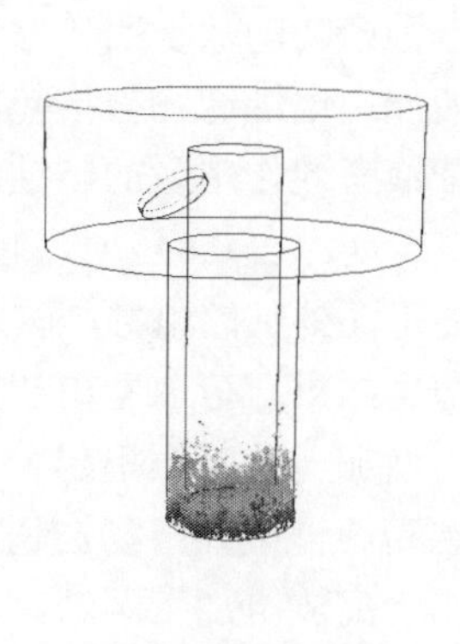

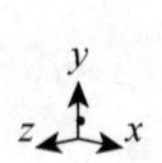

(c) 0.02s时颗粒位置

电蚀产物距孔底距离/mm

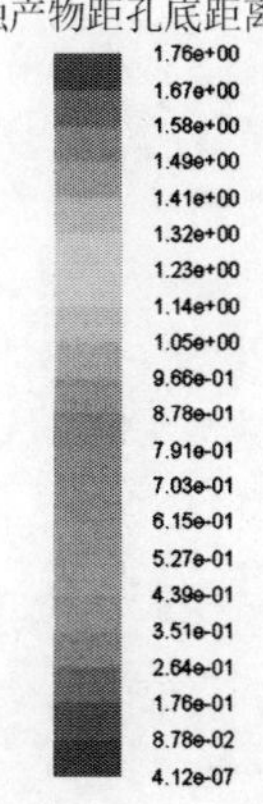

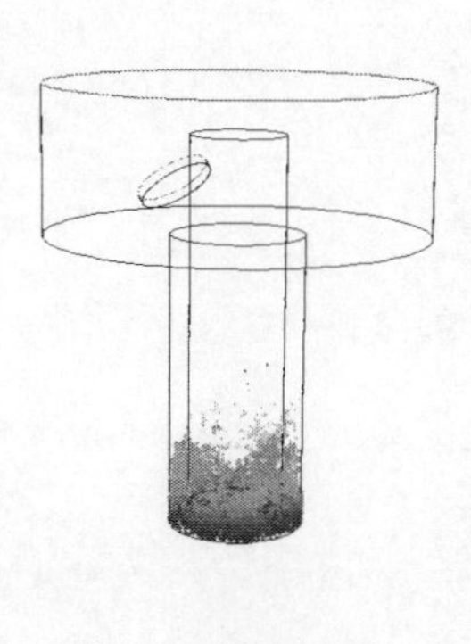

y

z x

(d) 0.03s时颗粒位置

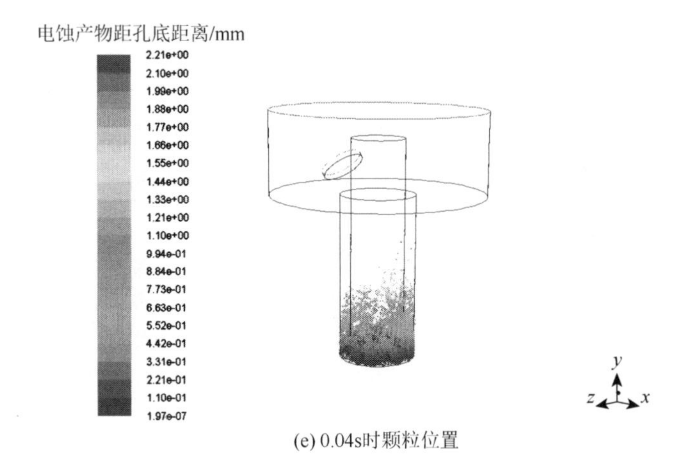

(e) 0.04s时颗粒位置

图 4.31　频率为 20kHz、振幅为 10μm 时电蚀产物随时间运动情况

当振幅增加到 20μm 时，其仿真结果如图 4.32 所示。从图 4.32 中可以看出，在各个时刻，侧面间隙中电蚀产物的数量明显增加，底部间隙中残余电蚀产物的数量明显减少，随着时间增加，电蚀产物被抬起的高度变得更高。从仿真试验的中后期可以发现，被带到冲液有效作用区的电蚀产物在冲液作用的影响下集中于右侧放电间隙中，并向孔口运动。在 0.04s 时，颗粒最大高度已达到 4.49mm，可以明显观察到大量排出到加工孔外部的电蚀产物。

通过分析和对比三组仿真结果，可以看出超声振动使底部间隙的工作液受到扰动的影响，其流动性有所增加，并且振幅越大，流动性增加越明显，进而带动底部电蚀产物运动的高度越高。当电蚀产物被超声振动带到冲液有效作用区时，侧向冲液作用可将电蚀产物带离放电加工区域。增大超声振动振幅使工具电极对底部间隙内电蚀产物的扰动作用增大，有助于提高工作液对电蚀产物的携带能力，促进底部间隙的电蚀产物排出。

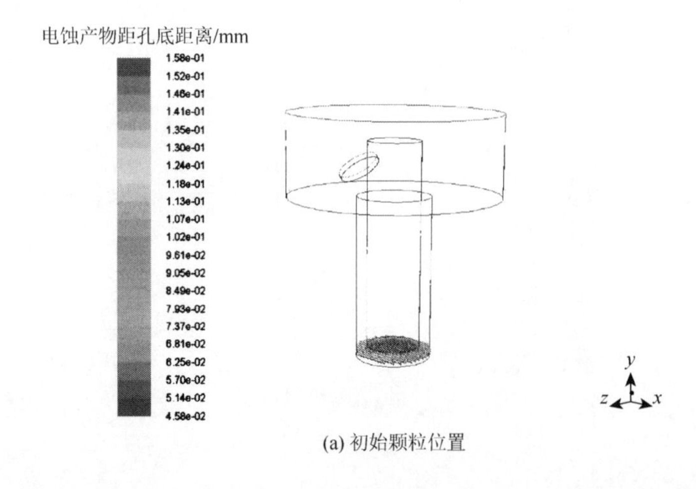

(a) 初始颗粒位置

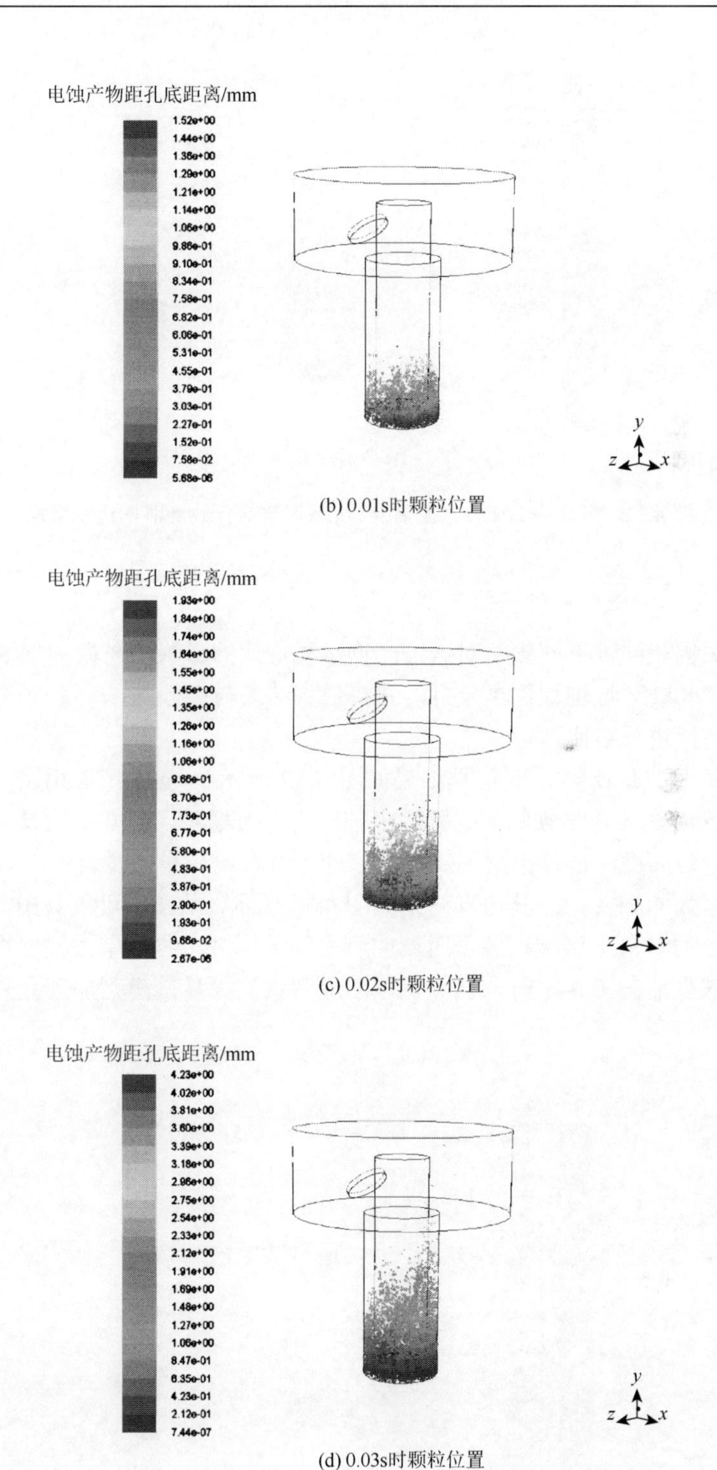

(b) 0.01s时颗粒位置

(c) 0.02s时颗粒位置

(d) 0.03s时颗粒位置

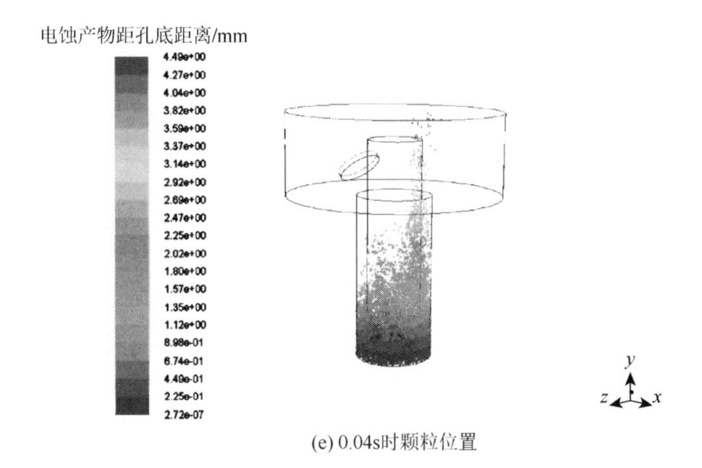

(e) 0.04s时颗粒位置

图 4.32　频率为 20kHz、振幅为 20μm 时电蚀产物随时间运动情况

2）频率对电蚀产物排出的影响

考虑振幅相同时不同频率对电蚀产物运动规律的影响，在振幅为 5μm，频率为 30kHz、40kHz 时进行仿真分析，并将仿真结果与振幅为 5μm、频率为 20kHz 时的仿真结果进行对比。

当频率为 30kHz 时，其仿真结果如图 4.33 所示。与图 4.30 相比，当频率增加到 30kHz 时，各个时刻侧面间隙的电蚀产物有所增多，但并不明显，电蚀产物虽被抬到一定高度，但排出到加工孔外部的电蚀产物数量很少。

当频率为 40kHz 时，其仿真结果如图 4.34 所示，从图中可以看出，当频率增加到 40kHz 时，放电区域内各个时刻的侧面间隙电蚀产物数量大幅度增加，底部间隙颗粒减少，在 0.04s 时，已经可以明显观察到大量排出到加工孔外部的电蚀产物。

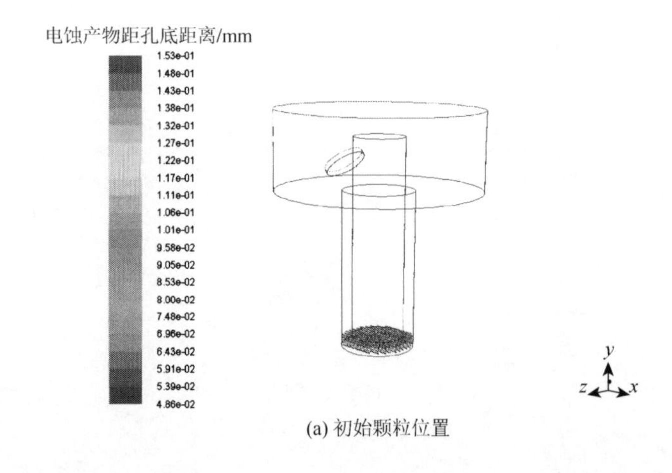

(a) 初始颗粒位置

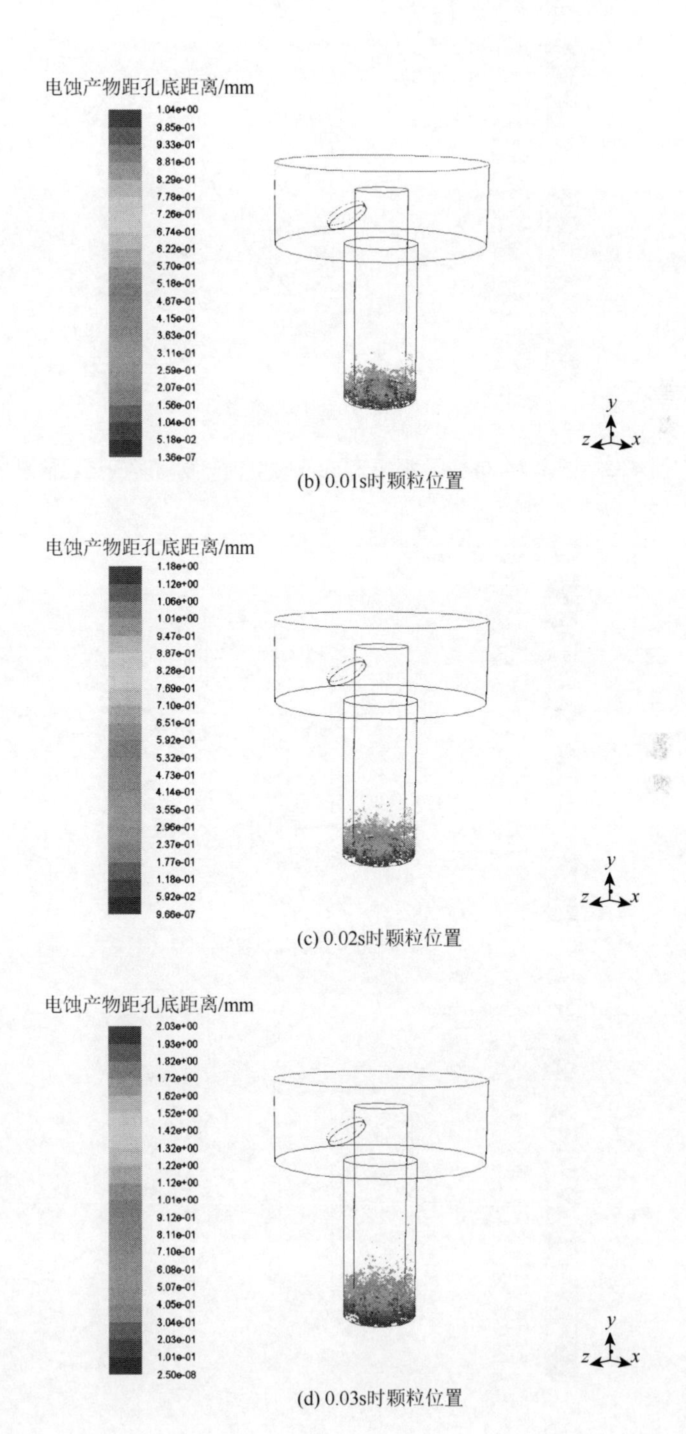

(b) 0.01s时颗粒位置

(c) 0.02s时颗粒位置

(d) 0.03s时颗粒位置

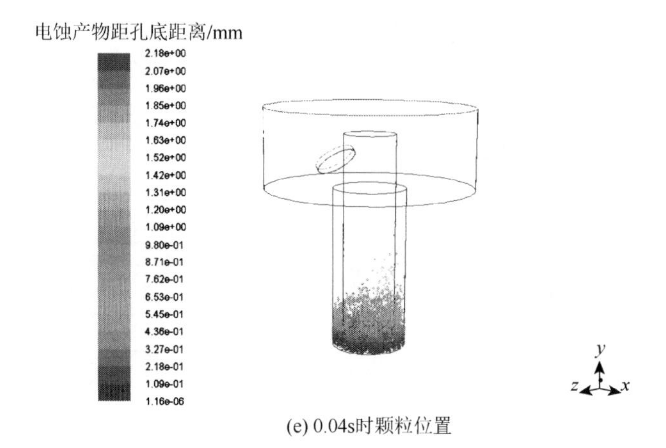

(e) 0.04s时颗粒位置

图 4.33 频率为 30kHz、振幅为 5μm 时电蚀产物随时间运动情况

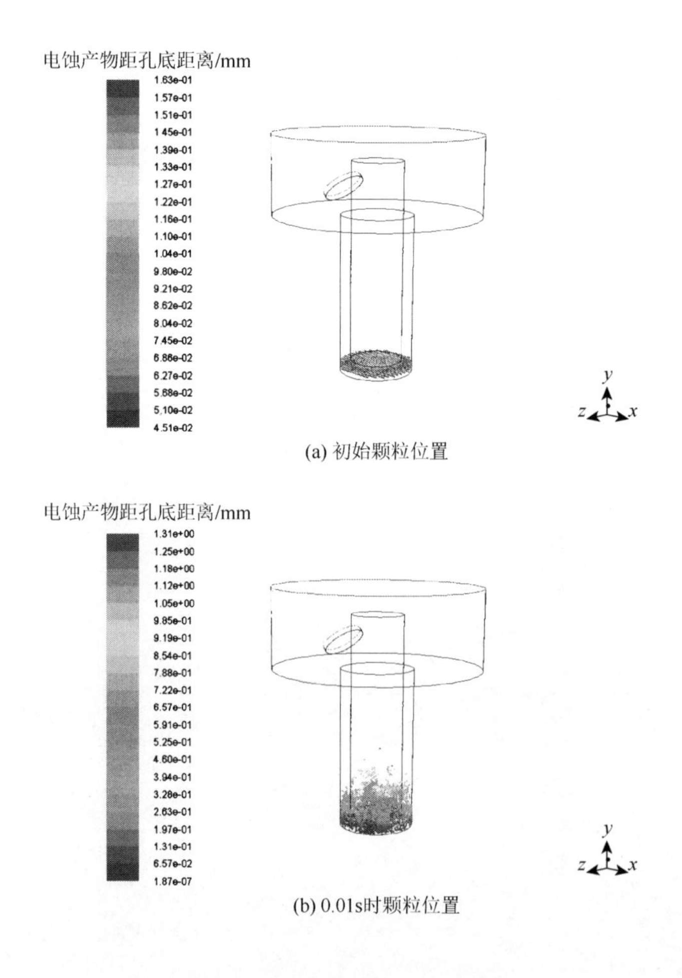

(a) 初始颗粒位置

(b) 0.01s时颗粒位置

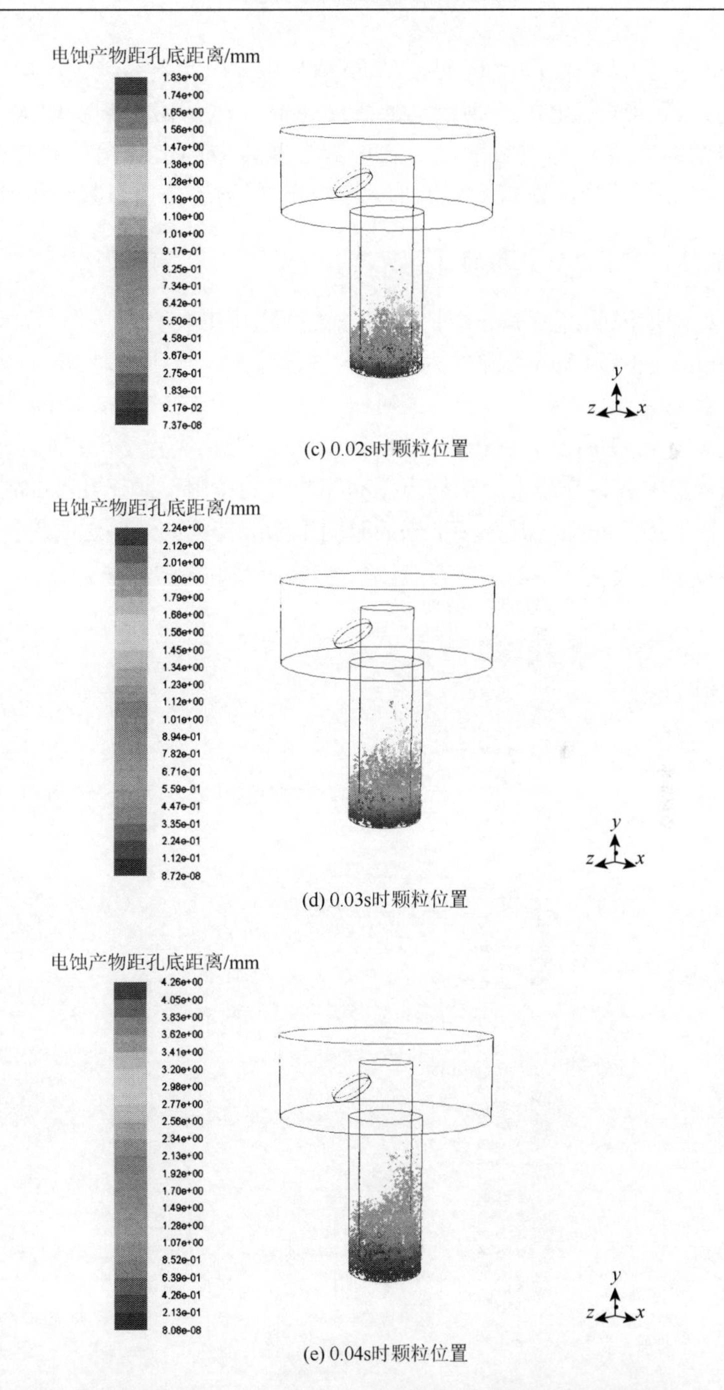

(c) 0.02s时颗粒位置

(d) 0.03s时颗粒位置

(e) 0.04s时颗粒位置

图 4.34 频率为 40kHz、振幅为 5μm 时电蚀产物随时间运动情况

通过分析可以得出，增大频率以后，电蚀产物的运动变得更加无序和剧烈，

大量的电蚀产物从底面间隙运动到侧面间隙内；并且频率越大，电蚀产物运动得越剧烈，带动底部电蚀产物运动的高度越高。这是由于频率增大，电极在单位时间内做纵向运动的次数增加，工作液在竖直方向上的扰动更加剧烈，伴随工作液流出底面间隙的颗粒更多，有利于电蚀产物的排出，减少电蚀产物堆积。

3）不同孔深下电蚀产物的排出状况

为了更好地表明冲液和超声振动对电蚀产物排出具有促进作用，选取孔深为2mm、4mm，振幅为5μm，频率为20kHz进行仿真，与孔深为3mm，振幅和频率等其他因素保持一致的仿真试验形成对比。当孔深为2mm时，电蚀产物在不同时间的位置如图4.35所示。从仿真结果可以看出，当孔深为2mm时，相比于3mm时，电蚀产物更加容易排出，在超声振动和冲液的作用下，在0.02s时已有大量电蚀产物被排出加工间隙，并在接下来的时间里形成持续向外输送的趋势。

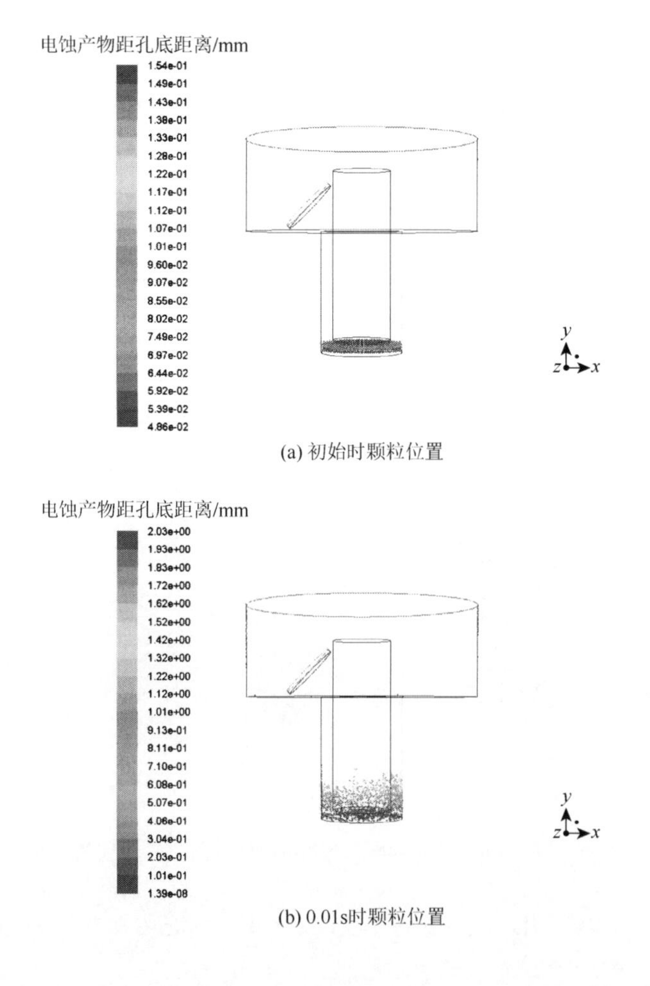

(a) 初始时颗粒位置

(b) 0.01s时颗粒位置

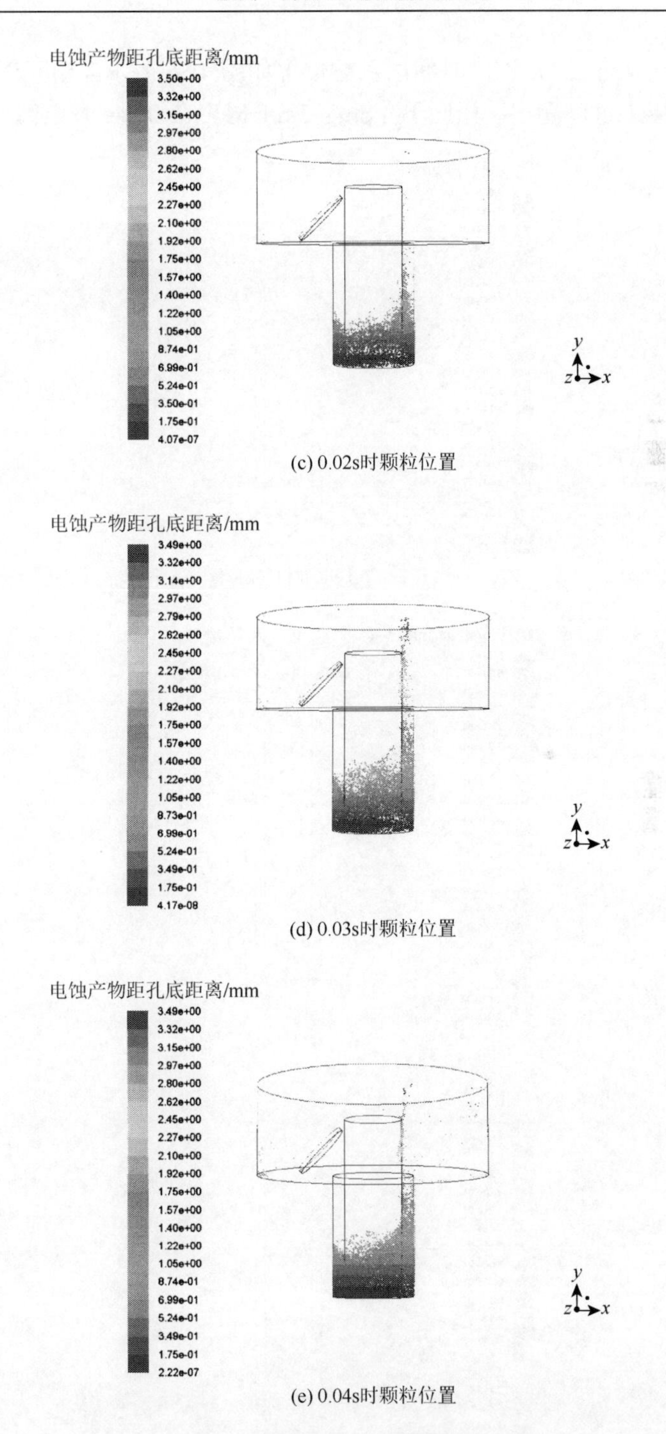

(c) 0.02s时颗粒位置

(d) 0.03s时颗粒位置

(e) 0.04s时颗粒位置

图 4.35 孔深为 2mm 时电蚀产物随时间运动情况

当孔深为 4mm 时，不同时间的颗粒位置如图 4.36 所示。当孔深增加到 4mm 时，从仿真结果可以看出，相比于孔深为 3mm 时，在 0.04s 时电蚀产物的排出效

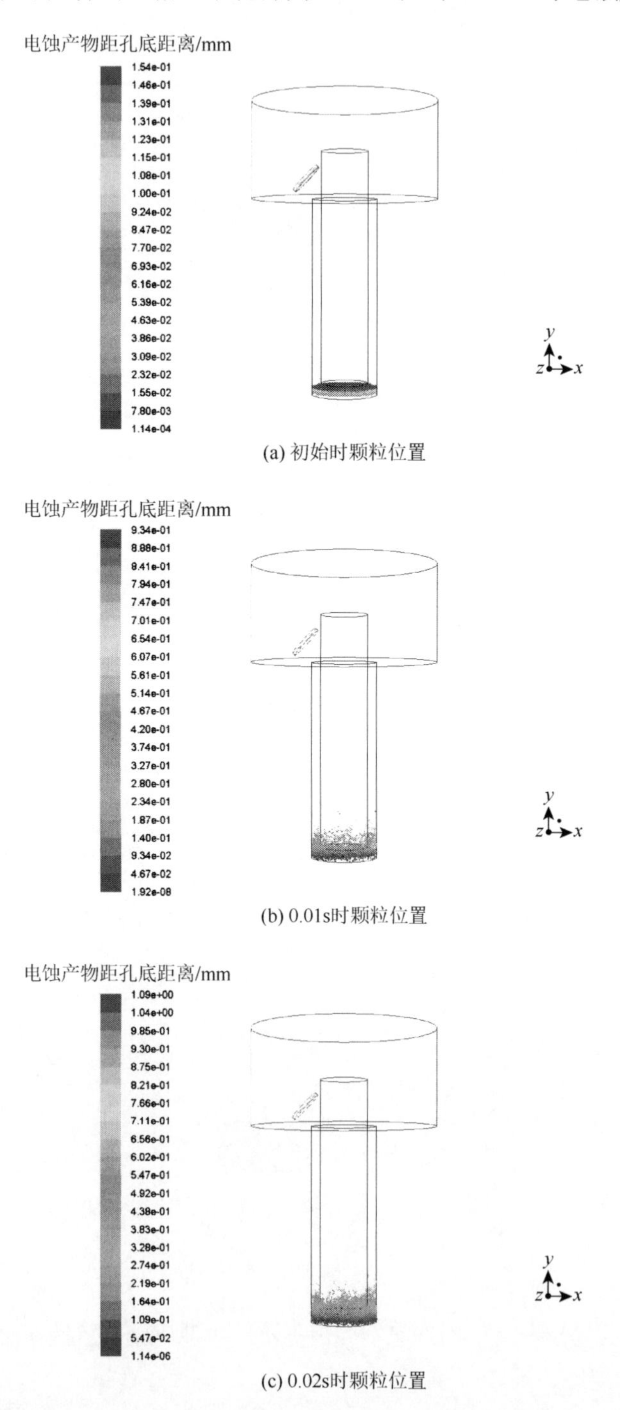

(a) 初始时颗粒位置

(b) 0.01s时颗粒位置

(c) 0.02s时颗粒位置

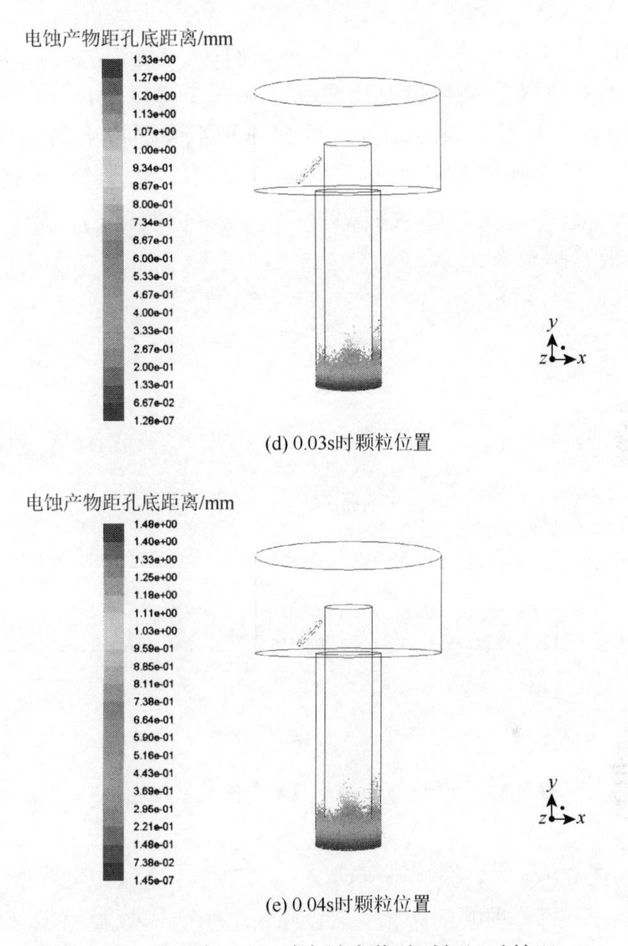

(d) 0.03s时颗粒位置

(e) 0.04s时颗粒位置

图 4.36 孔深为 4mm 时电蚀产物随时间运动情况

果有所下降，这是因为在一定的时间内，超声振动对电蚀产物的影响是有限的，电蚀产物在超声振动的作用下虽上升了一定高度，但由于冲液速度一定，冲液的有效深度有限，电蚀产物还未达到冲液有效作用区域。随着加工时间的进行，电蚀产物在超声振动作用下，在侧面间隙的运动高度越来越大，一旦到达冲液有效作用区域，会很容易排出。

4.4.2 加工参数对电蚀产物分布的影响

在不同振幅和频率的条件下，分别统计 A1（底面间隙）、A2（侧面间隙）、A3（外部流动区）三个区域［图 4.3（d)］的电蚀产物数量并分析其相应规律。

图 4.37 为在加工深度为 3mm，频率为 20kHz，振幅为 5μm、10μm、20μm 的情况下 A3 区域的电蚀产物数量变化情况。从图中可以看出，随着加工的进行，A3 区域内的电蚀产物数量逐渐增加。观察三种不同振幅下的颗粒排出速度（斜率）可以发现，排出速度都是先增大后趋于稳定，并且随着振幅的增大，电蚀产物的排出速度显著增大。随着振幅增大，在单位时间内，电蚀产物颗粒排出到 A3 区域的数量也显著增多。

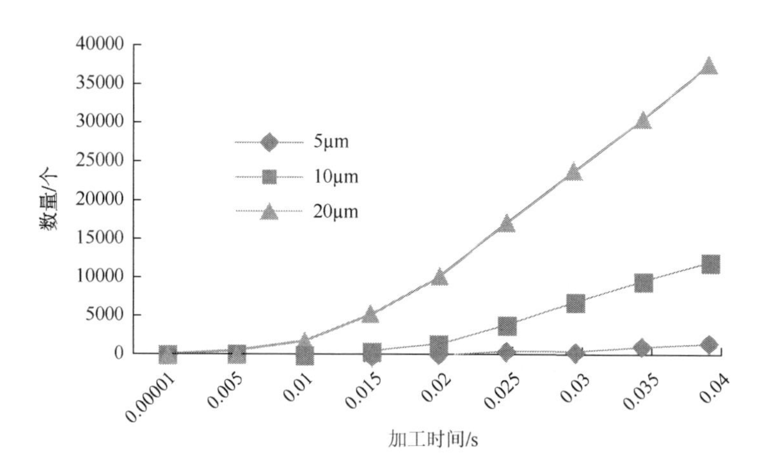

图 4.37　A3 区域电蚀产物数量变化（不同振幅）

图 4.38 为在 0.04s 时，振幅不同时 A1、A2、A3 区域电蚀产物数量分布情况。从图中可以看出，随着振幅的增大，A1 区域电蚀产物数量稳步减少，A2 区域电蚀产物数量先增长后趋于稳定，而 A3 区域电蚀产物数量有明显的增多。经统计，底面间隙共有 121356 个电蚀产物颗粒生成，在振幅为 5μm 时，A1 区域电蚀产物颗粒达到 109776 个；A2 区域相对较少，为 10115 个；A3 区域最少，为 1465 个，其电蚀产物排出率为 1.21%，电蚀产物底面间隙残留率为 90.46%；当振幅增大为 10μm 时，发现 A1 区域颗粒比振幅为 5μm 时有所减少，颗粒数量达到 74320 个；A2 区域颗粒数量增加到 33678 个；A3 区域增加到 12258 个，其电蚀产物排出率为 10.10%，电蚀产物底面间隙残留率为 61.24%；当振幅增大为 20μm 时，A1 区域颗粒相比振幅为 10μm 时减少，颗粒数量为 57518 个；A2 区域减少到 25949 个；A3 区域颗粒明显增多，数量达到 37532 个，其电蚀产物排出率为 30.90%，电蚀产物底面间隙残留率为 47.40%。由此可见，随着超声振动振幅的增大，外部流动区的电蚀产物显著增多，排出率增加；留在底部间隙的电蚀产物明显减少，残留率减小。由此可以得出，增大超声振动的振幅有助于电蚀产物排出加工间隙，有助于提高电火花深小孔加工的加工效率。

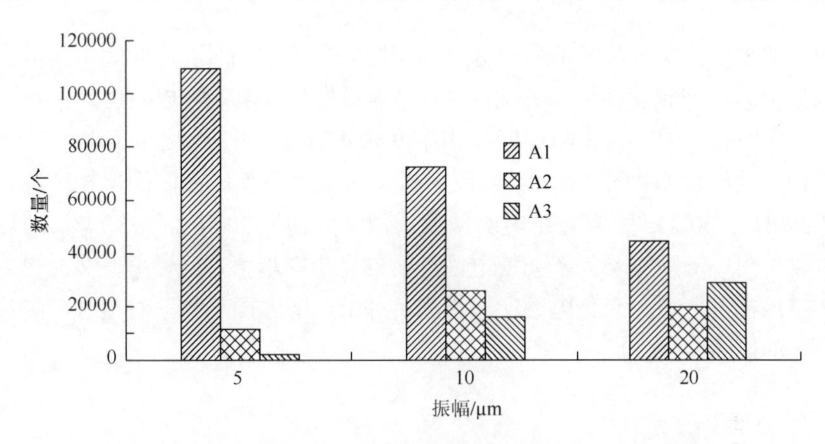

图 4.38 A1、A2、A3 区域电蚀产物数量分布（不同振幅）

图 4.39 是在振幅为 5μm，频率为 20kHz、30kHz、40kHz 的情况下，A3 区域的电蚀产物数量变化情况。通过观察可以发现，三种情况下的电蚀产物排出速度都是先增大后趋于稳定；随着频率的增大，电蚀产物的排出速度显著增大。当频率达到 40kHz 时，电蚀产物的排出速度和排出数量相比其他两种情况都有显著的提高。

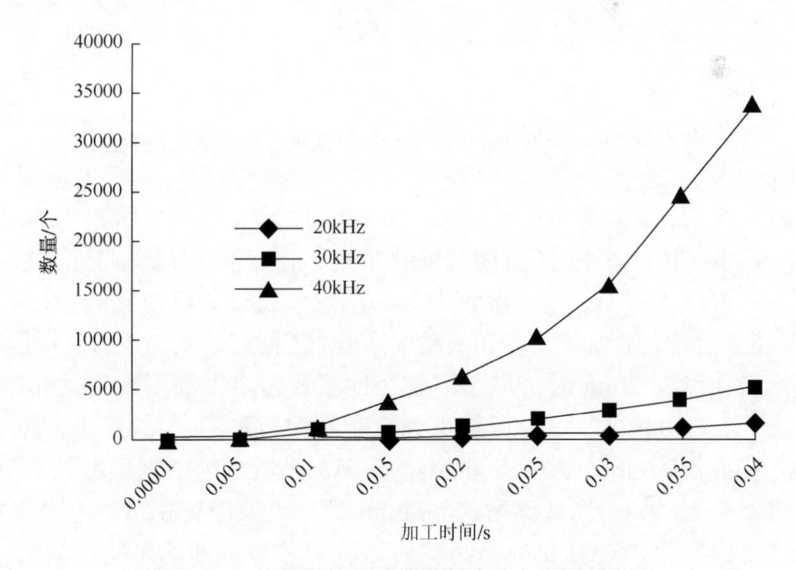

图 4.39 A3 区域电蚀产物数量变化（不同频率）

图 4.40 为在 0.04s 时，频率分别为 20kHz、30kHz、40kHz 的情况下 A1、A2、A3 区域电蚀产物数量分布情况。从图中可以看出，随着频率增大，A1 区域电蚀产物数量稳步减少，A2 区域电蚀产物数量先增长后趋于稳定；而 A3 区域电蚀产物数

量有明显的增多，规律和图 4.38 基本一致。随着频率的增大，底面间隙内的电蚀产物大部分都运动到侧面间隙和外部区域。经统计发现，频率为 20kHz 时的电蚀产物排出率为 1.21%，频率为 30kHz 时排出率变为 4.37%，有所增大；而频率为 40kHz 时的电蚀产物排出率为 27.90%；相反，频率较大时可使底面间隙电蚀产物残留率减小，20kHz、30kHz 和 40kHz 时对应的残留率分别为 90.46%、65.77%、41.07%。由此可以看出，增大振动频率会使电蚀产物的排出率增大，残留率减少，更多的电蚀产物排出加工区域，避免电蚀产物堆积。综上，增大振动频率对电蚀产物排出有十分显著的影响。

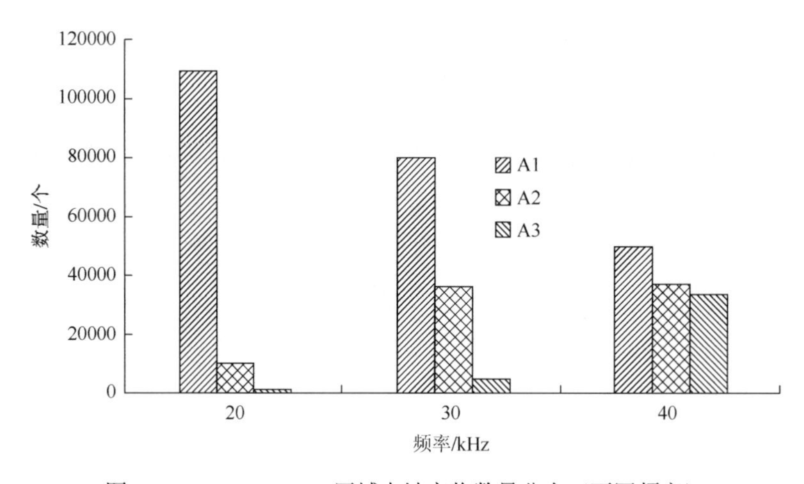

图 4.40　A1、A2、A3 区域电蚀产物数量分布（不同频率）

当振幅为 5μm、频率为 20kHz 时，图 4.41 展示了孔深分别为 2mm、3mm、4mm 时 A3 区域电蚀产物随时间的变化情况。图 4.42 为在加工时间为 0.04s 时，电蚀产物在 A1、A2、A3 区域的分布情况。通过分析仿真结果可以看出，电蚀产物随着孔深的增加而变得越来越难排出加工间隙。从图 4.41 和图 4.42 可以看出，当孔深为 2mm 时，电蚀产物在冲液和超声振动下很快就开始向 A3 区域排出，在 0.04s 时，A3 区域电蚀产物颗粒数量为 12542 个，排出率为 10.33%；当孔深为 3mm 时，在 0.04s 时，A3 区域电蚀产物颗粒数量为 6300 个，排出率为 5.19%。当孔深增加到 4mm 时，电蚀产物在 A3 区域几乎没有分布，这是因为电蚀产物在侧面间隙的高度受超声振动的影响，只有上升到冲液作用有效区域时才能被排出到 A3 区域。仿真结果表明，在超声振动和冲液的共同作用下，电蚀产物的排出率得到了提升，但随着孔深的增大，需要进一步改变冲液速度和振幅等参数，才能确保电蚀产物更好地排出。

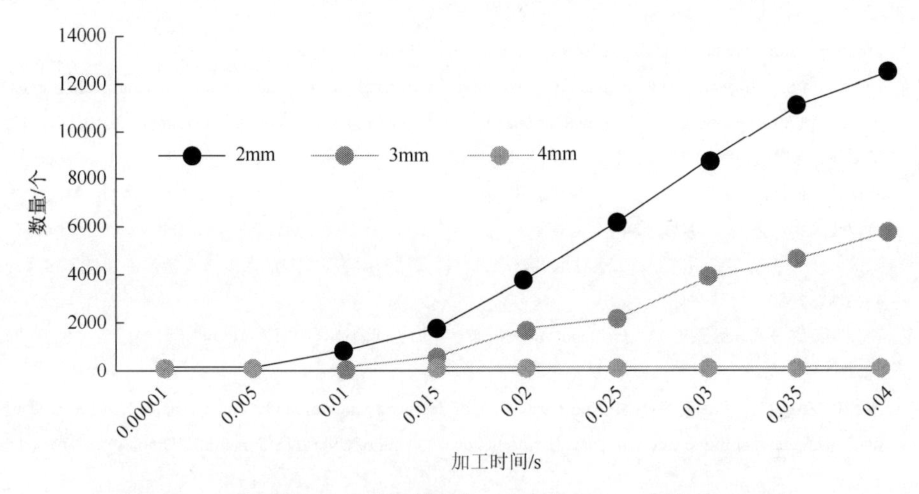

图 4.41　A3 区域电蚀产物数量变化（振幅为 5μm、频率为 20kHz）

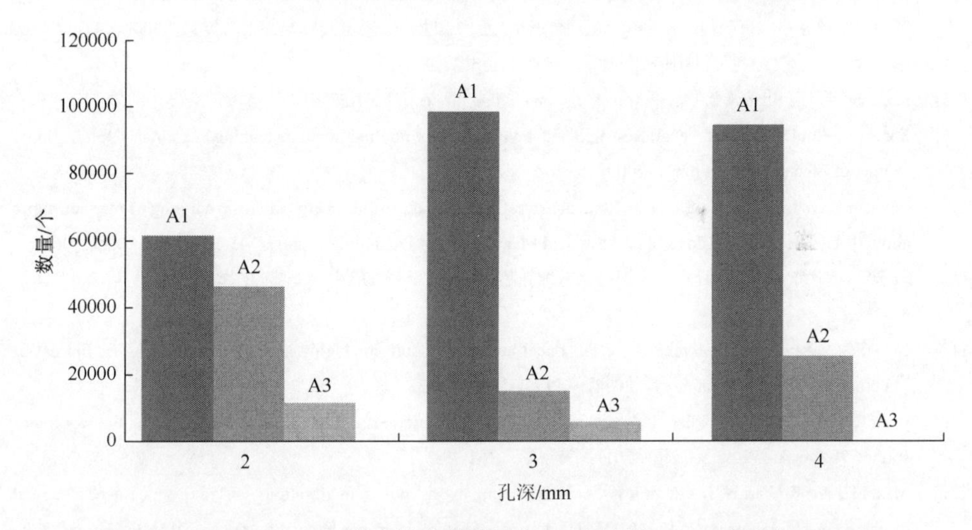

图 4.42　A1、A2、A3 区域电蚀产物数量分布（振幅为 5μm、频率为 20kHz）

参 考 文 献

[1] 郭烈锦. 两相与多相流动力学[M]. 西安：西安交通大学出版社，2002.

[2] Lonardo P M，Bruzzone A A. Effect of flushing and electrode material on die sinking EDM[J]. Cirp Annals，1999，48（1）：123-126.

[3] Koenig W，Weill R，Wertheim R，et al. The flow fields in the working gap with electro discharge machining[J]. Cirp Annals，1977，25（1）：71-75.

[4] Cetin S，Okada A，Uno Y. Effect of debris distribution on wall concavity in deep-hole EDM[J]. JSME International Journal，2004，47（2）：553-559.

[5] Yoshida M，Kunieda M. Study on the distribution of scattered debris generated by a single pulse discharge in EDM

process[J]. International Journal of Electrical Machining，1996，30（64）：27-36.

[6] Havakawa S，Itoigawa T D F，Nakamura T. Observation of flying debris scattered from discharge point in EDM process[C]//Proceedings of the 16th International Symposium on Electromachining，Shanghai，2010：121-125.

[7] 储召良. 电极抬刀运动与电火花加工性能研究[D]. 上海：上海交通大学，2013.

[8] 王津，韩福柱，卢建鸣，等. 连续放电过程中气泡和加工屑运动规律的观察[C]//第 14 届全国特种加工学术会议论文集，苏州，2011：63-67.

[9] 文武，王西彬，李忠新，等. 冲液对电火花加工电极损耗的影响研究[J]. 系统仿真学报，2011，23（7）：1363-1365.

[10] 李建功，许加利，裴景玉. 基于 Fluent 电火花深小孔加工间隙流场的研究[J]. 电加工与模具，2009（2）：18-22.

[11] Xie B，Zhang Y，Zhang J，et al. Numerical study of debris distribution in ultrasonic assisted EDM of hole array under different amplitude and frequency[J]. International Journal of Hybrid Information Technology，2015，8（5）：151-158.

[12] 向小莉，赵万生，顾琳. 集束电极的 CAD/CAM 软件开发及制备[J]. 电加工与模具，2012（3）：1-4.

[13] 叶明国，杨胜强，曹明让. 永磁电火花复合深小孔加工流场排屑模拟[J]. 电加工与模具，2009（4）：17-20.

[14] 李明辉. 电火花加工理论基础[M]. 北京：国防工业出版社，1989.

[15] Kachhara N L，Shah K S. Electric-discharge machining process[J]. JINST ENG，1971，3（51）：67-73.

[16] Zhao W，Zhu D，Wang Z，et al. Research and development of nontraditional machining in China[J]. International Journal of Electrical Machining，2000，5：1-6.

[17] Pradhan B B，Masanta M，Sarkar B R，et al. Investigation of electro-discharge micro-machining of titanium super alloy[J]. The International Journal of Advanced Manufacturing Technology，2009，41（11-12）：1094-1106.

[18] 张余升，荆怀靖，李敏明，等. 大深径比微细孔超声辅助电火花加工技术研究[J]. 电加工与模具，2011（6）：63-66.

[19] Imai Y，Nakagawa T，Miyake H，et al. Local actuator module for highly accurate micro-EDM[J]. Journal of Materials Processing Technology，2004，149（1-3）：328-333.

[20] Garn R，Schubert A，Zeidler H. Analysis of the effect of vibrations on the micro-EDM process at the workpiece surface[J]. Precision Engineering，2011，35（2）：364-368.

[21] Mastud S A，Kothari N S，Singh R K，et al. Modeling debris motion in vibration assisted reverse micro electrical discharge machining process（R-MEDM）[J]. Journal of Microelectromechanical Systems，2015，24（3）：661-676.

[22] 徐明刚，张建华，张勤河，等. 基于 Fluent 的超声振动-气体介质电火花加工气体流场模拟[J]. 制造技术与机床，2007（5）：66-69.

[23] Xu M，Zhang J，Zhang Q，et al. Gas flow field simulation during ultrasonic vibration assisted gas medium EDM based on Fluent software[J]. Manufacturing Technology & Machine Tool，2007，5：66-69.

[24] 常伟杰，陈远龙，张建华，等. 超声振动辅助电火花铣削流场与蚀除颗粒分布场仿真[J]. 应用基础与工程科学学报，2015，23（z1）：151-157.

5　电极损耗及形状变化规律研究

电火花加工过程中电极损耗对加工精度、效率都有很大的影响，因此对电极损耗及其形状变化研究具有十分重要的意义。本章主要针对单材质、多材质电极在不同条件下的损耗情况及其形状变化规律进行研究，并针对电火花加工中涉及的不同工况，如微细电火花小孔加工、电火花电解复合加工、电火花铣削加工及磁场辅助电火花加工等的电极损耗开展相关试验研究。

5.1　单材质电极损耗及形状变化

5.1.1　试验条件

为分析工件材料、电极材料、加工极性对电极长度损耗及角损耗的影响，设计单材质电火花加工试验，试验材料及其加工参数如表 5.1 所示。试验前需要对工具电极进行预处理，保证工具电极具有较好的平面度。首先使用型号为 400 目的粗砂纸进行打磨，再用型号为 3000 目的细砂纸进行打磨，保证工具电极表面具有较小的表面粗糙度。进行电火花加工试验之前还需要采用水平仪对工具夹头进行调平，进而保证加工精度，加工时每组试验的加工时间均设为定值。

表 5.1　单材质电极电火花加工试验材料及其加工参数

项目	参数
工件材料	紫铜、黄铜、石墨
电极材料	模具钢、钛合金、硬质合金
加工极性	正极性、负极性
脉宽	12.5μs
脉间	7.5μs
火花维持电压	15V
电流	0.8A
电极直径	2mm
介质	去离子水

试验完成后，为分析电极长度损耗情况，采用电子游标卡尺量取电极加工前后的长度，计算其长度损耗；采用电子显微系统观察电极端面形状，分析电极角损耗情况，从而分析电极材料、工件材料、加工极性等对电极长度损耗和角损耗的影响。本次试验采用自行搭建的电火花加工机床进行电火花加工试验，机床主要参数如表 5.2 所示。

表 5.2　电火花加工机床主要参数

项目	参数
工作台尺寸	450mm×400mm×450mm
机床主体尺寸	400mm×350mm×400mm
X 轴行程	200mm
Y 轴行程	200mm
Z 轴行程	120mm

5.1.2　工件材料对电极损耗的影响

为了分析工件材料对电火花加工中电极损耗的影响，采用紫铜电极分别对硬质合金、钛合金、模具钢进行电火花加工试验，加工时间均为 5min。加工完成后整理试验数据，电极损耗情况如图 5.1 所示。

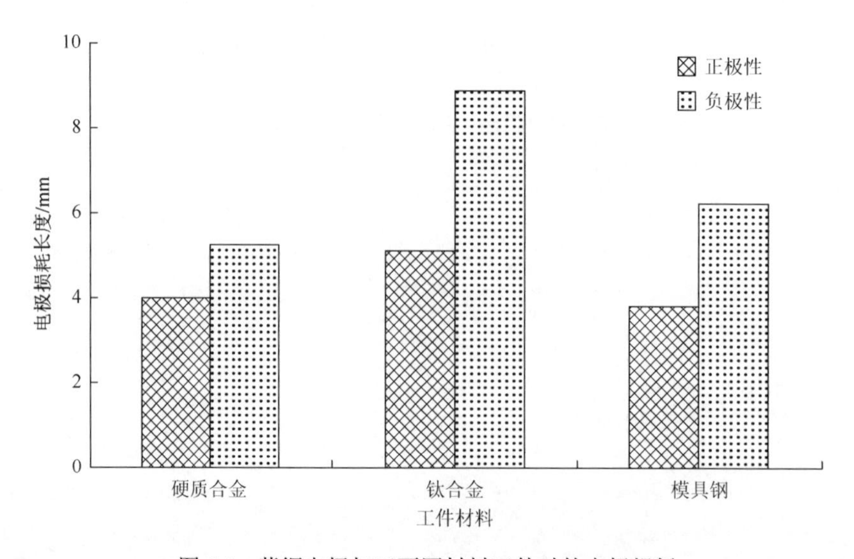

图 5.1　紫铜电极加工不同材料工件时的电极损耗

1）工件材料对长度损耗的影响

从图5.1可以看出，紫铜电极进行正极性加工时，钛合金电极损耗长度最大，加工硬质合金时次之，对模具钢进行加工时电极损耗长度最小。因为钛合金和硬质合金的熔点均高于模具钢，而模具钢的导热系数高于硬质合金和钛合金，所以对模具钢进行加工时，热量向外传递得更快，导致放电区域温度更低，电极蚀除最少；而钛合金的化学特性活泼，在高温和高电场作用下，钛容易和氧气作用生成钛的氧化物，又因为氧化物的熔点高，所以紫铜电极加工钛合金时长度损耗最大。

从图5.1还可以看出，紫铜电极负极性加工钛合金时，电极损耗长度最大，加工模具钢时电极损耗长度次之，加工硬质合金时电极损耗长度最小。这是因为当采用负极性小脉宽加工时，能量主要来自电子的轰击，而电子逸出功排序为模具钢大于硬质合金、硬质合金大于钛合金。在相同条件下，材料的电子逸出功越小，放电初期放电通道中的电子就会越多，进而电极表面得到的能量就越多。通过对单材质电极蚀除情况分析也可以发现，脉冲能量越大，电极蚀除速度越快。但是对模具钢进行加工时，其孔深是加工硬质合金时的1.4倍，这说明模具钢的放电稳定性要比硬质合金好，意味着模具钢的放电成功率更高。因此，在相同的条件下，对模具钢进行加工时，电极损耗长度会有所增加，甚至超过对电子逸出功更小的硬质合金加工时的电极损耗。而钛合金电极损耗长度最大的原因同样是钛的氧化物的作用，导致电极损耗最为严重。

2）工件材料对角损耗的影响

图5.2为紫铜电极对不同材料的工件进行正极性加工时得到的电极形状，从图中可以发现，正极性加工时电极端面的角损耗比较大，这是因为放电点位置分布是引起电极形状变化的决定因素，而放电点位置变化的主要影响因素是极间电场强度的分布。电极端面的尖角、曲率的急剧变化，会引起电场强度畸变，导致其电场强度比其他位置要高，会更容易放电，因此电极底部边缘位置的蚀除量较大，而中间部位相对较小，电极在端面形成圆弧。

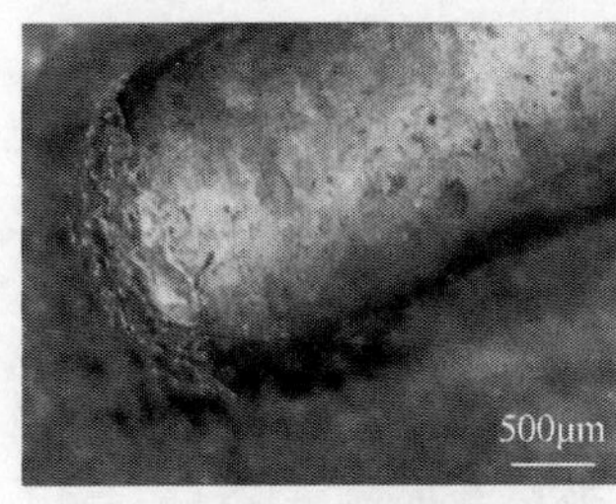

(a) 加工硬质合金时紫铜电极形状

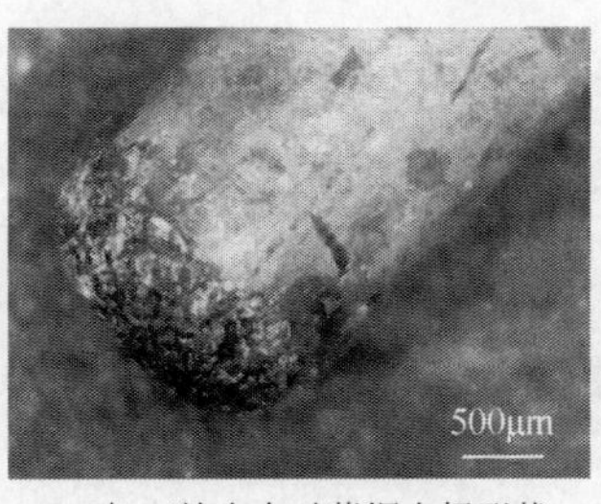

(b) 加工钛合金时紫铜电极形状

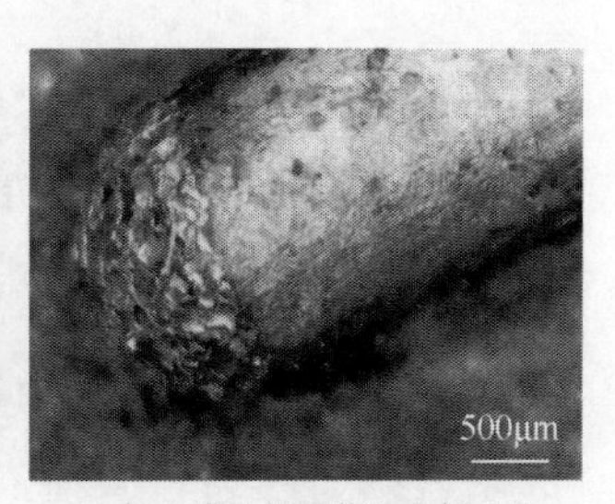

(c) 加工模具钢时紫铜电极形状

图5.2　紫铜正极性加工不同材料工件时的电极形状

由图 5.2（b）可以看出，对钛合金进行加工时角损耗较小，电极两端为较小圆弧，中间近似为平面；由图 5.2（a）和（c）可以看出，加工硬质合金和模具钢时角损耗较大，电极端面是球状，但是加工模具钢时的角损耗比加工硬质合金还要大。这是因为对钛合金进行加工时，电极蚀除速度最快，加工硬质合金时电极损耗速度次之，而加工模具钢时电极损耗速度最慢。为了保证正常发生火花放电，当电极损耗速度较快时，在伺服系统的控制下，工具电极同样会以较快的速度向下进给，这将造成电极中部与工件表面的平行距离减小，工具电极中间部位的放电概率会有所增加，使得电极中间变平，角损耗不明显，并且进给速度越快，角损耗也就越不明显。

图 5.3 为紫铜电极对不同材料的工件进行负极性加工时得到的电极形状，从图中可以发现，无论是对钛合金、硬质合金还是模具钢进行负极性加工，电极端面均近乎为平面。这是因为本次试验中的放电加工参数设置为小脉宽，当采用小脉宽进行负极性加工时，能量主要来自电子的轰击，大量电子的动能在阳极表面转化为热能，使接在阳极的电极材料快速熔融抛出，导致工具电极具有较快的蚀除速度，进而产生较大的进给速度，因此电极中间部分参与放电的概率会有所增加，最终导致负极性加工时角损耗不明显。

(a) 加工钛合金时紫铜电极形状

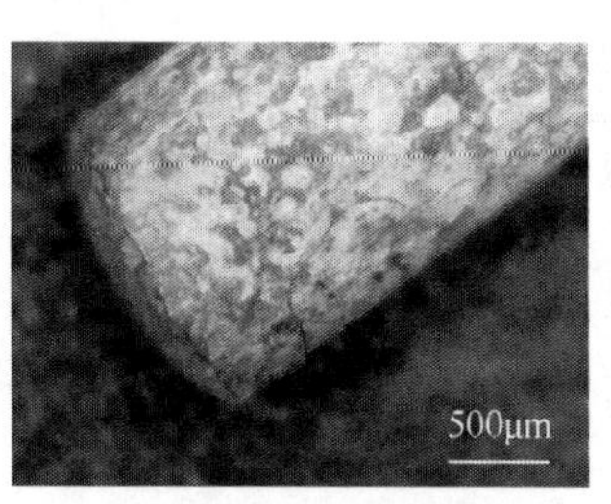

(b) 加工硬质合金时紫铜电极形状

(c) 加工模具钢时紫铜电极形状

图 5.3　紫铜负极性加工不同材料工件时的电极形状

5.1.3　工具电极材料对电极损耗的影响

为了分析工具电极材料对电极损耗的影响，分别用黄铜、紫铜、石墨电极对模具钢进行加工，时间同样设置为 5min。加工完成后整理试验数据，电极损耗长度情况如图 5.4 所示。

1）电极材料对长度损耗的影响

从图 5.4 中可以发现，采用正极性加工时，紫铜电极长度损耗最大，石墨电极和黄铜电极长度损耗相差不大。其中，黄铜电极损耗低于紫铜，是因为紫铜电极进行加工时会有一部分黏附在工件表面，而且采用紫铜电极正极性加工时，工件向上抬起的频率远远大于负极性加工时，说明此时因黏附而造成的电极损耗长度会更大。但是正极性加工时工具电极损耗长度较小，此时因黏附在工件表面而造成的损耗对电极总损耗的影响很大，甚至最终会造成紫铜电极的损耗长度大于黄铜电极；而石墨的损耗长度略大于黄铜电极，是因为在工件表面形成的碳黑保护膜会保护工件，反而增加了工具电极的损耗。

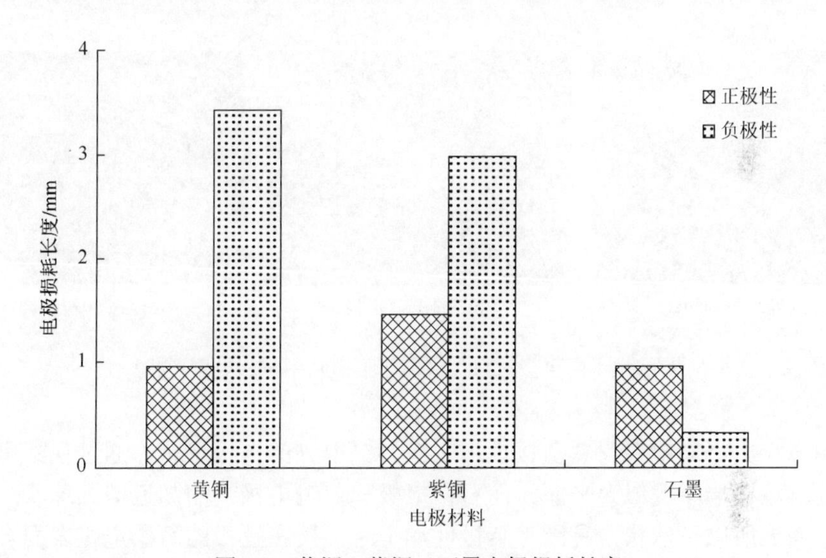

图 5.4　黄铜、紫铜、石墨电极损耗长度

从图 5.4 可以看出，不同电极材料对模具钢进行负极性加工时，黄铜电极损耗长度最大，紫铜次之，石墨最小。通过对单材质电极蚀除分析可以得到，在相同的条件下，电极的导热系数、熔点越高，电极蚀除速度越慢。紫铜的熔点、导热系数均高于黄铜，所以其损耗长度要低于黄铜；石墨不仅熔点高于紫铜电极和黄铜电极，而且在进行加工时，当石墨电极表面的瞬时温度高于 400℃，并能维持一段时间时，介质中游离的石墨离子就会被吸附到正极，接在正极的石墨电极表面就会形成一定厚度和强度的碳黑保护膜，起到减小石墨电极的损耗的作用，因此石墨电极损耗长度是最小的。在试验中发现，采用紫铜电极进行电火花加工时，工件会随着紫铜电极的抬起而向上移动，这是因为紫铜电极熔融后会黏附在工件表面，增加其电极损耗长度。但是采用小脉宽负极性加工时，电极的损耗长度很大，此时因黏附在工件表面而造成的长度损耗量相对于总损耗来说影响并不明显。

2）电极材料对角损耗的影响

观察图 5.5 可以发现，正极性加工时，石墨电极端面近乎为平面，而黄铜、紫铜电极的端面却近似是球状，并且紫铜电极端面圆弧半径大于黄铜。正极性加工时，紫铜电极蚀除速度比黄铜快，因而正极性加工时紫铜电极进给速度快，导致电极中部与工件间隙较小，进而增大了放电概率，最终导致角损耗不明显；石墨电极加工时，同样是由于黏附效应，会在工件表面形成一层碳黑保护膜，可以保护工件不被蚀除，反而石墨电极本身的长度损耗会有所增大，蚀除速度加快，因而角损耗不明显。

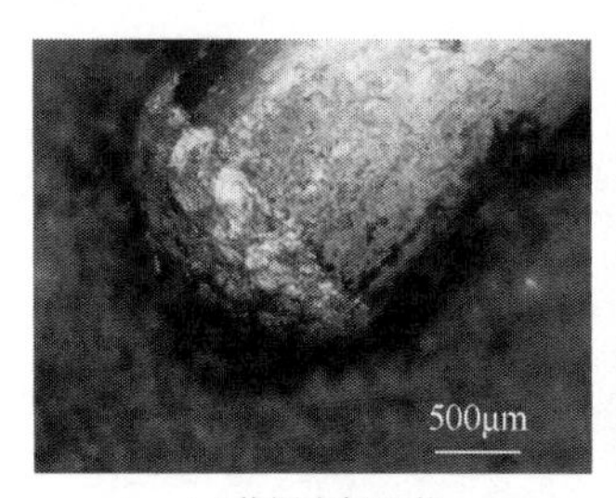

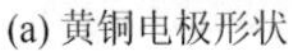
(a) 黄铜电极形状

(b) 紫铜电极形状

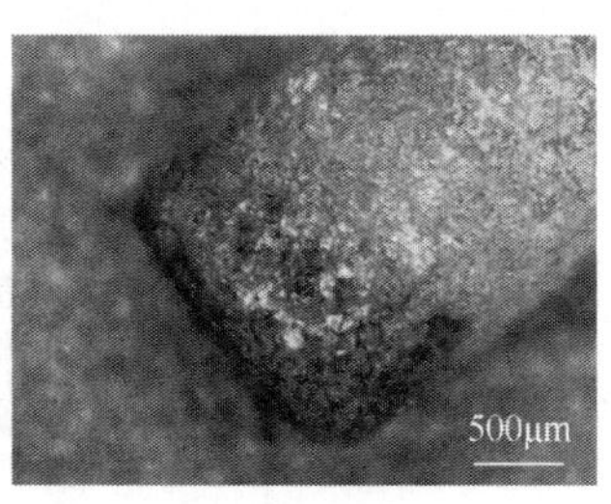

(c) 石墨电极形状

图 5.5　不同电极材料正极性加工模具钢时的电极形状

图 5.6 为不同电极材料负极性加工模具钢得到的电极形状，通过观察可以发现，紫铜电极端面近似为平面，而石墨电极和黄铜电极端面却近似为球状。石墨电极端面之所以呈球状，是因为负极性加工时，接在正极的石墨电极表面会形成碳黑保护膜，对石墨电极起到保护作用，减小其长度损耗，此时角损耗明显，形成球状端面；紫铜电极的端面近乎为平面的原因与紫铜电极负极性加工模具钢时相同，同样是因为蚀除速度的影响。黄铜电极负极性加工时电极损耗速度很快，其角损耗较明显，介于黄铜和石墨之间。这是因为黄铜电极正极性加工时的加工速度约为紫铜的 2 倍，因此黄铜加工的孔比紫铜深，此时电蚀产物排出比紫铜困难，并且堆积在电极底部边角处，在黄铜电极和工件之间会发生二次放电，使得角损耗更加明显，就会得到如图 5.6（a）所示的端面形状。

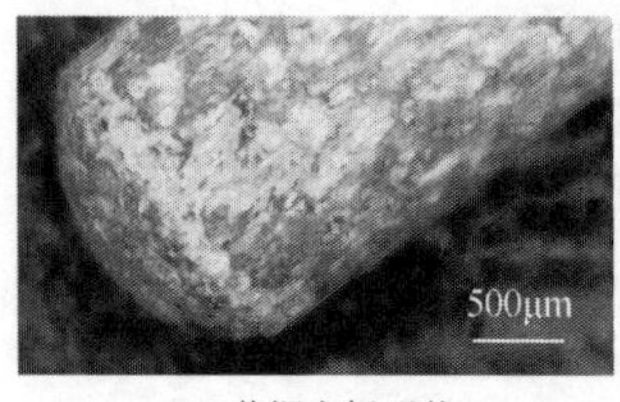

(a) 黄铜电极形状

(b) 紫铜电极形状

(c) 石墨电极形状

图 5.6　不同电极材料负极性加工模具钢时的电极形状

5.1.4　加工极性对电极损耗的影响

观察图 5.1 和图 5.4 可以发现，负极性加工时，除石墨外的其余电极长度损耗都比正极性加工时要大，因为当采用小脉宽加工时，电子具有较小的质量和惯性，因而更容易获得较高的速度和加速度。很多的电子在放电刚刚发生击穿时就会奔向正极，把能量传递到阳极，接在阳极的电极材料受到瞬时高温就会迅速熔化和气化。而正离子具有较大的质量和惯性，因此启动和加速相对较慢，在击穿放电发生的瞬间，大部分的正离子无法到达负极表面，无法进行能量传递和对电极表面的轰击，因此紫铜和黄铜电极负极性加工时的电极损耗要比正极性加工时大。而石墨电极正极性加工时电极损耗高于负极性加工的原因在电极材料对角损耗的影响分析中已给出，即碳黑保护膜的影响。

比较图 5.2 和图 5.3、图 5.5 和图 5.6 可以发现，除石墨外的其余电极正极性加工时更容易产生球状端面，而石墨电极却是在负极性加工时相对更容易产生球状端面。石墨电极在负极性加工时更容易产生球状端面的原因在分析石墨负极性加工模具钢时对角损耗的影响中已给出。而除石墨外其余电极负极性加工时底面均近似为平面，是因为负极性小脉宽加工时，电极损耗速度较快，进而电极在伺服系统控制下具有较快的进给速度，导致尖端效应弱，角损耗减少。

5.1.5　电极形状变化规律

电极的形状变化对于电火花加工精度影响尤为严重，因此为分析电极形状变化规律，本节采用黄铜、石墨电极分别对模具钢进行电火花加工试验，并观察其形状变化。为清楚观察电极形状，每一组试验中分别制作多个电极，并进行电火花加工试验，在规定时间后将电极换下，并用电子显微镜对加工后的电极进行拍照，观察电极形状变化，分析电极形状变化规律。

1）正极性加工黄铜电极形状变化规律

用黄铜正极性加工模具钢，时间间隔为 1min，共计 8 组试验。试验完成后采用电子显微镜对电极端面进行拍照，得到的电极形状如图 5.7 所示，通过测量电极端面圆弧的半径和弧长，利用圆心角公式可以得到电极端面圆弧及圆心角。通过观察图 5.7 可以看出，在放电初始阶段，电极角损耗较大，尖端先被蚀除形成弧状端面。但是随着电极尖角的逐渐减小，角损耗也在逐渐减小，当电极端面进入均匀损耗阶段后会形成一个等势面，在一段时间内圆弧半径维持不变。而当进入侧面损耗阶段后，电极端面圆弧半径也在逐渐减小。进一步求出端面圆心角，得到电极端面圆弧圆心角和半径随时间的变化情况，如图 5.8 所示。

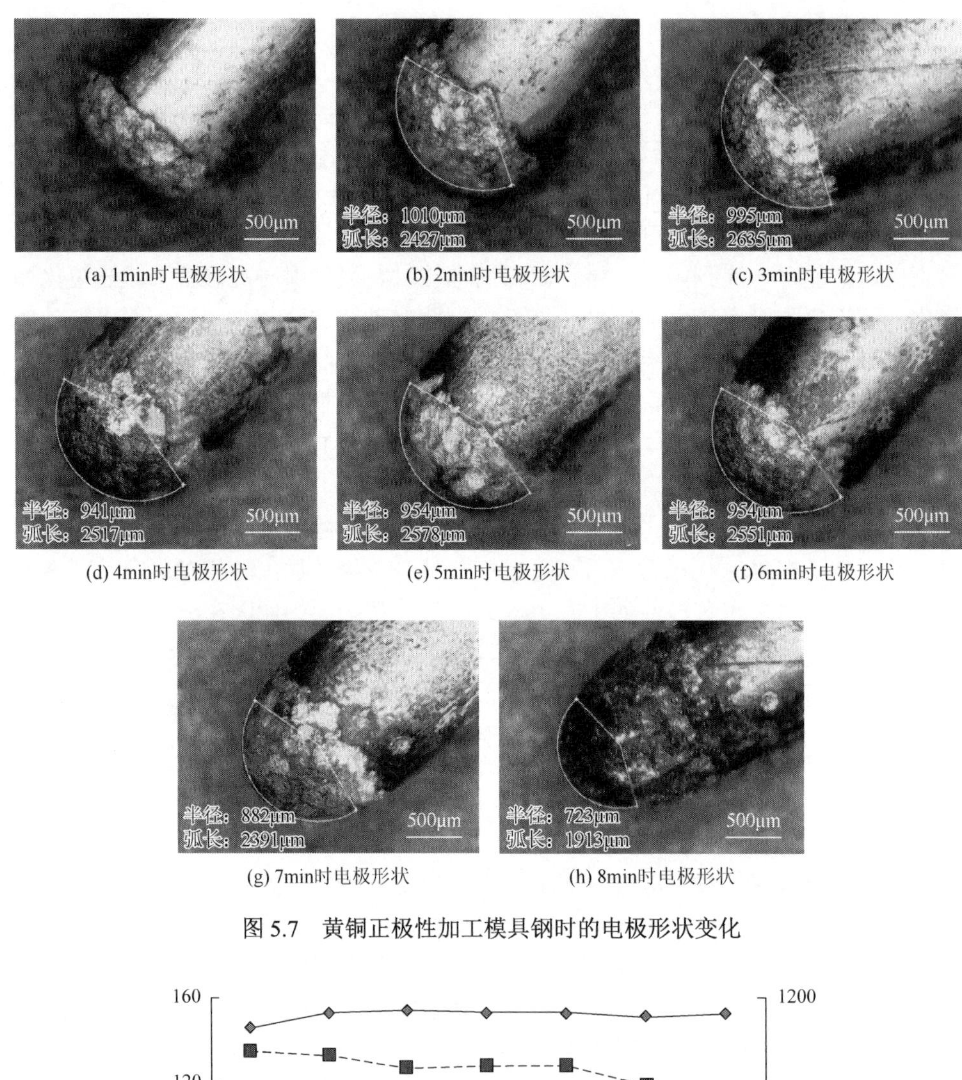

(a) 1min时电极形状　(b) 2min时电极形状　(c) 3min时电极形状

(d) 4min时电极形状　(e) 5min时电极形状　(f) 6min时电极形状

(g) 7min时电极形状　(h) 8min时电极形状

图 5.7　黄铜正极性加工模具钢时的电极形状变化

图 5.8　黄铜电极正极性加工端面圆弧圆心角及圆弧半径随时间变化情况

在 1min 时，电极形状变化较快，电极端面圆弧暂不稳定，不参与比较。通过观察图 5.8 中的圆心角变化可以发现，从 2min 开始，其基本保持一个定值不变，而电极端面圆弧半径几乎在不断减小，这说明即使进入侧面损耗阶段，电极端面圆弧半径减小，但因为此时已经形成等势面，电极端面圆心角也基本维持恒定不变。

2）负极性加工黄铜电极形状变化规律

用黄铜负极性加工模具钢，时间间隔为 2min，共计 4 组试验。试验完成后同样采用电子显微镜对电极端面进行拍照，得到的电极形状如图 5.9 所示。进一步可以求出电极端面圆心角，图 5.10 为黄铜电极负极性加工模具钢时端面圆弧圆心角及半径随时间的变化情况。观察图 5.9 可以发现，采用黄铜电极负极性对模具钢进行加工时，在 2min 时电极端面已经形成圆弧，而随着时间的增加，端面圆弧半径在不断减小。观察图 5.10 同样可以发现，黄铜负极性加工模具钢时，端面圆弧半径随着时间的延长在不断减小，但是从 4min 开始因为进入均匀损耗阶段，所以圆心角基本维持恒值不变。

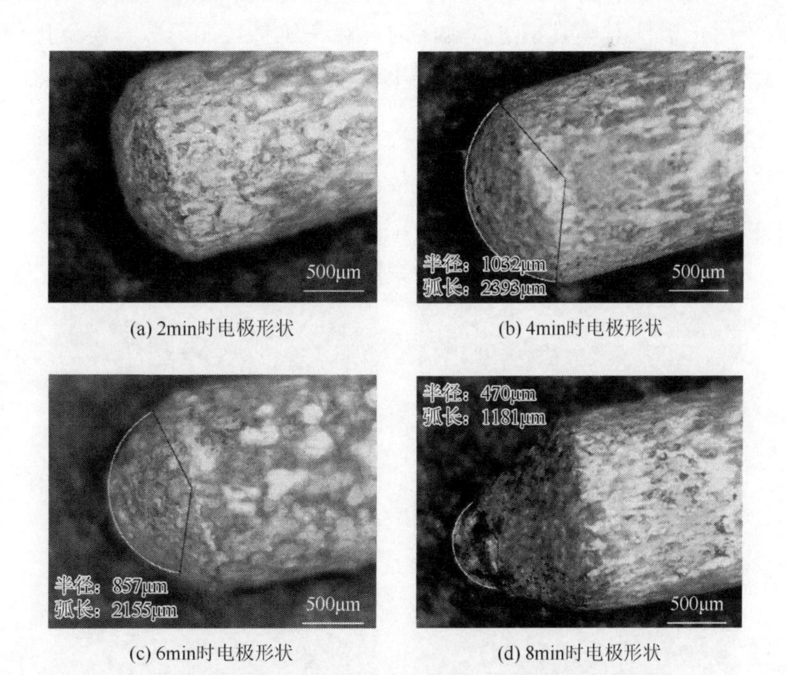

(a) 2min时电极形状　(b) 4min时电极形状

(c) 6min时电极形状　(d) 8min时电极形状

图 5.9　黄铜负极性加工模具钢时的电极形状变化

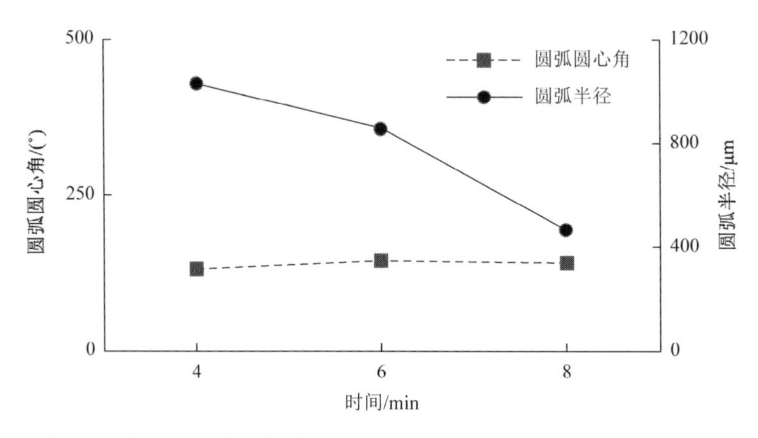

图 5.10　黄铜电极负极性加工端面圆弧圆心角及半径随时间变化情况

3）正极性加工石墨电极形状变化规律

为对石墨电极正极性加工条件下电极形状变化规律进行研究，采用石墨电极对模具钢进行正极性加工，时间间隔为 2min，共计 4 组试验，得到的电极形状如图 5.11 所示。通过观察图 5.11 可以看出，石墨正极性加工时，没有产生锥状电极，这是因为采用正极性对模具钢进行加工时，会在工件表面形成一层碳黑保护膜，对工件起到保护作用，反而增加了石墨电极本身的蚀除速度。为保证火花放电正

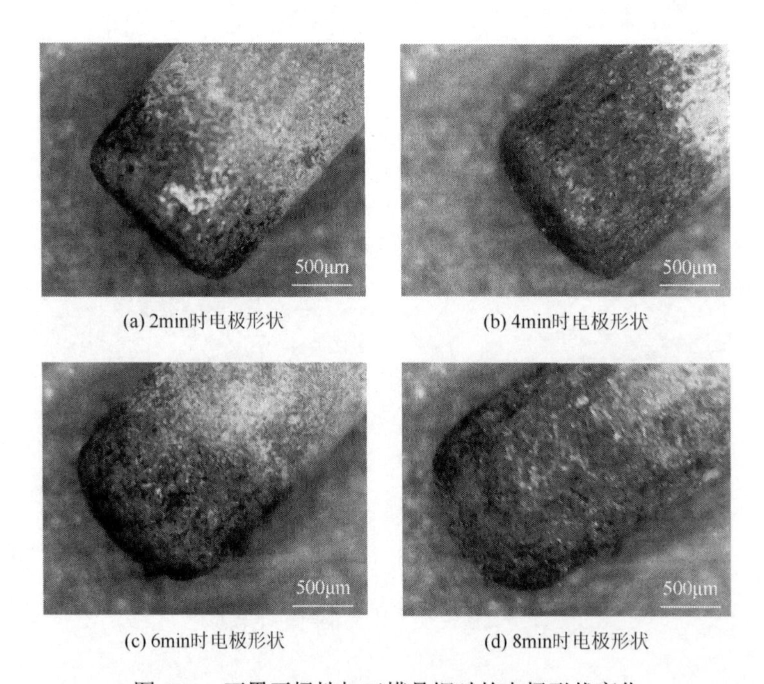

(a) 2min时电极形状　(b) 4min时电极形状

(c) 6min时电极形状　(d) 8min时电极形状

图 5.11　石墨正极性加工模具钢时的电极形状变化

常发生，石墨电极进给速度就会很快，尖端效应就会有所减弱，最后就会形成图 5.11 所示的电极形状。

4）负极性加工石墨电极形状变化规律

采用石墨负极性加工模具钢，时间间隔为 2min，共计 4 组试验，得到的电极形状如图 5.12 所示。图 5.13 为石墨电极负极性加工模具钢时电极端面圆弧圆心角及半径随时间的变化情况。

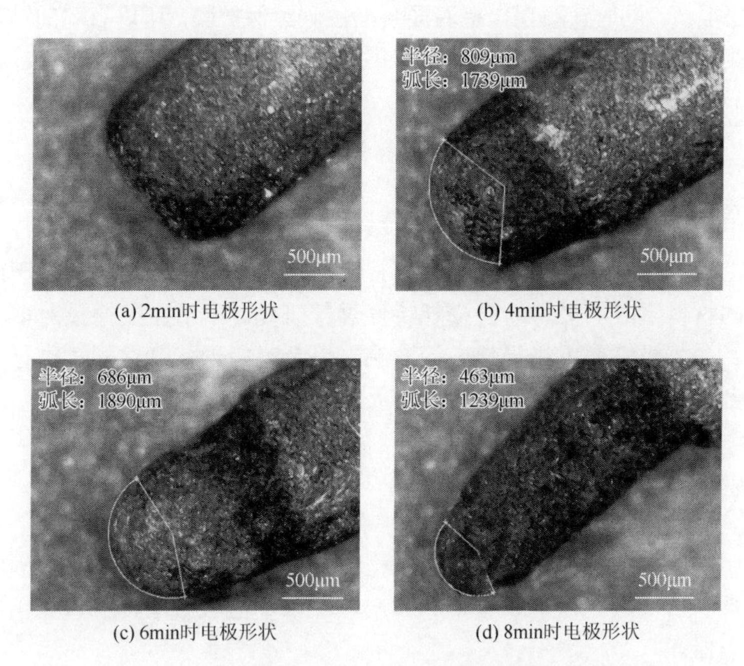

(a) 2min时电极形状 (b) 4min时电极形状

(c) 6min时电极形状 (d) 8min时电极形状

图 5.12 石墨负极性加工模具钢时的电极形状变化

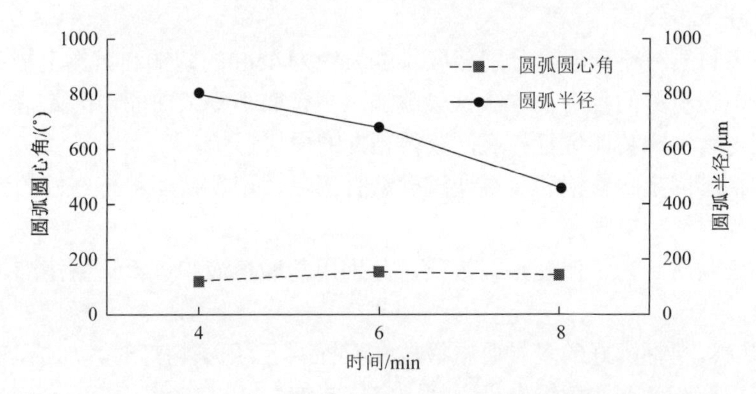

图 5.13 石墨电极负极性加工端面圆弧圆心角及半径随时间变化情况

观察图 5.12 可以发现，随着加工时间的增加，石墨电极端面圆弧半径在逐渐减小，进一步观察图 5.13 可以发现，端面圆弧半径虽然在逐渐减小，但是从 6min 开始，电极端面圆弧圆心角却基本保持不变，说明电极端面此时已经形成等势面，意味着电极进入均匀损耗阶段。

比较图 5.12 中石墨电极在 8min 时的形状和图 5.9 中黄铜电极在 8min 时的形状，可以发现虽然都是采用负极性对模具钢进行加工，但是得到的电极形状却大不相同。这是因为尽管黄铜的导热系数比石墨高，但是石墨的熔点、比热容都要比黄铜高出很多，同时在石墨电极表面会产生碳黑保护膜，所以石墨的蚀除速度很慢，相反加工速度却很快，所以石墨电极的侧面损耗更加明显，进而造成这种区别。

5.2　多材质电极损耗及形状变化

利用电极损耗特性来完成工件的成型加工，需要不同电极材料进行组合成多材质电极，只对单材质电极损耗特性进行研究显然不足以满足要求，因此需要进一步对不同材料组成的多材质的损耗特性进行研究。本节主要通过对多材质电极材料种类、加工极性在电极损耗中的影响，以及电极形状变化规律进行研究，从而为采用多材质电极对微小复杂曲面电火花成型加工做准备。

5.2.1　多材质电极的制备

多材质电极采用热镀方法制作，制作过程中需要的试验器材有：砂纸、酒精灯、三脚架、石棉网、坩埚、紫铜和黄铜、冷水、盐酸溶液、氢氧化钠溶液、模具钢、水容器。

以紫铜-黄铜组成的多材质电极为例，简单介绍多材质电极的制备方法，主要分为以下几个步骤。

（1）多材质材料选取。分别截取长度大约为 5cm 的紫铜和黄铜电极备用。

（2）电极材料的打磨。本次试验欲加工一个微小复杂曲面，因此首先要采用砂纸分别对紫铜和黄铜进行打磨，获得预期的电极形状。

（3）捆绑固定。紫铜和黄铜通过砂纸打磨后，用软铁丝将打磨好的紫铜和黄铜两种电极材料捆绑固定。

（4）去杂质。为了保证热镀效果，分别用盐酸溶液和氢氧化钠溶液去除电极表面杂质。

（5）热镀。将捆绑好的多材质电极放在石棉网上，用酒精灯对其加热，5～10min 后将焊锡填充在紫铜和黄铜电极中间，完成热镀。

（6）冷却。将热镀完成的多材质电极放入装有冷水的容器中冷却。

如图 5.14 所示为制备好的多材质电极。

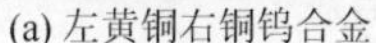

(a) 左黄铜右铜钨合金

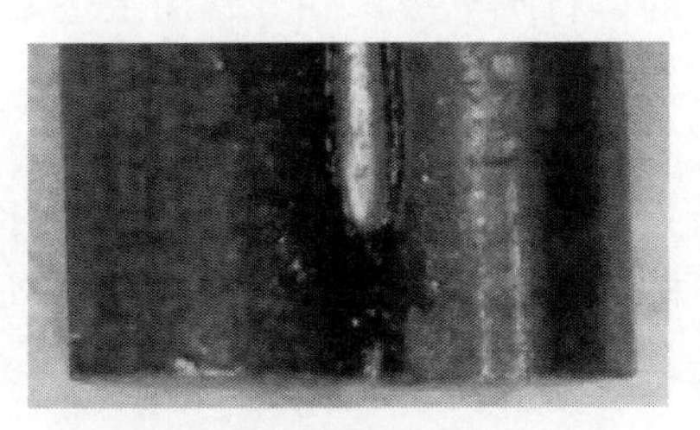

(b) 左模具钢右铜钨合金

图 5.14　制备的多材质电极

为进一步分析电极材料种类、加工极性对多材质电极损耗及曲面形成的影响规律，设计并制作多材质电极，并在自行搭建的电火花机床上进行试验。多材质电极材料及其加工参数如表 5.3 所示，其中加工时间设置为定值，采用电子游标卡尺量取多材质电极各组分电极加工前后的长度，并计算其长度损耗，通过电子显微系统观察电极端面形状，并进行拍照，分析各组分之间的端面形状及中间过渡层损耗情况，并分析原因。

表 5.3　多材质电极材料及其加工参数

项目	参数
电极材料	铜钨合金、紫铜、黄铜、模具钢
工件材料	模具钢
加工极性	正极性、负极性
脉宽	12.5μs
脉间	7.5μs
火花维持电压	15V
电流	0.8A
电极直径	2mm
介质	去离子水

5.2.2　各电极组分在电极损耗上的相互影响

为分析多材质电极加工时各电极组分对电极损耗的影响，分别用两种材料制作多材质电极与一种材料做成的单材质电极对模具钢进行加工对比。本次试验选用直径均为 2mm 的紫铜和黄铜制作成多材质电极，选黄铜或者紫铜制作成同样形式的单材质电极，并分别用上述两种电极对模具钢进行加工。

1）长度损耗的相互影响

为分析多材质电极中各电极组分在长度损耗上的相互影响，分别用单材质电极与多材质电极对模具钢进行正极性和负极性加工，整理试验数据得到的长度损耗情况分别如图 5.15 和图 5.16 所示。

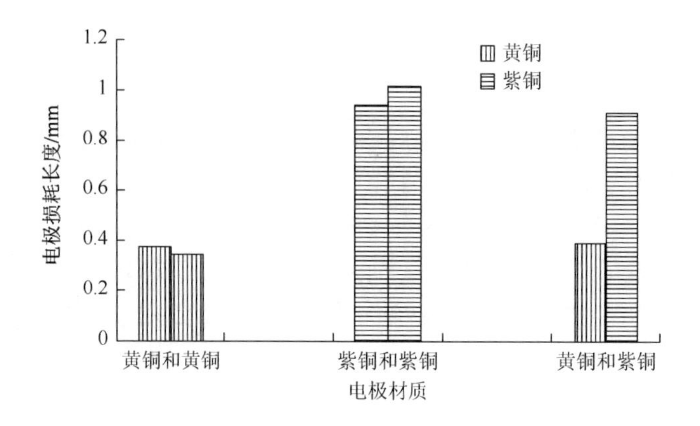

图 5.15　正极性加工时电极长度损耗情况

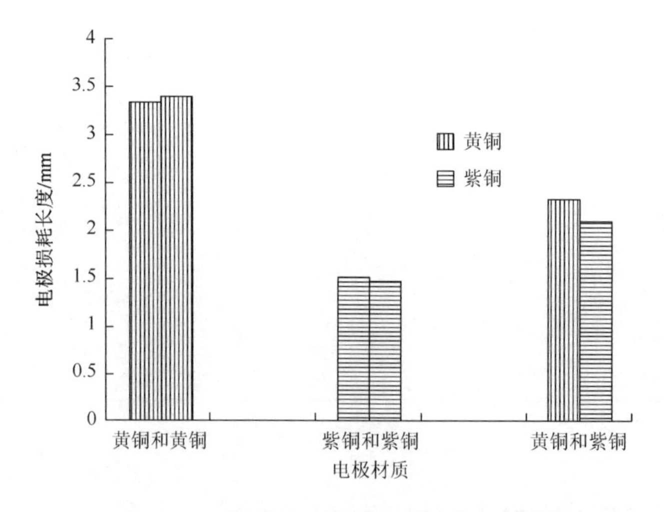

图 5.16　负极性加工时电极长度损耗情况

如图 5.15 所示，正极性加工时，单材质的黄铜电极损耗小于紫铜，而观察

图 5.16 却发现，负极性加工时单材质的黄铜电极损耗大于紫铜。但是当组成多材质电极之后，与单材质电极加工后的损耗长度进行比较，会发现长度损耗大的电极材料在组成多材质电极后，其长度损耗却在减小。而作为单材质电极加工时，损耗小的电极材料在组成多材质电极后，其长度损耗却在增加。这是因为单次放电加工一般只能形成一个放电通道，场强越大，放电概率越大，当某一种电极材料进行放电加工时，随着加工的进行，该电极材料不断被蚀除，工具电极和工件距离不断增大，导致场强不断减小。由于工具电极受伺服进给机构控制自动进给，另一种电极材料距离在不断减小，场强也在不断增大，此时就可能在另一种电极材料上进行火花放电。这说明虽然多材质电极由两种材料组成，但是加工时却是两种材料间歇性进行交替加工。

而电极由一种材料组成时，其中任意一个电极的加工时间均为加工总时间的一半。但是多材质电极由两种材料组成时，易电蚀的电极材料在产生大量电极损耗后长度变小，会进入耐电蚀电极放电加工阶段，其蚀除速度较慢，所以加工时间更长，这意味着在相同的加工时间内耐电蚀材料占加工总时间的一大半，而易电蚀材料的加工时间却相对较少，所以最后组成多材质电极之后，原本易电蚀的电极材料损耗会有所减少，而耐电蚀材料损耗却有所增加。从单材质电极和多材质电极的仿真结果中可以看出，在电压为 20V、电流为 1.4A、脉宽为 20μs 时，单材质的模具钢电极蚀除比单材质的紫铜多，但在两种材料组成多材质电极之后，模具钢电极损耗却会减少，甚至少于紫铜的电极损耗，这与上述分析基本上是同样的道理。

2）电极形状的相互影响

为分析多材质电极在角损耗上的影响，用单材质和多材质电极分别对模具钢进行加工，加工完成后采用电子显微镜对多材质电极进行拍照，图 5.17 和图 5.18 分别为正极性加工和负极性加工后得到的多材质电极形状。

(a) 左黄铜右黄铜

(b) 左紫铜右紫铜

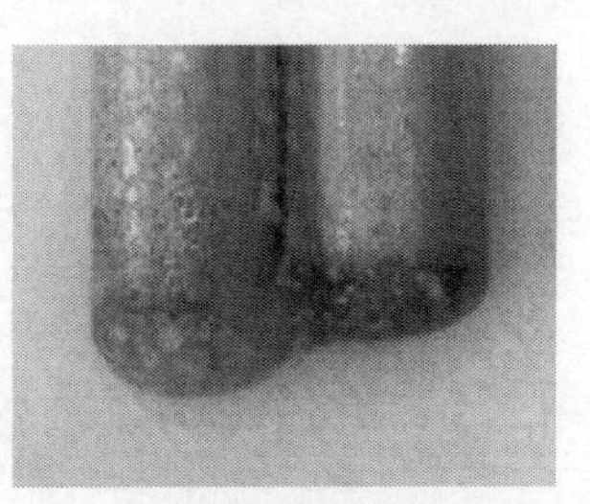
(c) 左黄铜右紫铜

图 5.17　正极性加工时的多材质电极形状

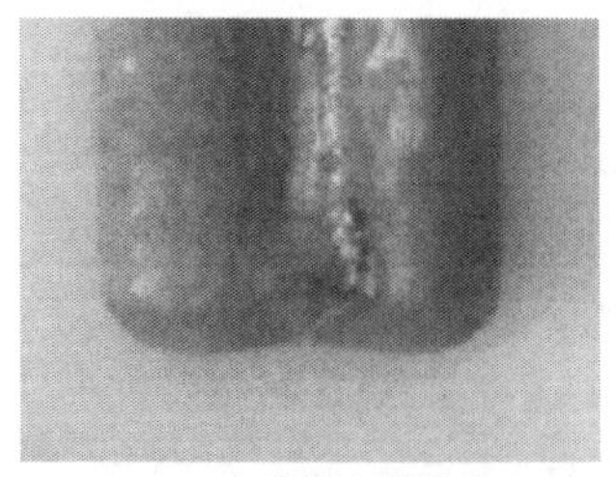

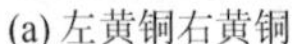

(a) 左黄铜右黄铜　　(b) 左紫铜右紫铜　　(c) 左紫铜右黄铜

图 5.18　负极性加工时的多材质电极形状

图 5.17（c）的多材质电极左侧为黄铜、右侧为紫铜，通过比较图 5.17（a）和（c）可以发现，图 5.17（a）中的单材质电极进行加工后两侧为圆弧，中间近似为平面，而图 5.17（c）中将右侧的黄铜电极换成紫铜后可以发现黄铜电极端面圆弧曲率变大，这是因为当只用黄铜制作单材质电极正极性加工时，电极损耗速度较慢，损耗长度较短，角损耗不明显；而改为紫铜和黄铜组成的多材质电极进行正极性加工时，黄铜电极损耗会有所增加，损耗长度会有所增加，进而导致电极角损耗更加明显，端面圆弧曲率变大。比较图 5.17（b）和（c）可以发现，图 5.17（b）中由紫铜做成的单材质电极两侧为圆弧，中间为平面，而图 5.17（c）中由黄铜和紫铜做成的多材质电极中，紫铜电极端面圆弧现象更加明显，这是因为仅由紫铜材质做成的电极损耗速度太快，电极受伺服进给机构的控制向下进给时，电极端面中间部位和工件距离减小，放电概率增大，使得工件角损耗不明显。而黄铜和紫铜做成多材质电极之后，紫铜电极的损耗变小，进给速度没有那么快，此时角损耗更加明显，端面圆弧更加明显。观察图 5.17（c）可以发现，多材质电极中黄铜和紫铜电极连接处的电极损耗比两侧电极损耗均要小，这是因为加工时多材质连接处由紫铜和黄铜共同完成对工件的加工，电极损耗会相对较小。又由于黄铜电极比紫铜电极损耗慢，二者之间会有高度差，紫铜和黄铜的连接处会形成光滑过渡曲面，最终得到如图 5.17 所示的（c）的电极形状。

通过比较图 5.18（a）和（c）、（b）和（c）仍然可以得到同样的结论，区别是正极性加工时紫铜电极损耗大于黄铜电极，而负极性加工时紫铜电极损耗小于黄铜电极损耗。

5.2.3　电极材料对电极损耗的影响

为分析电极材料对电极损耗的影响，将表 5.3 所示的电极材料任意两两自由组合，采用热镀方法将两种电极材料通过焊锡连接在一起制备成多材质电极备用。

用制备好的多材质电极对模具钢进行加工，正极性加工 3min 后得到的多材质电极长度损耗情况如图 5.19 所示，负极性加工 3min 后得到的多材质电极长度损耗如图 5.20 所示。

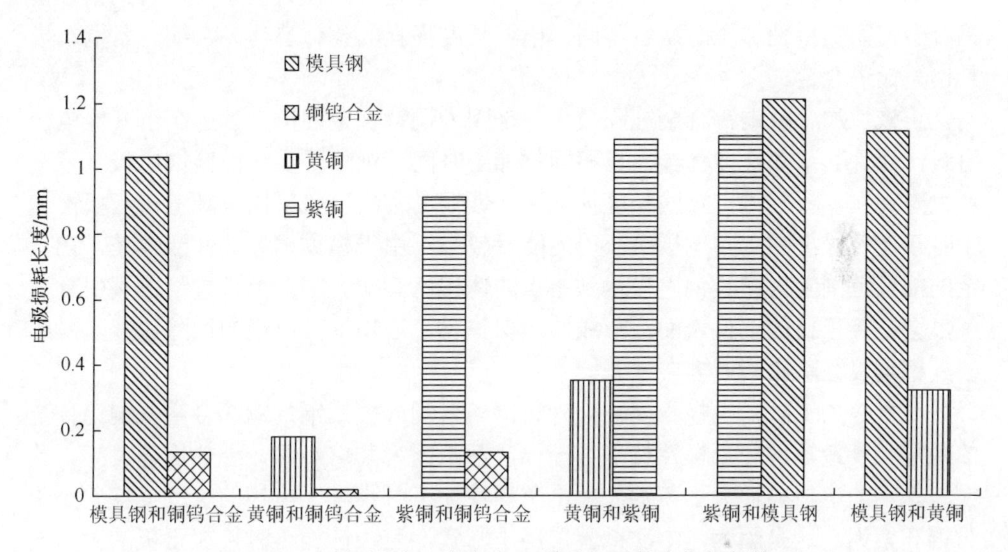

图 5.19　多材质电极正极性加工模具钢时的电极损耗情况

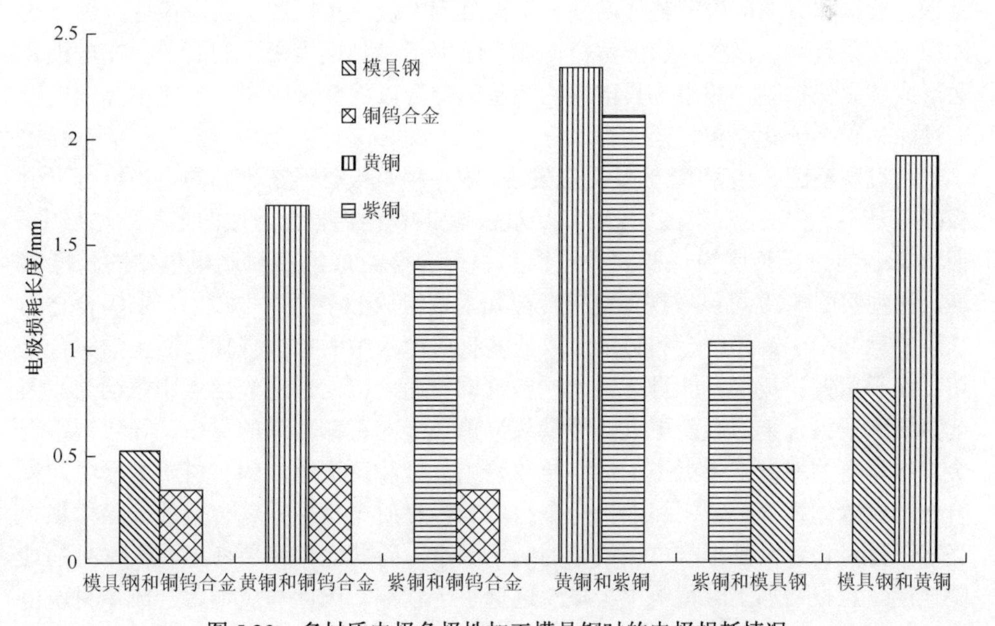

图 5.20　多材质电极负极性加工模具钢时的电极损耗情况

1）电极材料对长度损耗的影响

通过观察图 5.19 和图 5.20 可以发现，不同电极材料组合成的多材质电极损耗情况不同，正极性加工时，电极长度损耗的整体趋势为模具钢＞紫铜＞黄铜＞铜钨合金，而负极性加工时略有不同，电极长度损耗的整体趋势为黄铜＞紫铜＞模具钢＞铜钨合金。

正极性加工时铜钨合金蚀除最少，是因为铜钨合金的熔点远远高于其他电极材料，而且其导热性能优异，在相同的加工时间下蚀除最少。而紫铜电极长度损耗大于黄铜，模具钢电极的长度损耗大于紫铜。本次试验采用小脉宽，正极性加工时接在负极上的工具电极所获得的能量较小，由于模具钢导热性能较差，在一定的能量范围之内模具钢电极达到熔点的体积比紫铜大，加上模具钢电极中有石墨，会在接正极的工件表面上形成碳黑保护膜，增加工具电极的蚀除速度，最终模具钢电极蚀除比紫铜多。

负极性加工时，电极长度损耗为黄铜＞紫铜＞模具钢＞铜钨合金。铜钨合金的蚀除长度最短，和正极性加工时一样，都是因为其熔点高，导热性能优异。黄铜和紫铜的电极损耗大于黄铜，但是负极性加工时模具钢电极的长度损耗要小于黄铜和紫铜。这是因为，本次试验采用小脉宽，负极性加工时接在正极的工具电极会获得较大的能量，当输入的能量很大时，由于紫铜和黄铜的导热性能强于模具钢，紫铜和黄铜电极的整体温度大于模具钢电极，黄铜和紫铜电极达到熔点的体积会比模具钢电极多。加上负极性加工时由于模具钢电极中的石墨会在电极表面形成碳黑保护膜，减小工具电极的蚀除。综合以上两种因素，最终模具钢电极的蚀除体积小于紫铜和黄铜电极。

通过观察图 5.19 和图 5.20 可以发现，同一种电极材料在不同的电极组合下电极损耗是不一样的。观察图 5.19 可以发现，紫铜和铜钨合金组成的多材质电极中，铜钨合金的电极长度损耗要大于黄铜和铜钨合金组成的多材质电极中的长度损耗。而观察图 5.20 可以发现，铜钨合金和紫铜组成的多材质电极中，铜钨合金的长度损耗却小于铜钨合金和黄铜组成的多材质电极中的长度损耗。因为铜钨合金熔点高于紫铜和黄铜，能量会向紫铜和黄铜传递，但是紫铜的熔点比黄铜高，因此黄铜和铜钨合金的温差更大，能量从铜钨合金向黄铜传递的更多，导致铜钨合金电极本身的能量下降更多，最终导致铜钨合金和黄铜组成的多材质电极中铜钨合金的蚀除体积少于紫铜和铜钨合金组成的多材质电极中铜钨合金的蚀除体积。当然，能量传递只是影响电极蚀除的一个因素，除此之外还要考虑电极本身的蚀除速度，正极性加工时黄铜电极损耗远远小于紫铜，因此与黄铜组合成多材质电极的铜钨合金损耗就会较少。而负极性加工时，紫铜电极损耗要小于黄铜，此时和紫铜组合成多材质电极中的铜钨合金电极损耗就会相对较少。

2）电极材料对角损耗影响

图 5.21（a）为加工之前的模具钢和铜钨合金组成的多材质电极，其中左侧为铜钨合金，右侧为模具钢；图 5.21（b）为加工之前的铜钨合金和黄铜组成的多材质电极，其中左侧为铜钨合金，右侧为黄铜。这样的电极共有 12 个，这里不再一一列举。

(a) 左铜钨合金右模具钢

(b) 左铜钨合金右黄铜

图 5.21　加工之前的多材质电极

用图 5.21 所示的多材质电极对模具钢进行正极性加工后得到的电极如图 5.22 所示，通过观察图 5.22 可以发现，不同的电极组合会得到不同的端面形状。观察图 5.22（a）可以发现，模具钢和铜钨合金组成的多材质电极中，模具钢的蚀除长度远远大于铜钨合金。而且铜钨合金的电极端面有明显的圆弧，但是模具钢的电

(a) 左铜钨合金右模具钢

(b) 左铜钨合金右黄铜

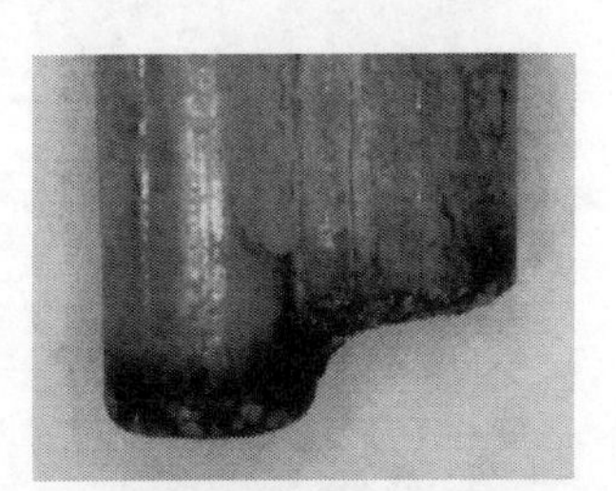

(c) 左铜钨合金右紫铜

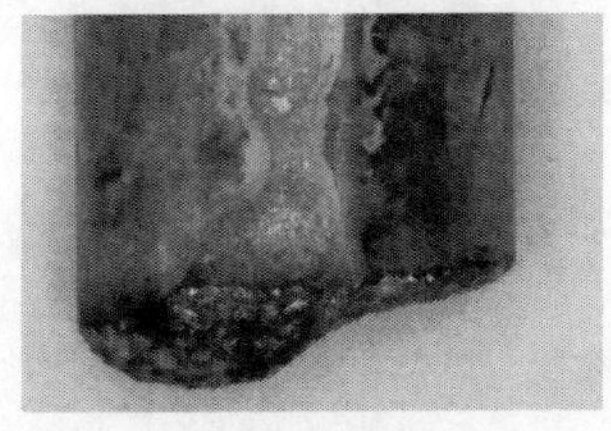

(d) 左黄铜右紫铜

(e) 左模具钢右紫铜

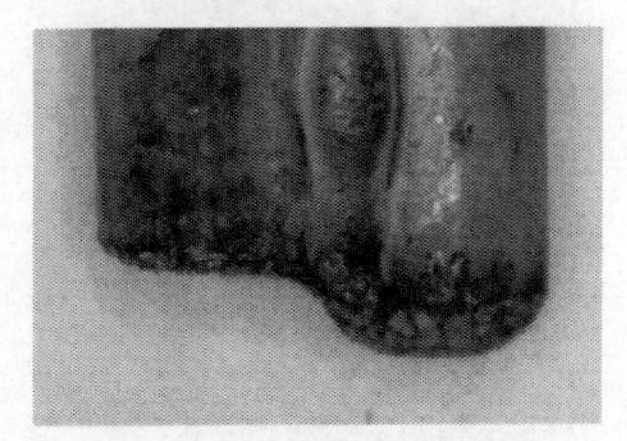

(f) 左模具钢右黄铜

图 5.22　正极性加工后的多材质电极形状

极端面却近似为平面，产生这种现象是因为电极蚀除速度不同，蚀除速度越快，电极受伺服机构控制的进给速度就越快，电极中间部位的损耗就越快，导致电极端面还没来得及进行角损耗就已经向下进给，最后就会得到角损耗不明显、近似为平面的电极端面。

观察图 5.22（b）可以发现，蚀除慢的铜钨合金的电极端面圆弧没有蚀除快的黄铜电极端面明显，产生这种现象的原因是铜钨合金蚀除长度太小，约为 0.02mm，其角损耗同样也很小，所以其端面圆弧不明显。而黄铜电极的长度损耗约为 0.18mm，为铜钨合金的 9 倍，黄铜电极的角损耗比铜钨合金明显，导致黄铜电极端面圆弧更加明显。

观察图 5.22（e），两种电极材料的端面均近似为平面，产生这种现象是因为二者的蚀除速度很快而且速度近乎相等，角损耗都不明显，最后形成的电极端面均近乎为平面的端面形状；图 5.22（c）、（d）、（f）三种多材质电极中蚀除慢的电极端面近似为圆弧，蚀除快的近似为平面，原因和图 5.22（a）相同。

图 5.23 为负极性加工后的多材质电极形状。通过观察图 5.23（a）可以发现，右侧为黄铜、左侧为紫铜的多材质电极在负极性加工后，紫铜电极端面近似为球状，而黄铜电极端面却近似为平面。这是因为负极性加工时黄铜电极损耗比紫铜快，蚀除速度快，进给速度就快，导致角损耗不明显，所以最终黄铜电极端面近似为平面，而紫铜电极近似为球状。

(a) 左紫铜右黄铜　(b) 左紫铜右模具钢　(c) 左铜钨合金右黄铜

(d) 左铜钨合金右紫铜　(e) 左模具钢右黄铜　(f) 左铜钨合金右模具钢

图 5.23　负极性加工后的多材质电极形状

观察图 5.23（b）可以发现，紫铜和模具钢组成的多材质电极在负极性加工时，紫铜电极端面近似为平面，而模具钢的电极端面却近似为圆弧。本次试验采用小脉宽，当负极性加工时，接在正极的工件会有很大的能量，而当能量很大时，紫铜电极由于导热性能良好，达到熔点的体积会更大，加上模具钢电极表面的碳黑保护膜对电极有保护作用，因此紫铜电极蚀除会更快，而模具钢电极却相对却较慢。

图 5.23（c）中的多材质电极左侧为铜钨合金、右侧为黄铜，在加工之后可以发现铜钨合金电极端面近似为球状，而黄铜电极端面却近似为平面。这是因为铜钨合金的蚀除速度小于黄铜电极的蚀除速度，蚀除速度慢，角损耗就明显。

图 5.23（d）中的多材质电极左侧为铜钨合金，右侧为紫铜，可以发现虽然铜钨合金电极端面也为球状，紫铜电极端面近似为平面，但是和图 5.23（c）中的电极端面形状却略有不同。图 5.23（c）中铜钨合金电极侧面损耗更为严重，这是因为黄铜电极在负极性加工时电极损耗比紫铜严重，所以在相同的时间内铜钨合金进行加工的时间更长，加工深度更深，此时铜钨合金的侧面和工件更容易产生侧面放电，导致铜钨合金电极侧面损耗更为严重。

图 5.23（f）中的多材质电极左侧为铜钨合金、右侧为模具钢，可以发现此时电极端面形状均接近球状，但都不是很明显。这是因为铜钨合金的熔点高，导致其损耗速度慢，在规定时间内蚀除长度很小，角损耗并不是很明显。而模具钢电极在负极性加工时蚀除速度虽然会比紫铜和黄铜慢，但是和铜钨合金组成多材质电极之后，由于铜钨合金电极熔点高，能量会从铜钨合金电极传递给模具钢电极，铜钨合金电极蚀除量会减小，而模具钢电极蚀除量会增加，电极端面会产生圆弧，但并不明显。

5.2.4　加工极性对电极损耗的影响

1）加工极性对工具电极长度损耗的影响

观察图 5.19 和图 5.20 可以发现，负极性加工时除了模具钢电极，其余电极的长度损耗远远高于正极性加工。因为负极性加工时接在正极的工具电极会受到电子的轰击，而正极性加工时，接在负极的工具电极会受到正离子的轰击。试验采用的脉宽较小，电子的质量和惯性小，容易获得很高的加速度和速度，所以负极性加工会有大量的电子轰击正极，导致工具电极损耗较快。而正极性加工时，由于正离子质量大，仅有一小部分正离子能到达接在负极的工具的电极表面，此时电极长度损耗很小。而模具钢电极之所以负极性加工时电极长度损耗小于正极性加工，是因为其含有碳元素，当负极性加工时，接在正极的模具钢电极会吸附工作液中的碳元素，在表面形成一层碳黑保护膜，保护工具电极不被蚀除。而正极性加工时，会在工件表面形成碳黑保护膜，加快工件的蚀除，最终负极性加工时模具钢电极的蚀除量会大于正极性加工时模具钢电极。

同时还可以发现，正极性加工时，紫铜和黄铜电极的长度损耗均小于模具钢电极，但在负极性加工时，却是紫铜和黄铜的电极长度损耗大于模具钢电极。由于脉宽很小，正极性加工时接在负极的工具电极会得到很少的能量，而在输入能量较小时，由于紫铜和黄铜电极导热性能比模具钢好，其达到熔点的体积就会比模具钢小。而负极性加工时，接在正极的工具电极就会得到很大的能量，在输入能量很大时，由于紫铜和黄铜的导热性能比模具钢强，紫铜和黄铜的整体温度就会比模具钢高，达到熔点的体积相应地就会比模具钢大。再加上碳黑保护膜的影响，模具钢最终的电极蚀除量会小于紫铜和黄铜电极。

2）加工极性对工具电极角损耗的影响

比较图 5.22 和图 5.23 中的铜钨合金电极，可以发现正极性加工时铜钨合金电极端面圆弧形状没有负极性加工时明显，这是因为在小脉宽加工中，正极性加工时工具电极损耗长度较小，仅为零点几毫米，导致角损耗不明显，而负极性加工时工具电极损耗速度会有所增加，电极端面圆弧更加明显。

多材质电极中的紫铜和黄铜在电极正极性加工时，电极端面圆弧比负极性加工时明显，是因为正极性加工时电极的蚀除速度远远小于负极性加工，蚀除速度越快，进给就越快，电极中间部位蚀除就快，角损耗不明显，单面圆弧就不明显，所以紫铜和黄铜正极性加工时电极端面圆弧比负极性加工明显。而多材质电极中的模具钢电极正极性加工时，电极端面圆弧没有负极性加工时明显，模具钢电极在负极性加工时会在工具电极表面形成碳黑保护膜，保护工件不被蚀除，而正极性加工时却会在工件表面形成碳黑保护膜，加速模具钢电极的蚀除，因此模具钢负极性加工时电极端面圆弧状比正极性加工时明显。

5.2.5　多材质电极形状变化规律

1）黄铜和模具钢组成的多材质电极形状变化

为分析黄铜和模具钢组成的多材质电极形状变化规律，采用热镀方法将黄铜和模具钢连接起来，制成多材质电极备用。将试验时间间隔设置为 1min，对模具钢进行正极性加工，同样制备多组电极，在规定时间将电极换下，采用电子显微镜进行拍照，观察并记录其形状随时间的变化情况。

如图 5.24 所示为模具钢和黄铜组成的多材质电极形状变化情况，通过观察可以发现，黄铜电极端面从一开始的平面逐渐变成圆弧，模具钢电极端面最终仅有很小的圆弧，而电极中间却一直近似为平面。黄铜电极端面从平面逐渐变为圆弧，是因为电极边缘处场强比其余位置要高，具有更高的放电概率，边缘处的电极蚀除速度更快，随着电极边缘曲率不断减小，电极端面场强逐渐趋于平稳，最后进入均匀场强阶段，意味着黄铜电极进入均匀损耗阶段。而模具钢电极只有两侧有很小的圆弧，端面却一直近似为平面，是因为模具钢电极正极性加工时蚀除速度较快，角损耗还没来得及蚀除就已经进入端面损耗，导致角损耗不明显，最终模具钢电极端面近似为平面。同时还可以发现，黄铜和模具钢电极的连接处有一过渡曲面，利用圆心角公式可以求出连接区域过渡圆弧半径和圆心角的关系，如图 5.25 所示。

(a) 1min时电极形状

(b) 2min时电极形状

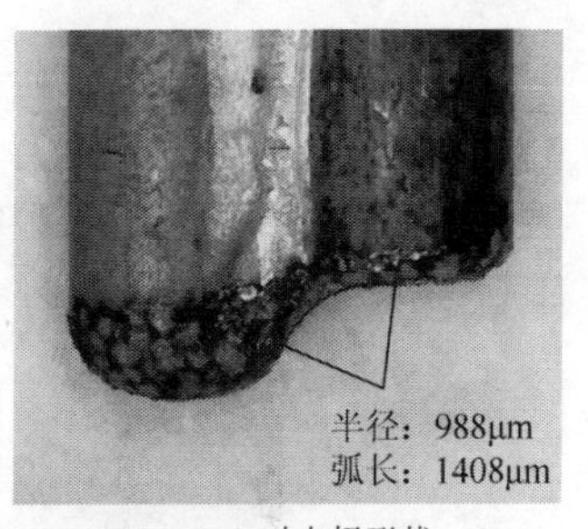

(c) 3min时电极形状

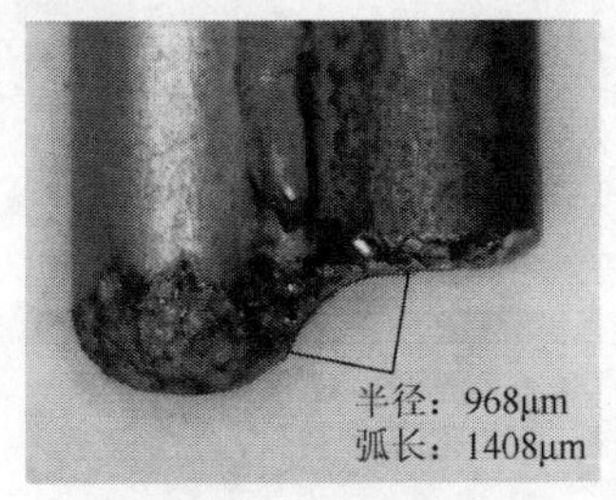

(d) 4min时电极形状

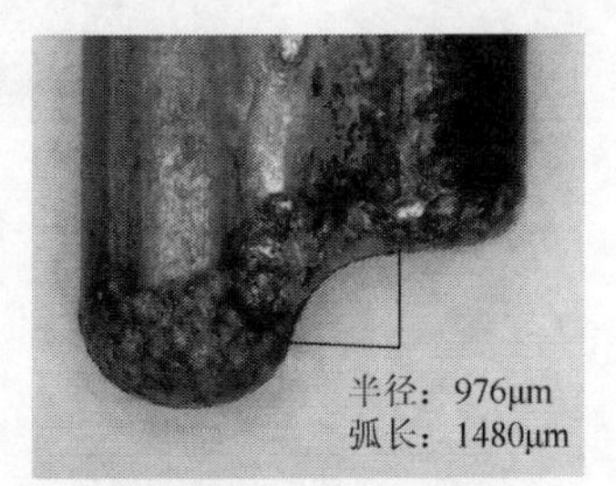

(e) 5min时电极形状

图 5.24　模具钢和黄铜组成的多材质电极形状变化情况

通过对图 5.25 进行观察可以发现，该过渡区域的圆弧圆心角均随着时间的增加逐渐减小，但是最后接近恒定值，而改变的只有二者的长度差。这同样是因为开始时受到尖端效应的影响，过渡处电极尖端先被蚀除，形成曲面，随着加工的进行，逐渐形成等势面，进入均匀损耗阶段，此时过渡区域的圆弧半径和圆心角均基本恒定不变。

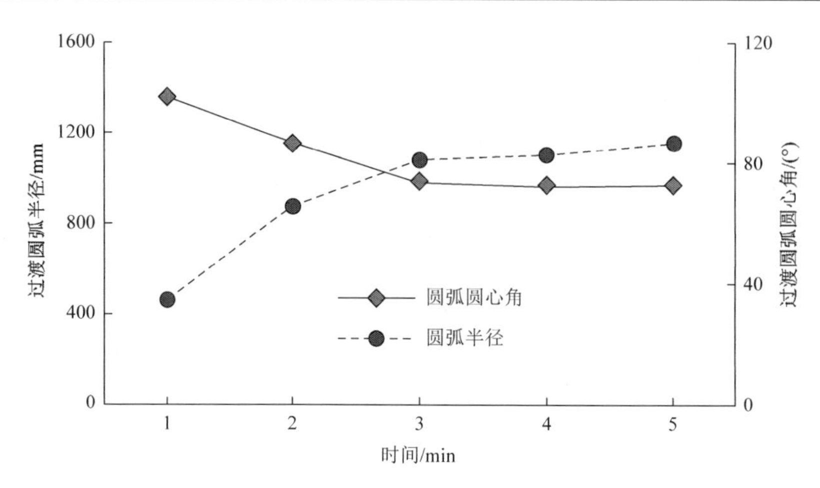

图 5.25　黄铜和模具钢多材质电极连接区域过渡圆弧半径及圆心角

2）铜钨合金和紫铜组成的多材质电极形状变化

以同样的方法进行加工试验，如图 5.26 所示为铜钨合金和紫铜组成的多材质电极形状变化情况。

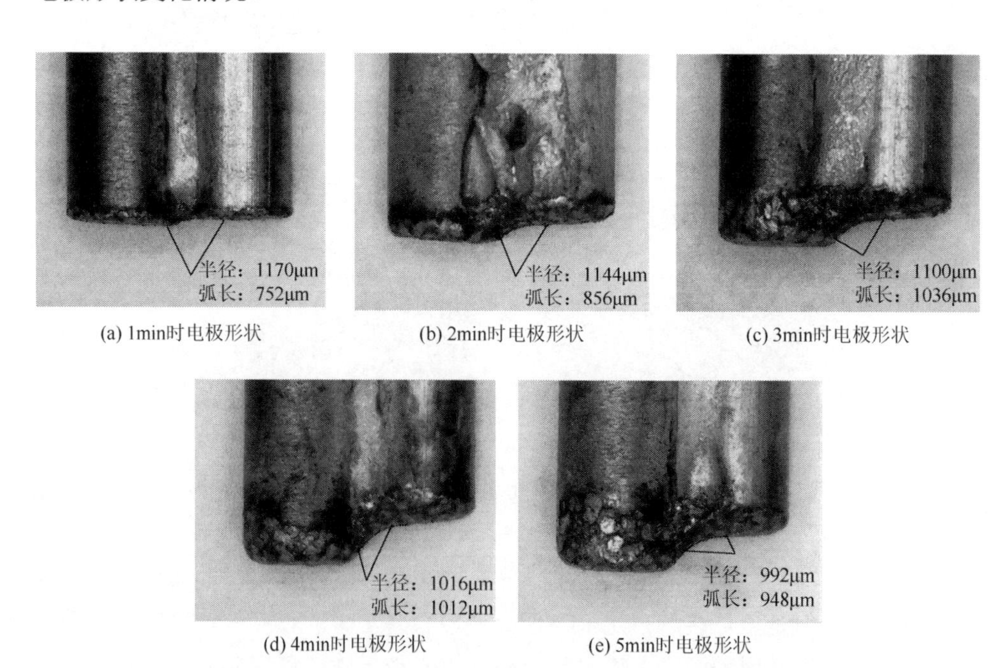

图 5.26　铜钨合金和紫铜组成的多材质电极形状变化情况

通过观察图 5.26 可以发现，铜钨合金和紫铜组成的多材质电极中铜钨合金和紫铜电极两侧均有很小的圆弧，而电极中间却均近似为平面。铜钨合金和紫铜电极两侧均有圆弧同样是因为电极底部边缘处的场强比其他位置高，放电概率大，蚀除速度快。而铜钨合金的电极端面却没有形成图 5.22（f）中和与黄铜相似的球状电极，是因为铜钨合金电极的熔点高，蚀除速度相对于黄铜要慢很多，蚀除长度太小，导致圆弧不明显。而紫铜电极端面圆弧小是因为电极蚀除速度快，导致角损耗不明显。同样利用圆心角公式得到铜钨合金和紫铜组成的多材质电极连接区域的过渡圆弧半径和圆心角之间的关系，如图 5.27 所示。

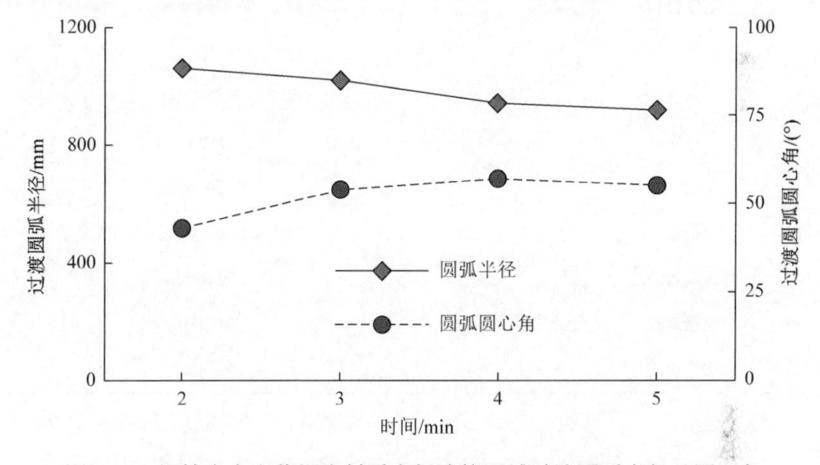

图 5.27 铜钨合金和紫铜多材质电极连接区域过渡圆弧半径及圆心角

通过观察图 5.27 可以发现，由于紫铜和铜钨合金组成的多材质电极损耗慢，开始时过渡处圆弧并不明显，但是等加工时间达到 3min 后可以发现，过渡处圆心角和半径均基本不变，说明此时多材质电极已经进入均匀损耗阶段。

5.3 基于图像处理技术的电极损耗研究

电火花加工中电极形状的变化会严重影响加工的精度和表面质量，目前先进的电火花加工在线检测技术可以通过加工过程中实时检测的数据信息判断加工状态，并据此完成对加工过程的监控。较为先进的在线监控系统还配备了显微镜和摄影摄像设备，便于人们更好地识别加工过程的状态变化。如果将电极损耗的形状变化通过摄影技术获取，再将所得信息利用微机图像处理技术进行分析处理，可以更加及时有效地了解加工过程中工具电极的变化情况，这将有利于人们对整个电火花加工过程进行实时监控。本节提出一种利用图像处理技术离线分析电极损耗的方法，也可应用于电极损耗的在线检测中。

为了得到小孔加工后工具电极的轮廓数据，采用日本松下电火花加工机床（MG-ED72W），通过微细电火花钻削加工方法在工件上加工一个微孔，试验条件如表 5.4 所示。加工后的工具电极放在扫描电子显微镜下观察，并将所得的电极形状记录下来。

表 5.4　微细电火花钻削加工试验条件

项目	参数
电极材料	钨
工件材料	铝
介质	电加工油
电压	110V
电容	3300pF
极性	阴极：工具，阳极：工件
电极旋转速度	3000r/min
电极直径	200μm
切割深度	200μm

5.3.1　电极边缘轮廓的提取

1）Canny 边缘检测方法

Canny 边缘检测方法是指通过寻找图像梯度的局部最大值来识别边缘，其中梯度的幅值和方向是通过对高斯滤波函数一阶偏导数的有限差分法计算得到的。Canny 边缘检测属于先平滑后求导数的方法，对信噪比与定位乘积进行测度，可以得到最优化的逼近算子。Canny 边缘检测方法的优点在于，使用两种不同的阈值分别检测强边缘和弱边缘，并且仅当弱边缘和强边缘相连时，才将弱边缘包含在输出图像中。因此，Canny 边缘检测方法不容易被噪声干扰，更容易检测出真正的弱边缘。在获取的电极试验图片中，Canny 边缘检测方法可以有效抑制由图像传感器自身及加工环境产生的噪点。由于电极材料与背景的反差有时会比较模糊，这种方法可以比较精确地确定边缘的位置。

2）轮廓特征的提取

图 5.28 为微孔加工后所得损耗电极的 SEM 图，由图可见，电极侧壁上端部

分并没有明显的侧面损耗。为了简化运算，可将图片上部去除，经旋转后所得图像如图 5.29（a）所示。通过选定特定的阈值进行 Canny 边缘提取，得到的损耗电极端部轮廓形状如图 5.29（b）所示。提取轮廓图像中轮廓边缘对应点的位置数据，采用逐行扫描的方法找出轮廓边缘点，并以矩阵的形式存储起来。加工过程中，工具电极旋转导致电极损耗结果形状基本沿旋转轴呈轴对称，可将边缘轮廓图像中曲线与对称轴的交点设为坐标原点，对称轴为 y 轴，则可得边缘轮廓其他各点在坐标系中的对应关系，如图 5.29（c）所示。图 5.29（c）中的坐标数值对应轮廓数据点在矩阵中的存储位置，单位可以看作 1，本小节中的数据点图像，如无特殊说明，单位都为 1。

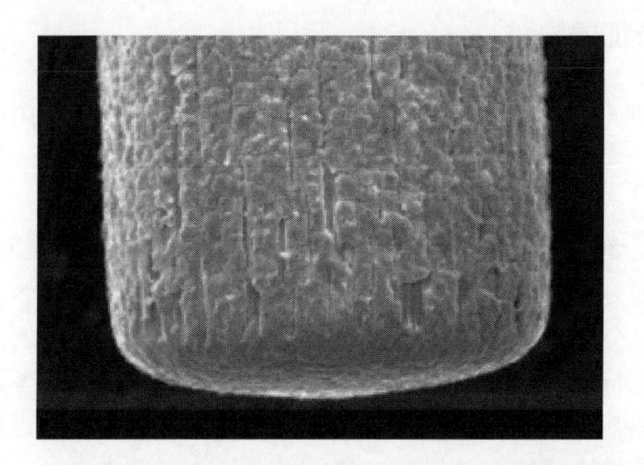

图 5.28 微孔加工后所得损耗电极 SEM 图

(a) 损耗电极端部

(b) 提取的电极轮廓曲线

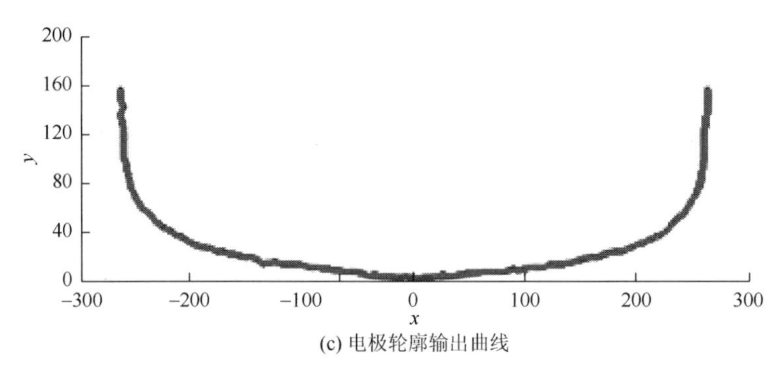

(c) 电极轮廓输出曲线

图 5.29　电极轮廓特征提取工艺

5.3.2　轮廓特征的描述

将如图 5.29（c）所示的散点数据进行曲线拟合，可采用的拟合方式如下。

1）分段拟合

如果采用普通函数整体拟合图 5.29（c）的曲线，产生的误差较大，所以考虑采用分段拟合的方法进行拟合。电极轮廓大致可分为电极端面、端面圆角和电极侧壁三个部分。分段拟合方法可将这三个部分分别以不同类型的函数进行拟合，并将所得函数进行整合，使其能够真实、合理地反映电极轮廓各点位置的数学关系。根据不同损耗部位的各自特点，对侧壁损耗采用直线拟合，对角损耗和端面损耗采用不同的多项式拟合。但是，分段拟合后，各阶段拟合函数的特性不能统一，会对后续的分析带来很多不便，且分段拟合中各类损耗之间的界定很难预先设定好，这也会影响拟合精度。

2）基于贝塞尔函数的曲线拟合

尽管分段拟合方法应用较为灵活，对不同特点的曲线分别采用不同的拟合函数，拟合效果较好，但是，各分段函数之间的过渡往往不够理想，数据分布的整体特征并不明显。由此，受集肤效应影响电场分布函数曲线的启发，根据轮廓曲线的分布情况找到了一种合适的函数进行曲线拟合，这就是基于贝塞尔函数的曲线拟合。

采用的拟合函数为

$$f(x)=\sum_{n=0}^{N}a_n\frac{I_0(\sqrt{2n+1}\,|x|)}{I_1(x)} \tag{5.1}$$

式中，N 为正整数；a_n 为系数；$I_0(x)$为第一类变态零阶贝塞尔函数；$I_1(x)$为 $I_0(x)$一阶导数；$x=x_{\max}-x_{\min}$，为数据的宽度。

采用的拟合方法为最小二乘法，拟合后的曲线和残差如图 5.30 所示，在图中，横坐标为对应轮廓数据点在矩阵中的存储位置，单位为 1。拟合曲线的判定结果如表 5.5 所示，从表中可知，对于一个具有 684 个数据点的图像拟合来说，所得的拟合结果较为理想。由此，选择基于贝赛尔函数的曲线拟合方法进行电极轮廓数据点的曲线拟合是可行的。

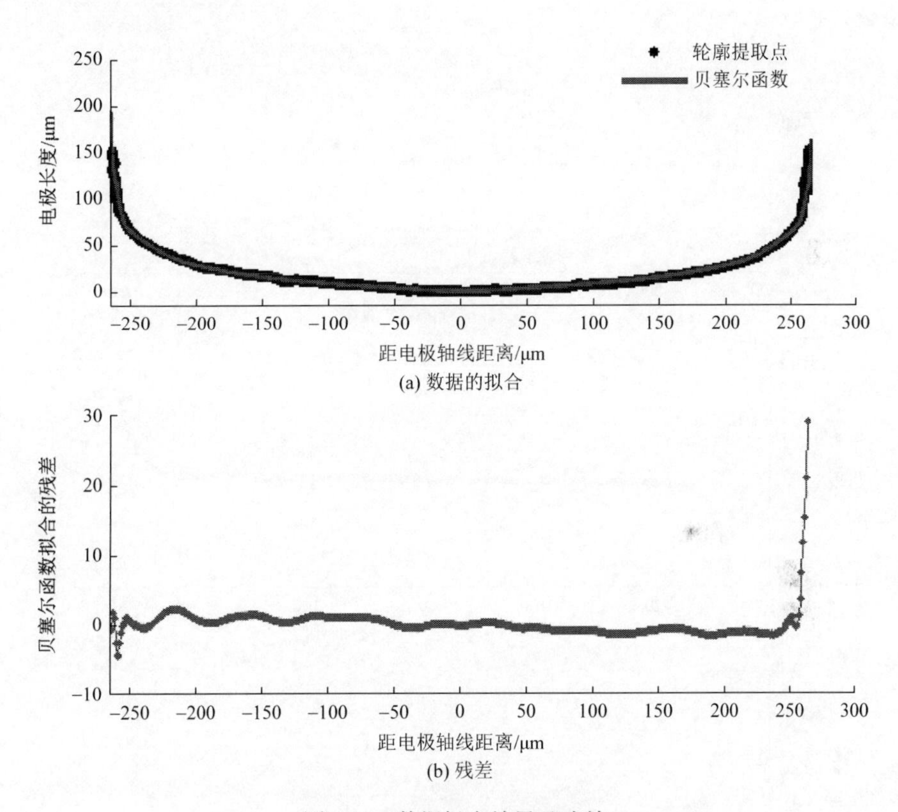

图 5.30 数据拟合结果及残差

表 5.5 轮廓函数拟合结果的判定

和方差	R^2	修正 R^2	均方根
2737	0.998	0.998	2.014

3）电极不同损耗部位的划分

通过所得的拟合函数，可以对电极的损耗进行进一步的分析，图 5.31 中二阶导数数值快速升高的部分对应着损耗电极轮廓曲线斜率变化最快的部分，也是电极形状发生明显改变的部分，因此这一部分可以认为是电极端面损耗和角损耗的分界点。根据拟合曲线二阶导数数值曲线，取二阶导数数值 1×10^{-6} 作为分界标准（由于对数据预先进行了标准化，拟合后曲线的一阶导数和二阶导数数值都将明显偏小），将电极损耗分为角损耗和端面损耗两部分，其中侧面损耗包含于角损耗内一并讨论。

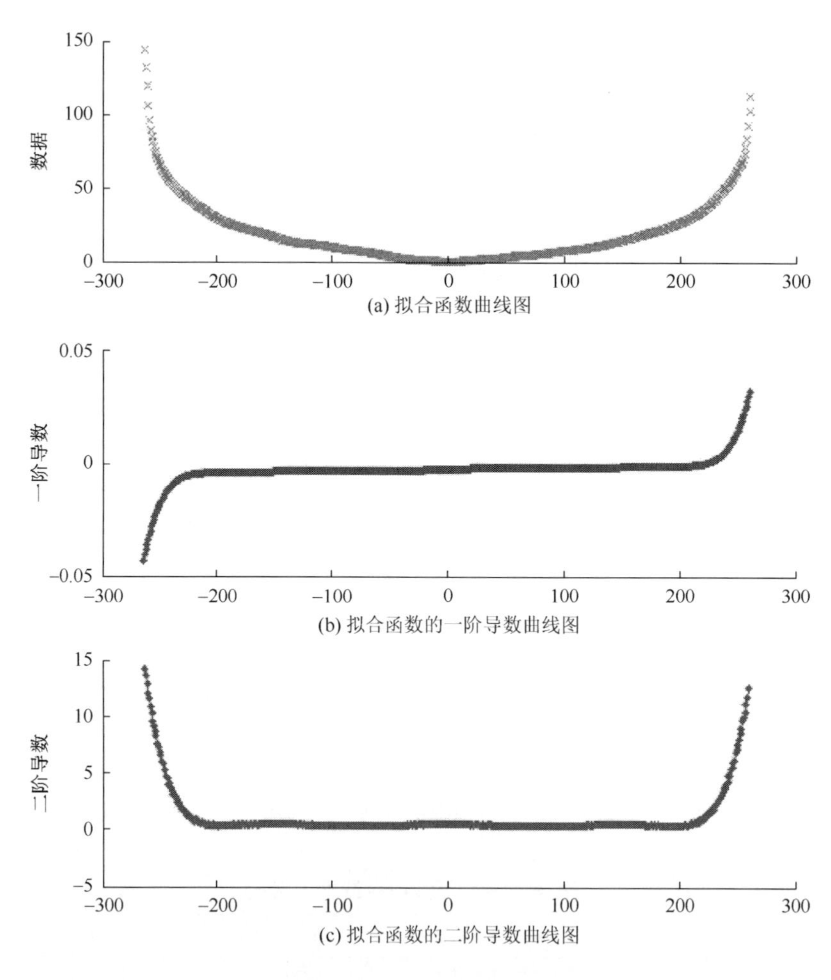

图 5.31 拟合函数的特征分析

5.3.3 局部电极损耗的关系

圆柱状电极损耗需要经历两个不同的阶段，即过渡损耗阶段和均匀损耗阶段。加工初期，由于工具电极存在尖角棱边等容易引起电场畸变的特征，加工过程中这些部分的损耗将非常快，电极端部形状变化较快。随着加工的不断进行，尖角棱边部分损耗变钝，降低了这些部位的去除速度，而因为端面的进给作用，电极端面损耗速度不断增加。当电极各部位材料蚀除速度达到平衡时，工具电极端部形状也基本维持不变，只有电极材料沿长度方向缩短，这时候的加工就进入了均匀损耗状态。由于两个电极损耗阶段中，角损耗与端面损耗的界定不同，两个阶段的电极损耗对比也是不同的[1, 2]。

1）过渡损耗阶段计算

在电极损耗的过渡阶段，原本棱角分明的圆柱状电极逐渐因端面损耗和角损耗而变钝。假设加工前后电极为轴对称结构，加工前电极底面与对称轴的交点为原点，圆柱电极的半径为 a，加工后电极的轮廓用 $f(x)$ 描述，A_1、A_2 分别为角损耗和端面损耗的分隔点，距圆柱中心的距离为 b，加工前后电极长度变化量为 ΔL，A_1C_1、A_2C_2 分别简化为直线 $h_1(x)$ 和 $h_2(x)$，则在不同损耗阶段的各部位电极损耗示意图如图 5.32 所示。

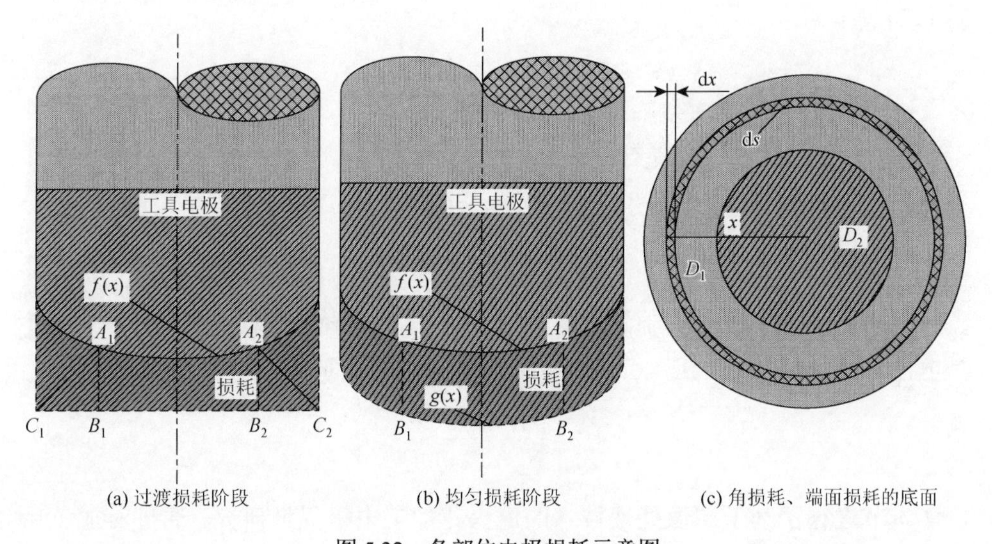

(a) 过渡损耗阶段　(b) 均匀损耗阶段　(c) 角损耗、端面损耗的底面

图 5.32　各部位电极损耗示意图

根据图 5.32（a）可知，加工前后角损耗体积 V_c 可由式（5.2）表示：

$$V_c = \int_{D_1} f(x) - h(x) \mathrm{d}s \tag{5.2}$$

将 D_1 区域以圆环的形式进行分割［图 5.32（c）］，则微圆环的面积 ds 为

$$\mathrm{d}s = \pi x^2 - \pi(x - \mathrm{d}x)^2 = 2\pi x \mathrm{d}x - \pi \mathrm{d}x^2 \approx 2\pi x \mathrm{d}x \tag{5.3}$$

将式（5.3）代入式（5.2）中得

$$V_c = \int_b^a 2\pi x [f(x) - h(x)] \mathrm{d}x \tag{5.4}$$

加工前后端面损耗体积 V_e 可由式（5.5）表示：

$$V_e = V_{e1} + V_{e2} = \int_{D_1} h(x)\mathrm{d}s + \int_{D_2} f(x)\mathrm{d}s \tag{5.5}$$

将式（5.3）代入式（5.5）中得

$$V_e = \int_b^a 2\pi x h(x)\mathrm{d}x + \int_0^b 2\pi x f(x)\mathrm{d}x \tag{5.6}$$

将式（5.4）和式（5.6）中的各已知量代入计算，取实际测得值 $a = 25\mu m$、$\Delta L = 19\mu m$，其他各未知条件均可由拟合函数计算得出。对贝塞尔函数积分较为困难，因此采用数值计算的方法对各损耗体积进行计算，得到过渡阶段加工前后角损耗体积 V_c 约为 $4.987\times10^3\mu m^3$，端面损耗体积 V_e 约为 $3.479\times10^4\mu m^3$。

2）均匀损耗阶段计算

在均匀损耗阶段，电极形状基本不发生变化，因此根据图 5.32（b）可以假设 $f(x)$ 与 $g(x)$ 之差恒为常值 ΔL，则损耗体积的计算将大大简化，加工前后角损耗体积 V_c 可表示为

$$V_c = \int_{D_1} f(x) - g(x)\mathrm{d}s \tag{5.7}$$

根据微积分理论，V_c 等效于以 D_1 为底，损耗长度 ΔL 为高的圆柱体积，而加工前后的端面损耗体积 V_e 可表示为

$$V_e = \int_{D_2} f(x) - g(x)\mathrm{d}s \tag{5.8}$$

V_e 等效于以 D_2 为底，损耗长度 ΔL 为高的圆柱体积。则在均匀损耗阶段，工具电极角损耗和端面损耗体积的比值即为二者对应底面 D_1、D_2 面积的比值：

$$\frac{V_e}{V_c} = \frac{S_{D_1}}{S_{D_2}} = \frac{a^2 - b^2}{b^2} \tag{5.9}$$

本节进行了基于图像处理技术的电火花加工电极损耗研究，通过对加工后损耗电极图像轮廓特征的提取分析，以及损耗数据曲线的函数拟合开辟了数字计算和分析电火花加工电极损耗的新路径，为实时监控电火花加工电极损耗状况提供了可行方法[3]。

5.4 电火花-电解复合加工工作液浓度对电极损耗的影响

电火花-电解复合加工是电火花加工和电解加工共同作用的一种新的特种加工方法[4]，兼具电火花加工与电解加工的优点，具有加工精度高、表面质量好、生产率高的独特优势，越来越广泛地应用于航空航天、交通运输及模具制造等工业领

域中难加工材料的高效精密加工中。然而，在复合加工过程中存在的工具电极损耗严重影响了零件的加工精度。电火花-电解复合加工中，不同工况下电极损耗和加工质量的影响因素一直是学者们广泛研究的热点内容。目前对电火花-电解复合加工的研究已经取得了丰富的成果，但由于加工过程影响因素众多，工作液浓度对电极损耗和形状变化的影响规律仍有待进一步研究[5, 6]。

本节针对电火花-电解复合加工中工具电极损耗和形状变化情况，以模具钢为对象，以不同浓度的电解质溶液为工作液，进行了电火花-电解复合加工试验研究。研究不同极性和电极材料条件下，工作液浓度对电极相对损耗、形状变化规律及加工精度的影响，研究结果对电火花-电解复合加工的实际生产具有一定的指导意义。

5.4.1 电火花-电解复合加工原理

电火花-电解复合加工是电火花和电解加工共同作用的过程，由于加工过程的复杂性、随机性，其加工机理尚不明确。现在普遍接受的加工原理为，加工过程中当放电脉冲到来时，电极材料首先在电解的作用下阳极溶解，阳极材料少量蚀除，并在阴极析出氢气。产生的氢气在极间累积、搭桥，形成气泡层，当电场强度超过放电临界值时，阴极发射电子，击穿极间绝缘介质，形成等离子放电通道。在放电通道高温高压的作用下，电极表面材料熔化、气化，形成高压气泡。当放电脉冲结束时，高压气泡破裂产生动力，促进电解液带走大部分金属离子，放电通道消逝，熔融液态金属以固态颗粒的形式抛出，电极表面材料去除，其加工原理示意图如图 5.33 所示。随着脉冲的不断累积，形成一定的材料去除率。生成的电蚀产物在工作介质冲液流动的作用下被带出加工区域。

电火花-电解复合加工与传统电火花加工相比，电解作用的引入可促进阳极材料溶解、增大放电间隙、去除材料重铸层，可有效降低电极损耗并改善加工质量。

5.4.2 试验方案设计

为分析工作液浓度对电极相对损耗及形状变化的影响规律，设计电火花-电解复合加工试验。因为采用的是浸液式加工方法，所以十分重要的一点就是要采用适合的电火花-电解复合加工工作液。采用磷酸钠电解质的去离子水溶液作为复合加工工作液，可有效避免硝酸钠和氯化钠溶液作为工作液时产生的有害气体。通过试验研究确定合理的磷酸钠工作液浓度范围，试验中发现，在电火花-电解复合加工中，随着工作液浓度的改变，电火花和电解的加工比例会发生相应改变，当工作液浓度变大时，电解加工的比例随之增大，电火花加工比例随之降低。当浓度达到临界值以上时，便只进行电解加工。加工试验中，当工作液浓度大于 0.4%

时，放电加工现象明显消失，因此确定工作液中电解质的浓度为 0～0.4%，进行电火花电解复合小孔加工全因素试验，试验条件如表 5.6 所示。

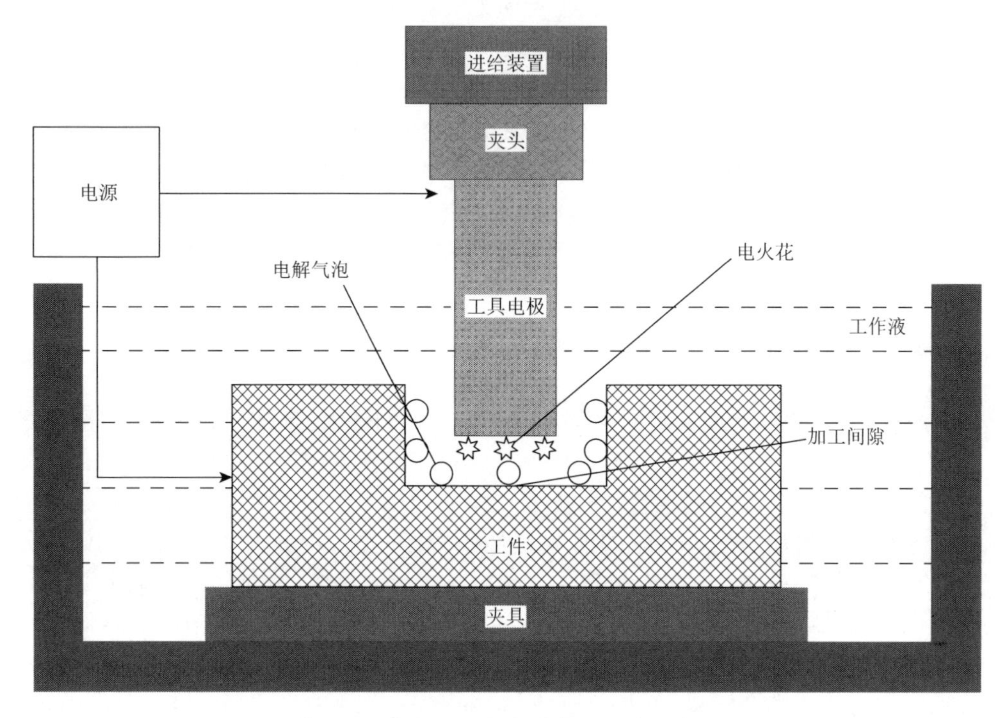

图 5.33　电火花-电解复合加工原理示意图

表 5.6　电极试验参数

项目	参数
工件材料	模具钢
电极材料	紫铜、黄铜、铜钨合金（W70）
加工极性	正极性、负极性
工作液	磷酸钠电解质去离子水溶液
工作液浓度	0、0.2%、0.4%
脉宽	12.5μs
脉间	7.5μs
放电击穿电压	45V
电流	0.8A
电极直径	2mm
加工时间	3min

每组试验均将加工时间设置为定值，量取加工前后的电极长度及加工小孔深度，计算电极相对损耗。用电子显微镜观察电极端面形状，分析电极长度损耗和形状随工作液浓度的变化规律。用电子显微镜测得加工后的电极直径和小孔直径，研究工作液浓度对加工精度的影响。

5.4.3 工作液浓度对电极相对损耗的影响

图 5.34 为正极性加工电极长度相对损耗情况，由图中可以看出，在正极性加工时，随着工作液中工作液浓度逐渐增大，各电极的相对损耗会相应地降低。当工作液的浓度从 0 增大到 0.2%时，电极的相对损耗变化非常明显，而当工作液浓度从 0.2%增大到 0.4%时，电极相对损耗的变化有所放缓。总体来说，在 0～0.4%范围内，工作液浓度的增大对电火花-电解复合加工有积极的影响。

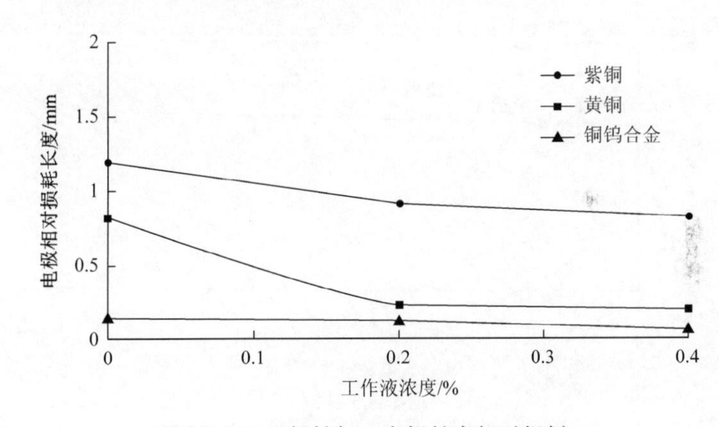

图 5.34 正极性加工电极长度相对损耗

由图 5.34 可以看出，当加工状态为电火花-电解复合加工时，即工作液浓度大于 0 时，火花放电加工过程伴随着电解作用，由于是工件接正极、工具电极接负极的正极性加工，电解作用会额外去除工件上的材料，而不损耗工具电极。相比普通电火花加工，即工作液浓度为 0 时，其电极相对损耗较低。随着工作液浓度的增大，电解的额外去除作用增强，电极相对损耗更低。此外，电解作用的加入使得极间间隙增大，在一定程度上改善了加工区域电蚀产物的聚集情况，并且随着阴极析氢气泡的破裂，增加了工作液流动，带走了电蚀产物，从而改善了极间放电环境，使得电极相对损耗有所降低。

从图 5.34 中还可以看出，铜钨合金电极受工作液浓度的影响较小，而黄铜电极受工作液浓度影响波动较大，这主要是因为在电化学中，金属溶解顺序为 Zn＞Cu＞W，而黄铜为 Cu 和 Zn 的合金，Zn 的活动性较强，所以受浓度影响较大。而铜钨合金电极中含有大量的钨，钨和铜与锌相比化学性质更加稳定，受电解加工影响较小，电极不易损耗。总体而言，随着工作液浓度的增大，电极的相对损耗逐渐降低，对加工有了明显的改善。但工作液浓度继续增大后，对电极相对损耗的影响程度逐渐减小。因此，只有严格控制电火花-电解复合加工的浓度，才能够充分发挥电火花-电解复合加工效能。

图 5.35 为负极性加工电极长度相对损耗情况，由图中可以看出，在负极性加工时，随着工作液的浓度逐渐增大，各电极的相对损耗会相应增加。这说明在负极性加工时，工作液浓度的增大对电火花-电解复合加工具有消极的影响，这主要是因为当工作液浓度大于 0 时，火花放电加工过程会伴随着电解作用。由于是电极接正极、工件接负极的负极性加工，电解作用会额外去除工具电极上的材料，部分去除的材料还会由于电化学作用而镀覆在工件表面，相比普通电火花加工，其电极相对损耗相应增加。

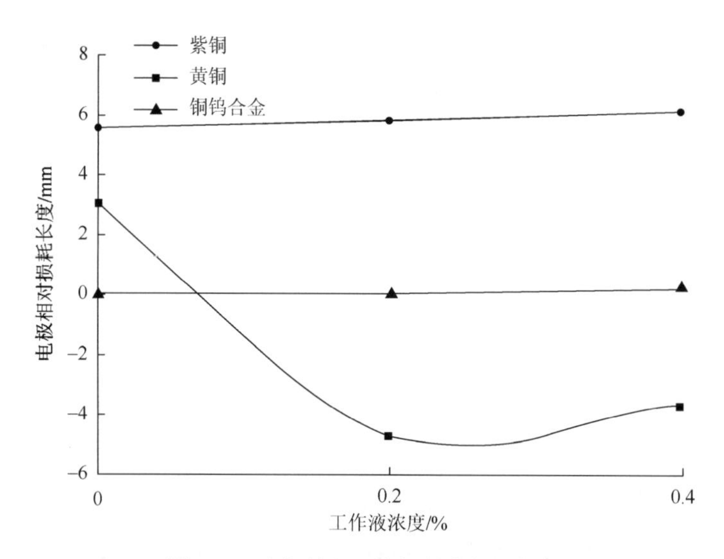

图 5.35　负极性加工电极长度相对损耗

由图 5.35 还可以看出，黄铜、紫铜、铜钨合金电极的相对损耗长度随着工作液浓度的增大呈上升趋势。这主要是由于工作液浓度增大，电解作用逐渐增强，阳极溶解工具电极，并且在阴极小孔处形成镀层，但是黄铜、铜钨合金电极损耗增加缓慢，而紫铜电极损耗迅速，甚至出现了负损耗。造成这一现象的主要原因是，在电解作用时，金属在阳极的溶解顺序是 Zn＞Cu＞W，在阴极的还原顺序是 Cu^{2+}＞H^{+}＞Zn^{2+}，所以当工具电极为黄铜时，黄铜电极中的 Zn 优先溶解变为 Zn^{2+}，随后 Cu 溶解变为 Cu^{2+}，由于电解作用，Cu^{2+}在阴极小孔处形成镀层，从而增加了电极的相对损耗。当工具电极为铜钨合金电极时，铜钨合金电极中的 Cu 变成

Cu^{2+}，随着溶液镀覆在工件表面，但是两种合金电极中 Cu 的含量较少，镀层较薄，从而导致损耗增加缓慢。当工具电极为紫铜时，随着工作液浓度的增大，电解作用逐渐增加，大量的 Cu^{2+}镀覆在工件的表面，严重阻碍了加工的进行。

图 5.36 为不同工作液浓度下紫铜电极加工小孔表面形貌，其中图 5.37（a）为工作液浓度为 0 时，紫铜电极加工的小孔表面形貌，可以看到其表面有少量的镀层，这是因为电火花加工中工具电极材料熔融后发生爆炸飞溅。图 5.37（b）、（c）分别为工作液浓度为 0.2%、0.4%时，紫铜电极的加工情况，此时电火花加工的去除量小于电解作用的电极镀覆量。随着加工的进行，大量铜离子镀覆在工件表面，随着浓度的增大，电解作用增强，镀层增厚，甚至出现了负损耗。

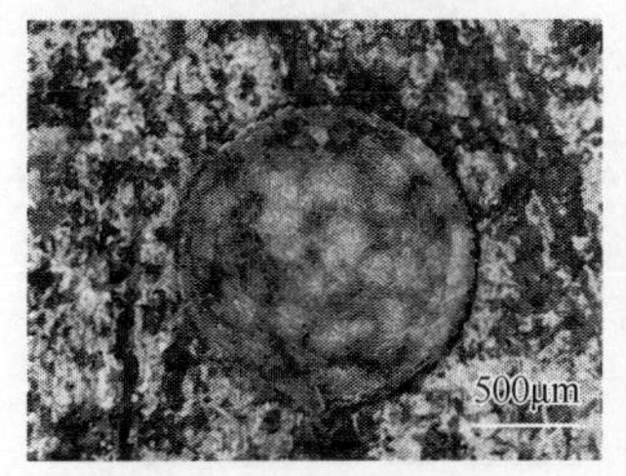

(a) 工作液浓度为0时

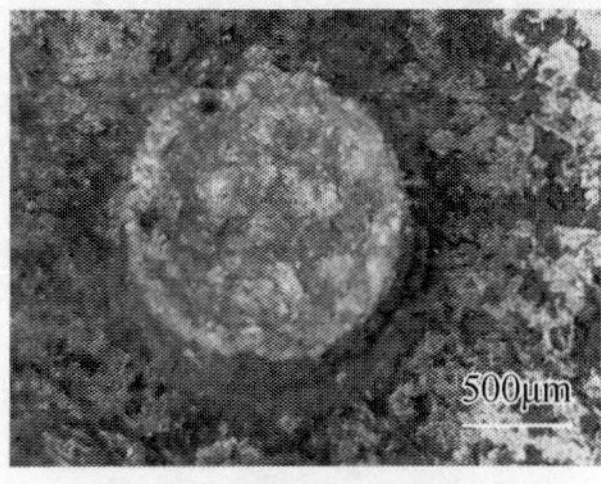

(b) 工作液浓度为0.2%时

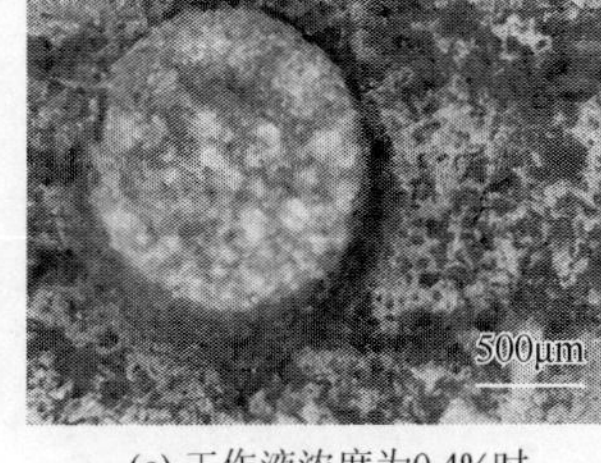

(c) 工作液浓度为0.4%时

图 5.36　不同工作液浓度下紫铜电极加工小孔表面形貌

5.4.4　工作液浓度对电极形状变化的影响

图 5.37～图 5.39 分别为紫铜、黄铜、铜钨合金在不同工作液浓度下的正极性加工电极形状变化图。由图 5.37～图 5.39 可看出，随着工作液浓度增大，电极的侧面损耗明显减小，在一定程度上改善了小孔的加工精度。这主要是因为电解作用随着工作液浓度的增大而增强，增大了放电间隙，使得蚀除颗粒很好地排出，从而减弱了普通电火花加工中的“二次放电”对电极侧面损耗的影响。由此可见，合理控制工作液浓度能够有效减少电极的侧面损耗，提高小孔加工精度。

(a) 工作液浓度为0时

(b) 工作液浓度为0.2%时

(c) 工作液浓度为0.4%时

图 5.37　不同工作液浓度下紫铜正极性加工电极形状变化

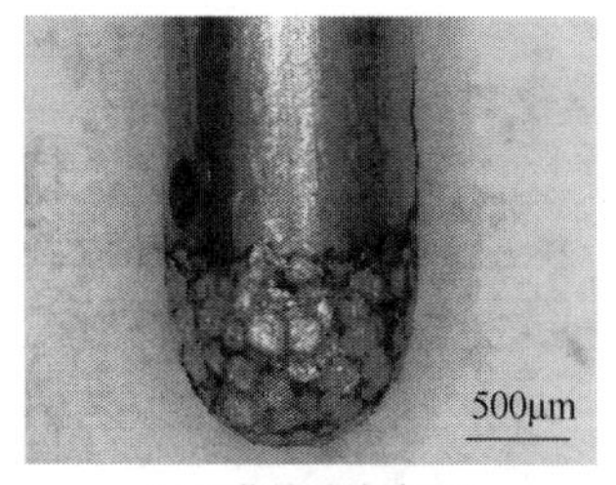

(a) 工作液浓度为0时

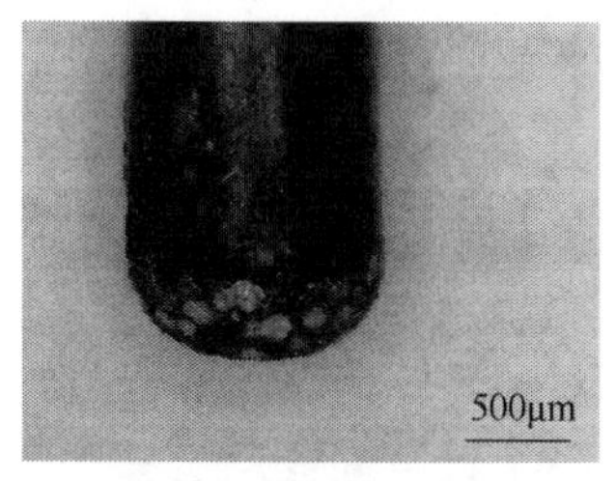

(b) 工作液浓度为0.2%时

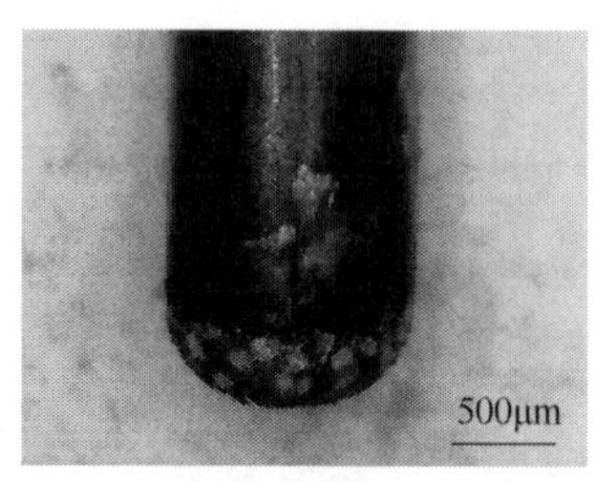

(c) 工作液浓度为0.4%时

图 5.38　不同工作液浓度下黄铜正极性加工电极形状变化

(a) 工作液浓度为0时

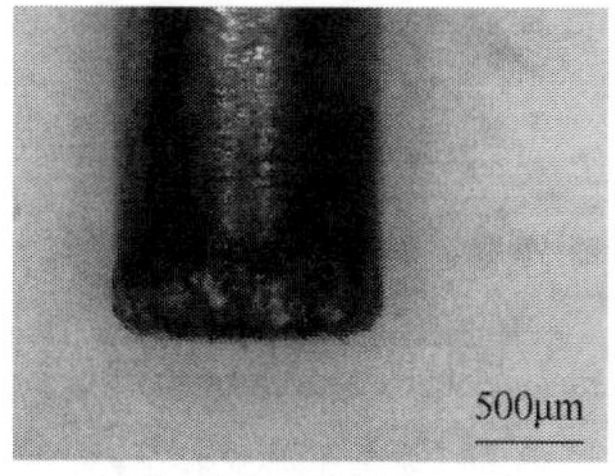

(b) 工作液浓度为0.2%时

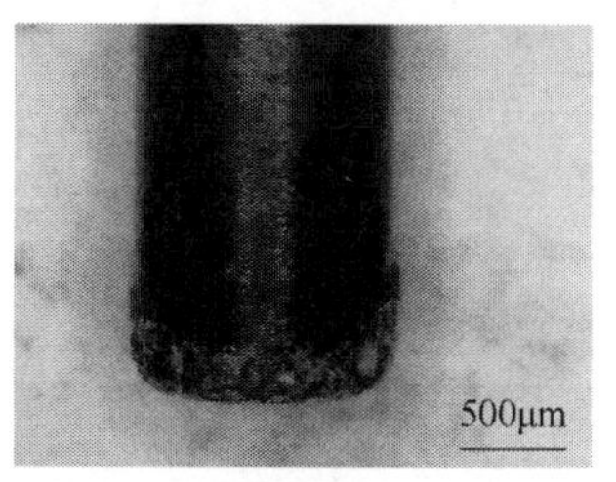

(c) 工作液浓度为0.4%时

图 5.39　不同工作液浓度下铜钨合金正极性加工电极形状变化

由图 5.37～图 5.39 还可以看出，当工作液浓度由 0 变为 0.2%时，各电极的形状变化较大，而在这个过程中，电极的形状变化较小。由此可知，电火花-电解复合加工在保证加工效率的同时，可以使电极的形状变化趋于稳定。相比紫铜、黄铜电极，铜钨合金电极耐损耗能力强，其形状变化受工作液浓度影响较小。

图 5.40～图 5.42 分别为紫铜、黄铜、铜钨合金在不同工作液浓度下负极性加工电极形状变化情况，由图中可以看出，随着工作液浓度逐渐增大，电极的表面质量和形状变化受到了很大的影响。这主要是因为在工作液浓度为 0 时，相当于普通电火花加工，不存在电解作用对表面质量的影响，但此时对侧面损耗影响较大。随着工作液浓度增大，电解作用增强，在电极表面产生电化学作用，使电极表面遭到严重腐蚀。同时由于电解作用，电极在工作液中的部分因阳极溶解而减小了直径，这也是造成电极形状变化的原因。

(a) 工作液浓度为0时

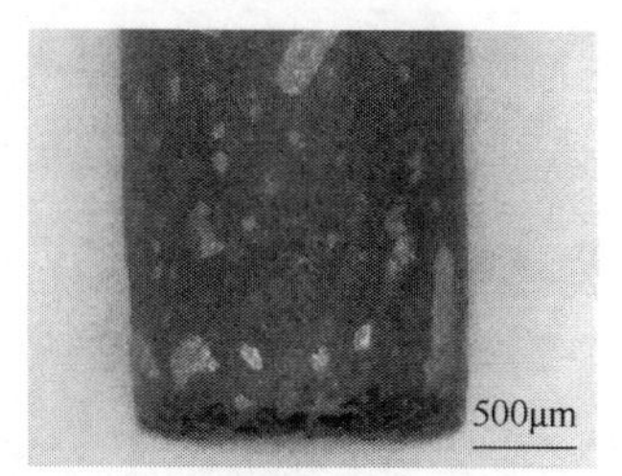

(b) 工作液浓度为0.2%时

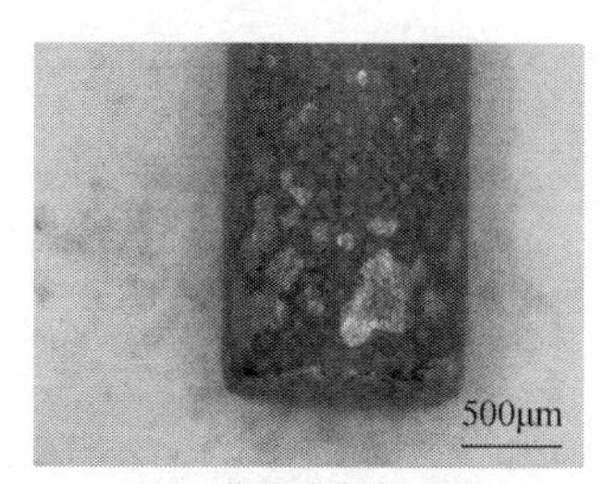

(c) 工作液浓度为0.4%时

图 5.40　不同工作液浓度下紫铜负极性加工电极形状变化

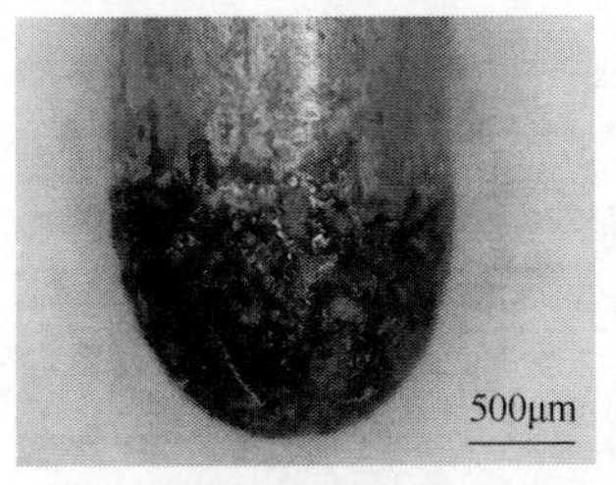

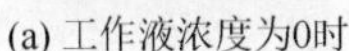

(a) 工作液浓度为0时

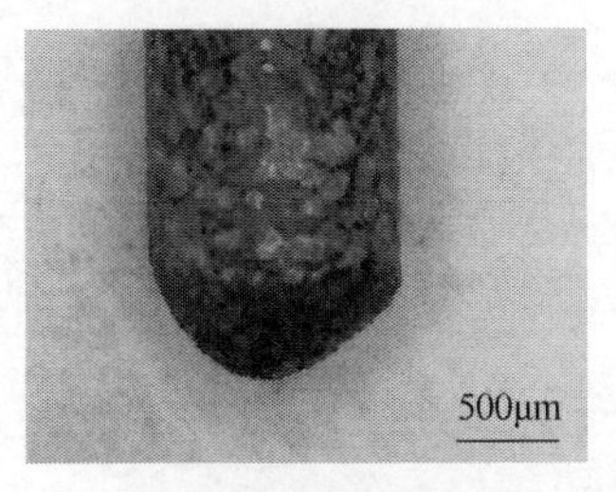

(b) 工作液浓度为0.2%时

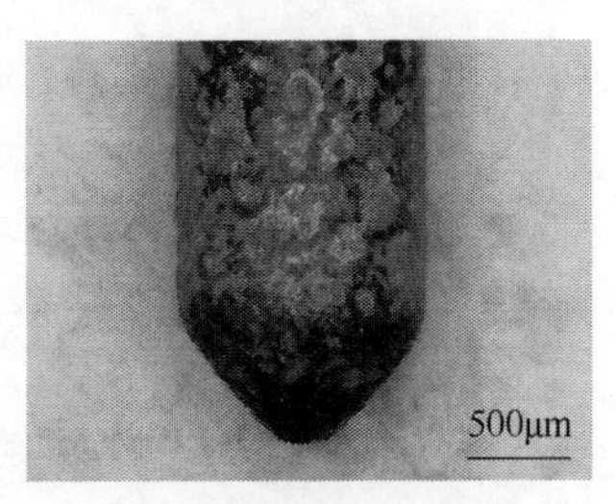

(c) 工作液浓度为0.4%时

图 5.41　不同工作液浓度下黄铜负极性加工电极形状变化

(a) 工作液浓度为0时

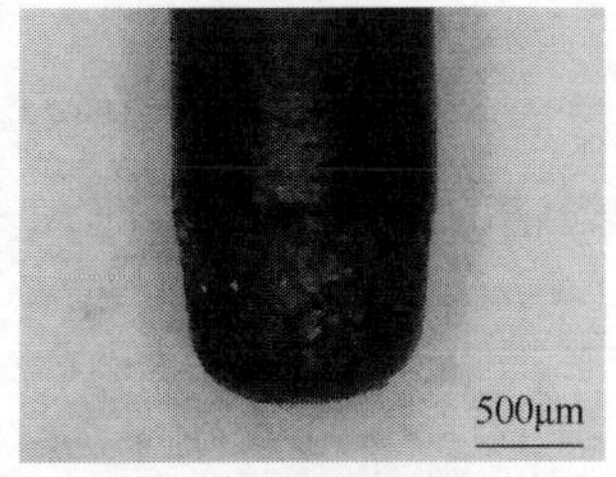

(b) 工作液浓度为0.2%时

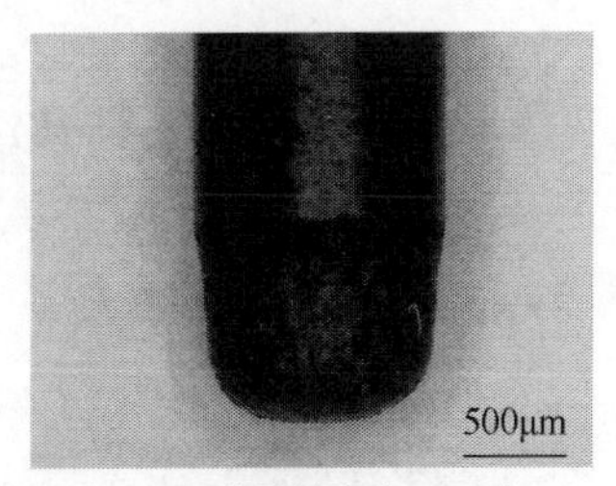

(c) 工作液浓度为0.4%时

图 5.42　不同工作液浓度下铜钨合金负极性加工电极形状变化

5.5　外加磁场对铁磁材料电火花小孔加工的影响

5.5.1　极间电蚀产物对放电过程的影响

电火花加工的放电过程中会产生大量的电蚀产物，其中包括从电极对上抛出的电极蚀除微粒、小气泡和碳粒（油类工作介质）等，这些电蚀产物常以大小不同的微粒分散在极间工作介质中[7]，它们的介电系数与工作介质不同，电蚀产物在电场中被极化，会使极间电场发生畸变，工作介质变得容易击穿[8]。如果大量的电蚀产物在放电间隙内堆积，甚至集中结链，将使放电点始终集中在某一区域不能转移，从而使区域温度升高，消电离不充分，导致放电过程的不稳定[9]。

当被加工材料为铁磁性物质时，放电抛出的电极蚀除颗粒也具备基体材料的铁磁特性，若加工区域存在外加磁场的影响，则电蚀产物在外加磁场的作用下将被磁化而受到磁场力的作用。对于极间介质中铁磁物质所受的磁场力，可由式（5.10）进行估算[10]。

$$F = \frac{\mu_r - 1}{2\mu_i \mu_r} B^2 S \tag{5.10}$$

式中，μ_{i} 为永磁体周围介质磁导率；μ_{r} 为磁介质的相对磁导率；B 为磁感应强度；S 为磁场与磁性材料的作用面积。

对于永磁体形成的磁场，空间不同位置的磁感应强度 B 是不同的，设永磁体为圆柱体，则空间内某点 P（x, y, z）的磁感应强度理论估算矢量表达式为[11]

$$\dot{B}=\frac{\mu_{\mathrm{i}}M}{4\pi R^{5}}[3xzi+3yzj+(2z^{2}-x^{2}-y^{2})k] \tag{5.11}$$

对式（5.11）取模，有

$$B=\frac{\mu_{\mathrm{i}}M}{4\pi R^{3}}\sqrt{1+\frac{3z^{2}}{R^{2}}} \tag{5.12}$$

式中，R 为点 P 到永磁体端面中心的距离；M 为磁化强度。

若空间内点 P 在圆柱永磁体的磁力轴线上，则 $z=R$，式（5.12）可简化为

$$B=\frac{\mu_{\mathrm{i}}M}{2\pi R^{3}} \tag{5.13}$$

将式（5.13）代入式（5.10）中得

$$F=\frac{\mu_{\mathrm{r}}-1}{8\pi^{2}R^{6}\mu_{\mathrm{r}}}\mu_{\mathrm{i}}M^{2}S \tag{5.14}$$

假设电蚀颗粒为均匀的微小球体，则铁磁颗粒在极间所受到的磁场赋予的脱离加工区域的加速度为

$$a=\frac{3M^{2}\mu_{\mathrm{i}}(\mu_{\mathrm{r}}-1)}{8\pi^{2}R^{6}\rho r\mu_{\mathrm{r}}} \tag{5.15}$$

式中，ρ 为电蚀颗粒密度；r 为电蚀颗粒半径。

由以上分析可知，外加磁场对火花放电产生的铁磁颗粒具有吸引作用，在极间相同的放电条件下，外加磁场对铁磁颗粒的作用与磁感应强度 B 和颗粒距永磁体端面中心的距离 R 关系密切，因此可通过改变这两个参数来改变外加磁场对加工过程的影响。

5.5.2　外加磁场电火花加工试验

图 5.43 是外加磁场作用的电火花加工试验装置，试验采用自行搭建的电火花加工设备对 20 钢进行小孔加工，加工极性为正极性。分别选用直径为 2mm 的黄铜和不锈钢（弱磁性）材料电极作为工具电极，并在工具电极上端套以 N35 钕铁硼圆形打孔磁铁，在保证永磁体与加工区域距离为 25mm 的前提下，改变所套磁铁的数量，从而改变外加磁场的磁感应强度。

试验加工参数见表 5.7，在以黄铜为工具电极的加工试验中，设定加工深度为 3mm，并记录加工时间。在以不锈钢为工具电极的加工试验中，由于加工速度较慢，设定加工时间为 15min，测量加工的盲孔深度。量取加工前后工具电极的长度，计算工具电极的损耗程度。

图 5.43 外加磁场作用的电火花加工试验装置

表 5.7 外加磁场的电火花加工试验参数

项目	参数
工具电极材质	黄铜、不锈钢
工件材质	20 钢
工具电极直径	2mm
板厚	3mm
永磁体材质	N35 钕铁硼
永磁体尺寸	Φ20mm×5mm，孔直径为 5mm
外加永磁体数量	0、1、2、4
空载电压	60V
峰值电流	2.4A
冲液条件	无冲液

5.5.3 外加磁场对加工速度的影响

采用黄铜、不锈钢工具电极加工 20 钢的电火花加工试验结果如图 5.44 和图 5.45 所示。通过对比试验，研究外加磁场对加工速度和电极损耗的影响规律，并对其影响机理进行分析。

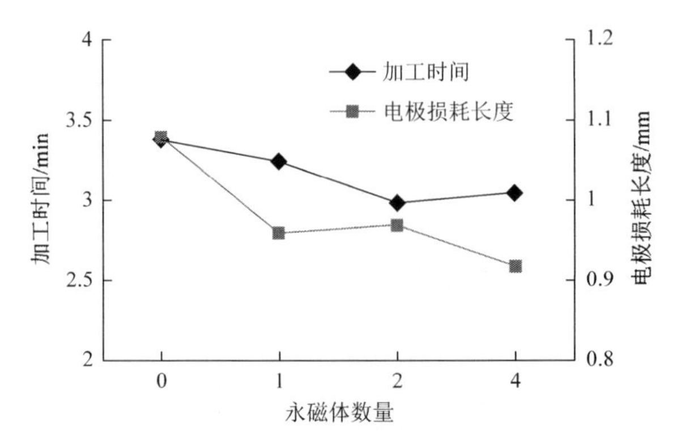

图 5.44　黄铜电极外加磁场电火花加工试验结果

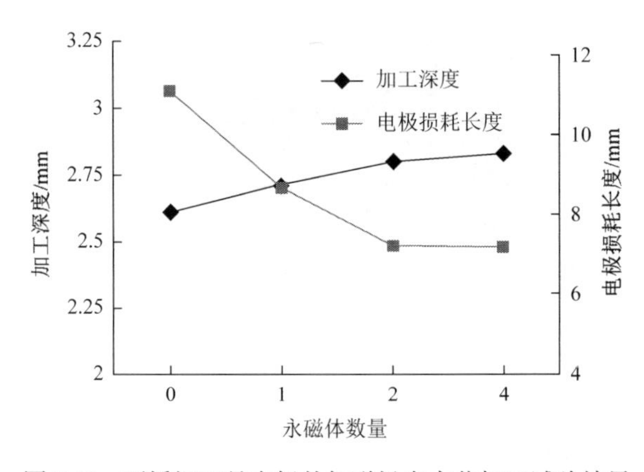

图 5.45　不锈钢工具电极外加磁场电火花加工试验结果

从图 5.44 和图 5.45 可以看出，在外加磁场从无到有、再到磁场强度逐渐增强的过程中，黄铜电极加工相同厚度钢板的加工时间呈逐渐减少的趋势，而不锈钢电极在相同的加工时间下，加工工件的深度呈逐渐增大的趋势。这说明外加磁场对电火花加工铁磁性材料的速度具有积极的影响，且外加磁场复合电火花加工与普通电火花加工相比，在加工速度方面具有明显的改善。而随着外加磁场强度的增强，加工速度也逐渐增大，这主要是由于外加磁场的磁力作用对火花放电电蚀产物进行引导和收集，改善了放电区域极间介质的介电特性，提高了放电效率。

从图 5.44 和图 5.45 中还可以看出，随着外加磁场强度的增强，小孔的加工速度得到提高。但磁场强度继续增强后，对加工速度的影响程度逐渐减小。这是因为当外加磁场增强时，磁场对铁磁颗粒的吸引作用增强，颗粒排出加工区域的速度也相应增加，极间电蚀产物的浓度得到有效控制，介质的放电环境得到进一步改善。而当外加磁场增强到某一特定值后，外加磁场对电火花加工速度的改善作用已趋于稳定。火花放电中电蚀产物的产生速度是一定的，因此产生该现象的原因可能是磁力作用对电蚀产物的排出速度达到或超过了电蚀产物的产生速度，导致加工区域中电蚀产物的浓度接近动态平衡。此时，外加磁场改善加工速度的作用已充分发挥，即使再增加磁场强度也无法提高加工速度。

对于铁磁材料的电火花加工，其电蚀产物是分散在加工区域周围的铁磁颗粒。随着加工的进行，颗粒浓度逐渐增大（在无冲液的加工条件下，浓度增大得更加显著），引起极间电场的畸变，使极间介质更易击穿，而放电后的介电性能不能完全恢复，导致过度放电，降低了电火花加工的蚀除效率［图 5.46（a）］。微粒浓度

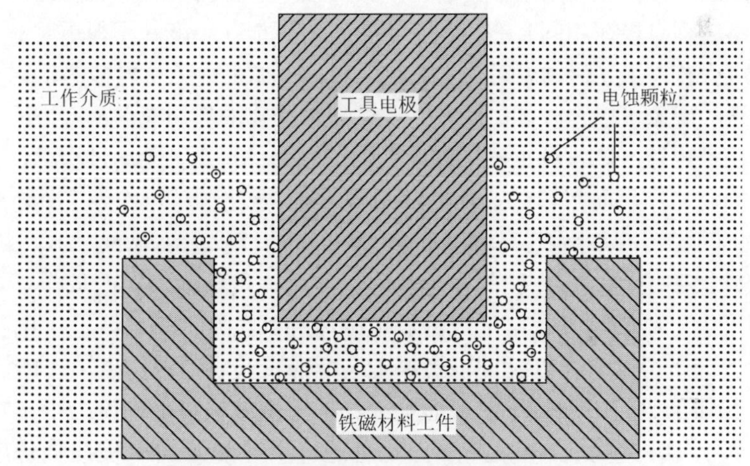

(a) 普通电火花加工

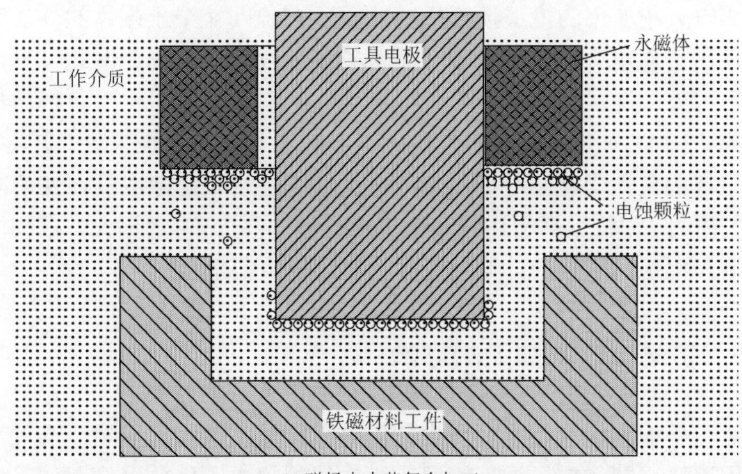

(b) 磁场电火花复合加工

图 5.46　电火花加工电蚀产物分布示意图

进一步增大时，电蚀颗粒在加工间隙内聚集、结链，易发生短路，从而造成加工的不稳定，严重时甚至无法实现加工。增加外加磁场后，电蚀产物中的铁磁颗粒在磁场的作用下磁化，并被磁力吸引，逐渐远离加工区域，从而改善了极间放电环境，提高了加工效率［图 5.46（b）］。

5.5.4　外加磁场对电极损耗的影响

从图 5.44 和图 5.45 中的电极损耗长度变化曲线可以看出，随着外加磁场从无到有，再到磁场强度逐渐增强，黄铜电极加工相同厚度钢板的电极损耗长度呈减小趋势，而不锈钢电极在相同时间内加工钢板的电极损耗长度减小得更明显。由此可以看出，电火花加工铁磁材料时，外加磁场对减少加工中工具电极的损耗具有明显的作用。这种现象可能与外加磁场对铁磁性电蚀产物的作用有关：一方面，加工中产生的铁磁性电蚀产物被外加磁场磁化而向着永磁体运动，运动过程中，一小部分磁化颗粒因磁力作用而附着在工具电极表面，这些磁化颗粒可作为工具电极的一部分参与放电加工，减小了工具电极材料自身的损耗［图 5.56（b）］；另一方面，由于外加磁场对电蚀产物的引导和收集作用，使极间介质的放电环境得到改善，避免了由于频繁过度放电造成的放电区域局部温升，从而降低了电极损耗。

由以上分析可知，在以黄铜电极加工钢板的试验中，外加磁场（1 个永磁体）复合电火花加工比无外加磁场的普通电火花加工的电极损耗长度减少了 11.1%，4 个永磁体的外加磁场复合电火花加工比普通电火花加工的电极损耗长度减少了 14.8%。而在不锈钢电极加工钢板的试验中，外加磁场（1 个永磁体）复合电火花加工比普通电火花加工的电极损耗长度减少了 22.0%，4 个永磁体的外加磁场复合电火花加工比普通电火花加工的电极损耗长度减少了 35.2%。由此可见，在相同加工条件下，外加磁场对不锈钢电极损耗的改善程度要明显优于黄铜电极，这一点可通过式（5.14）加以解释：对于具有弱磁性的不锈钢电极来说，其磁导率 $\mu_{i\text{Fe}}$ 远高于无磁性的黄铜电极磁导率 $\mu_{i\text{Cu}}$，则永磁体通过不锈钢电极传递的对铁磁性电蚀产物的磁力 F_{Fe} 将远高于通过黄铜电极传递的磁力 F_{Cu}。因此，在相同的外加磁场作用下，不锈钢电极损耗的改善程度要优于黄铜电极。

5.5.5　外加磁场位置对加工的影响

为了对比外加磁场的位置对电火花铁磁材料加工过程的影响，进行了以下对比试验。用不锈钢制作电极加工钢板，两次试验的永磁体放置位置如下：①放置于工具电极上（与前期试验相同）；②将永磁体吸附在工件上，并与加工区域保证相同的轴向距离。记录加工时间和电极损耗，两次试验结果见图 5.47。

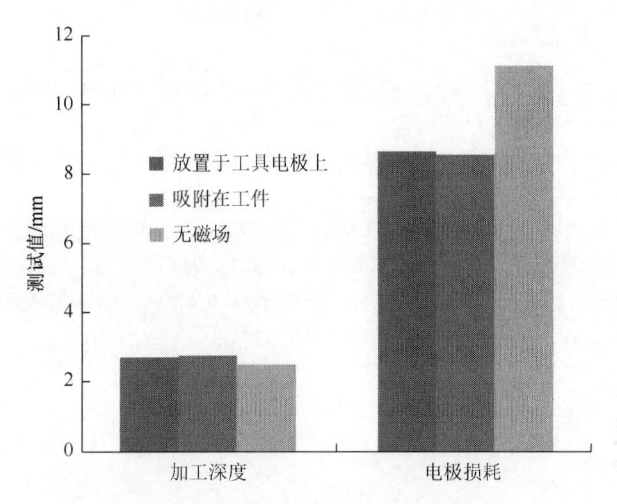

图 5.47 外加磁场位置对比试验结果

通过试验对比可以看出，无论永磁体放置在工具电极上，还是吸附在工件上，外加永磁体后的电火花加工速度和电极损耗均比无外加磁场的普通电火花加工有所改善，且两种情况对加工深度和电极损耗的改善程度较接近。外加磁场可消除悬浮在极间的铁磁颗粒，净化极间介质。永磁体吸附在工件上时，由于工件（强磁性）的导磁性比工具电极（弱磁性）强，对铁磁颗粒的吸引能力也增强，且工件的作用面积比工具电极大很多，这也增强了磁场对铁磁颗粒的吸力。因此，永磁体吸附在铁磁性工件上，可有效控制极间电蚀产物的浓度，提高加工速度，并相应降低电极损耗。在电极损耗方面，尽管永磁体吸附在工件上时会有部分电蚀颗粒受磁力吸引而吸附在工件加工区域表面，增加了需去除的材料总量，但由于工件的强磁性使其吸收铁磁颗粒的能力大大增强，极间放电环境得到有效改善，能大幅降低加工过程中的电极损耗，因此其电极损耗总体上是明显降低的。对于在外加磁场作用下以强磁性工具加工强磁性工件的情况，尽管这样能有效吸收两极放电产生的电蚀颗粒，但工具和工件在磁场作用下的吸引力对伺服进给机构要求较高，易造成放电过程的不稳定，并不能带来积极影响，因此不建议采用。

参 考 文 献

[1] 傅宇蕾，朱颖谋，赵万生，等. 微细电火花加工电极磨损几何形状研究及仿真[J]. 电加工与模具，2016（1）：6-9.

[2] 李晓鹏，王元刚，吴蒙华，等. 电火花微孔加工电极形状损耗研究[C]//第 16 届全国特种加工学术会议论文集（上），厦门，2015：419-425.

[3] 王元刚，王虎，吴蒙华，等. 微细电火花加工圆柱电极的损耗研究[J]. 现代制造工程，2013（2）：9-13.

[4] Zhang Y，Xu Z，Zhu D，et al. Tube electrode high-speed electrochemical discharge drilling using low-conductivity salt solution[J]. International Journal of Machine Tools and Manufacture，2015，92：10-18.

[5] 邢俊，徐正扬，张彦，等. 微小孔电火花-电解复合加工中工作液浓度对工具电极损耗的影响[C]//第 16 届全

国特种加工学术会议论文集（上），厦门，2015：640-645.

[6] 诸跃进，闫伟，张卫华，等. 工作液对电解电火花复合加工工艺效果影响的试验研究[J]. 苏州科技学院学报（工程技术版），2013，26（1）：76-80.

[7] 刘宇，阎长罡，张生芳，等. 外加磁场对铁磁材料电火花小孔加工的影响[J]. 电加工与模具，2014，1：13-16.

[8] 李明辉. 电火花加工理论基础[M]. 北京：国防工业出版社，1989.

[9] 马丽华，杨世春，曹明让，等. 永磁磁场与电火花复合加工试验分析[J]. 新技术新工艺，2008（4）：36-38.

[10] 邹继斌. 磁路与磁场[M]. 哈尔滨：哈尔滨工业大学出版社，1998.

[11] Tan H S，Bougler B. Experimental studies on high speed vehicle steering control with magnetic marker referencing system[R]. Berkeley：University of California Berkeley，2000.

6 电火花加工表面质量研究

电火花加工中表面裂纹的存在严重影响了加工零件的质量与使用寿命[1]。表面裂纹的出现和扩展，使零件的机械性能明显变差。另外，表面裂纹会在长期交变载荷作用下扩展，并最终导致零件的疲劳破坏。在电火花加工中，加工材料多为常规加工方法难以加工的硬脆材料，表面裂纹的存在将严重影响工件质量，因此加工后材料的表面质量是衡量加工品质的重要指标[2]。从理论上看，电火花蚀除机理的电热过程是导致诸多表面裂纹形成的重要环节，若能从表面裂纹的形成机制出发，探究裂纹产生的原因，从根本上抑制表面裂纹的产生，将有效地提高电火花加工工件的表面质量[3, 4]。

6.1 电火花加工表面裂纹的研究

6.1.1 裂纹的形成过程

众所周知，电火花的热加工是被加工材料表面致硬、致脆的过程。加工过程中，被加工材料在表面机械性能变化的同时，还在整个加工区域受到来自不同方位的多种不均匀应力的作用。在各种应力的相互作用下，加工区域中局部金属原子的结合力遭到破坏，形成新的界面，而界面之间的缝隙就是裂纹。因此，裂纹形成的本质过程如下：电火花加工过程中产生的分布不均匀的应力作用于局部金属材料上，当应力水平超过金属材料的结合强度时，在应力施加方向的垂直方向上形成微观裂纹。微观裂纹一旦形成，在应力作用下，裂纹尖端缺口处将产生应力集中。尽管裂纹开裂形成的位移能够缓解局部应力，但是裂纹尖端缺口处的应力集中将导致裂纹在长度和宽度上都进一步扩展，形成最终裂纹，裂纹形成过程示意图如图 6.1 所示。

6.1.2 典型加工表面裂纹分析

1）*表面热裂纹*

热裂纹由电火花放电时骤热骤冷过程中金属膨胀、收缩产生的热应力所致。在电火花加工过程中，脉冲电能的热效应将局部材料瞬时加热至熔融状态，局部金属甚至会气化。气化的热爆炸力抛出部分熔融金属，并在电极表面形成电蚀凹

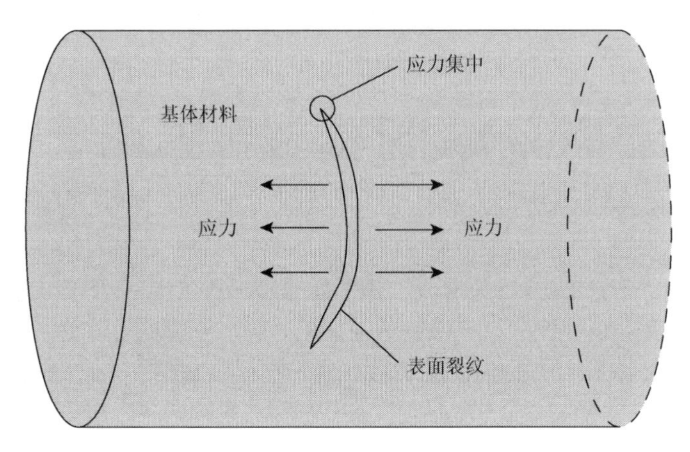

图 6.1　裂纹形成过程示意图

坑，残余的熔融金属将在瞬间被工作液冷却、凝固。这个从熔化到重凝固的过程将在数微秒内完成，其间由于金属内部各部分之间的相互约束，温度急剧改变时，材料不能完全自由膨胀和收缩，裂纹产生[3]。在火花放电过程中，放电通道周边区域电极表面受到点热源的影响。材料受热影响程度由中心向边缘呈辐射状迅速下降，因而形成了以放电点为中心的接近半球状的等温面。其中，分隔重凝金属与基体材料的等温面处由于两侧材料相变及热胀冷缩产成的材料体积变化差别最大，往往是热裂纹形成的部位，因此裂纹将大致沿放电凹坑轮廓分布。

从图 6.2 中可以看到，热裂纹沿放电凹坑边缘呈龟裂状分布，并将放电凹坑与周围材料分离。而实际上，热裂纹基本上沿重铸层和基体材料间的等温面分布，裂纹的扩展主要发生在晶界上，将重铸层和基体材料隔离。当热裂纹分布较为密集时，重铸层和基体材料基本上被完全分离，此时，表层材料只要受到加工环境中的一点扰动，就会与基体材料分离，形成剥落。

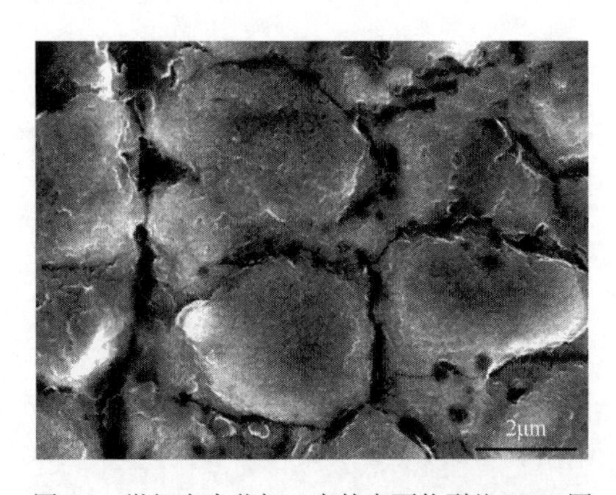

图 6.2　微细电火花加工中的表面热裂纹 SEM 图

2）表面拉伸裂纹

电极表面熔融金属重新凝固时，不同深度的材料凝固时间不同而产生了时间效应，由此导致了拉伸裂纹。电火花加工中，当脉冲停止时，放电通道消失，极间介质涌入加工区域使熔融材料迅速冷凝，处于表层的材料最先凝固，限制了内部材料凝固时的体积变化。因此，熔融材料在分层凝固的过程中产生了层与层之间的拉应力，这种拉应力通常使电极表面产生拉伸裂纹。

从图 6.3 中可以观察到，拉伸裂纹呈细长型，基本沿直线伸展，且裂纹有由表面开始向材料内部扩展的迹象。值得一提的是，拉伸裂纹并不一定是在放电加工过程中形成的，它们很可能在加工完毕后、电极冷却后的几小时或几天内产生。而且拉伸裂纹并不像热裂纹一样普遍存在于整个被加工工件表面，其一般只存在于电极表面的某局部区域，这可能是因为材料在这一局部区域的抗拉强度降低或收缩率较大。

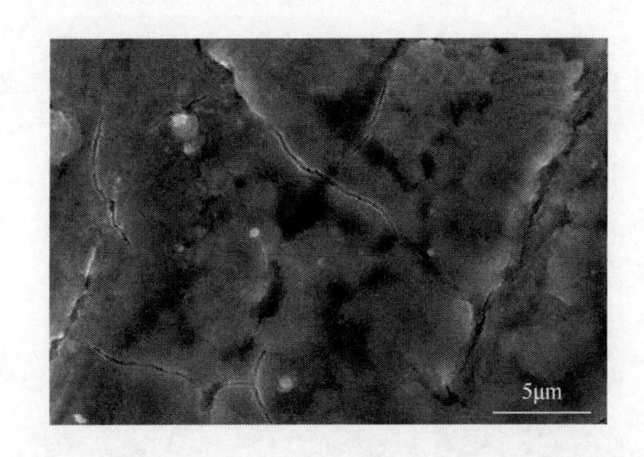

图 6.3　微细电火花加工中的表面拉伸裂纹 SEM 图

3）表面胀裂纹

电极材料整体热胀冷缩的过程中会形成胀裂纹。电火花加工过程中，由于电极的尺寸很小，电流的焦耳效应会将电极整体加热至较高的温度。电极材料受热膨胀，而外表部分则由于绝缘介质的冷却作用而收缩，当两种作用产生的应力超过材料的临界应力时，胀裂纹出现。

从图 6.4 可以看到，胀裂纹是由于电极材料整体受热不均匀产生的，裂纹无论是在长度、宽度还是深度方面都比其他类型裂纹明显（裂纹最宽处约为 2μm），且分布位置比较集中。裂纹出现的区域较其他区域有略微的隆起，这证实了裂纹是由局部材料内部膨胀形成的。

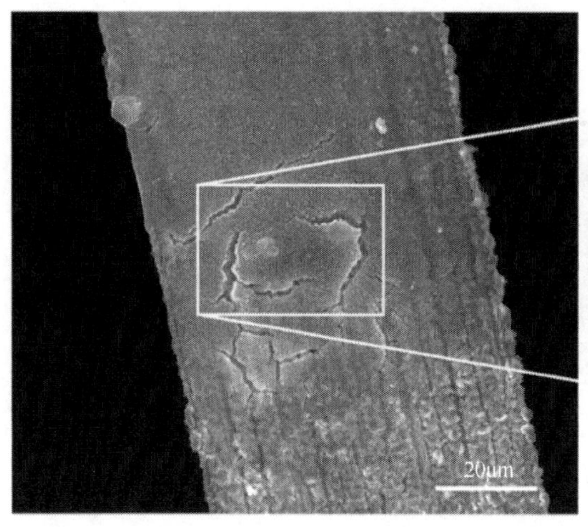

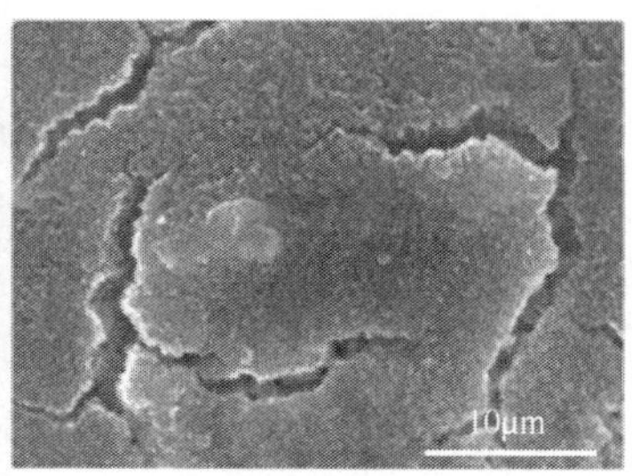

图 6.4　微细电火花加工中的表面胀裂纹 SEM 图

4）表面杂质裂纹

杂质裂纹由加工过程中杂质嵌入表面时的冲击力所致。由图 6.5 可见，裂纹分布于两颗较大的杂质之间，而电极其他部位则没有明显的表面裂纹，这说明杂质是导致该裂纹产生的原因。杂质撞入加工过程中受热软化的电极表面时会产生冲击作用，这种冲击作用使得电极表层材料产生内应力从而导致裂纹产生。至于电极表面杂质的来源，目前研究尚未明确。

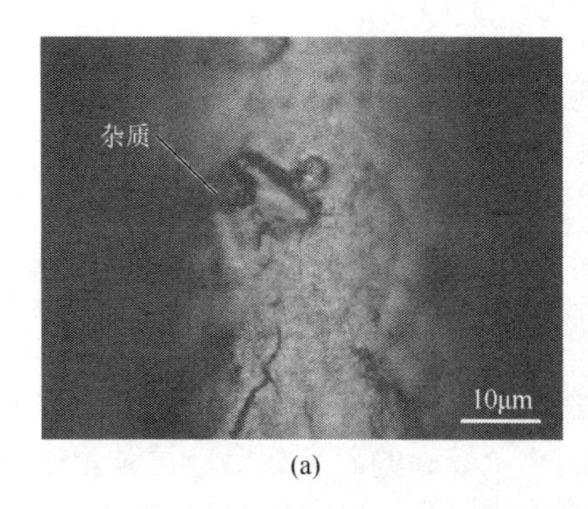

(a)

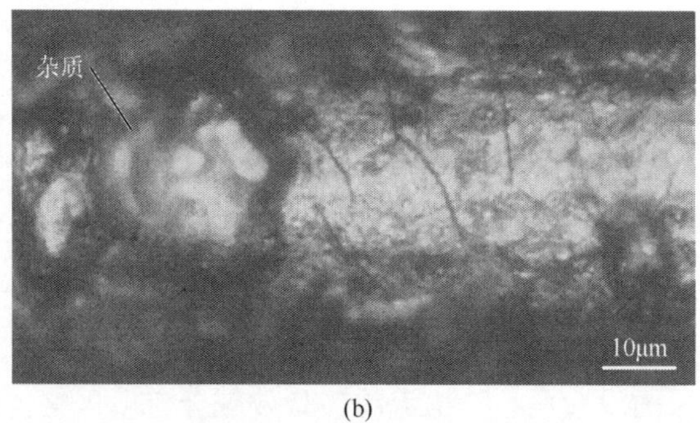

(b)

图 6.5　微细电火花加工中的表面杂质裂纹 SEM 图

5）其他裂纹

除了上述电火花加工过程产生的裂纹外，电极的表面裂纹还包括电极材料自身缺陷及电极生产过程中造成的缺陷裂纹等。如图 6.6 所示，深而宽的纵向裂纹大多为电极在冷拔生产中拉伸形成的。

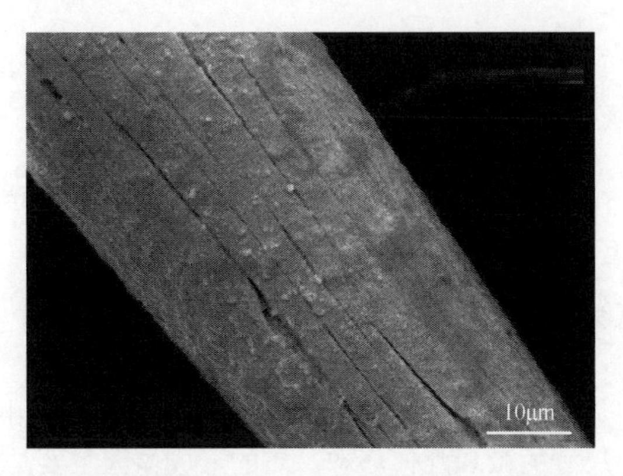

图 6.6 微细电火花加工中的电极表面缺陷裂纹 SEM 图

6.1.3 抑制裂纹产生的途径

由于电火花加工的表面裂纹是由电火花加工机理所决定的，某些种类表面裂纹的形成是不可避免的。然而，裂纹的大小是可以通过改变加工条件来控制的，通过理解各种裂纹的形成原因可以有效地控制裂纹的产生，从而满足生产需求。

热裂纹形成的原因为金属热胀冷缩时的热应力及固液相变产生的体积变化，因而电极材料的受热膨胀性质将会影响该裂纹的大小。采用热膨胀系数较小的材料及固液相变时体积收缩率较小的材料（通常热膨胀系数小的材料，其相变体积收缩率也小）将会减小温度变化带来的材料热应力变化，从而减少热裂纹的形成。同样，选用热膨胀系数较小的材料也可有效地避免胀裂纹的出现。另外，加工过程中电极材料温度变化的快慢程度也是决定热裂纹状态的重要条件。当放电过程中脉冲能较高（较高的放电电容和脉冲电压）时，电极材料瞬时被加热至极高的温度，温度的快速变化将会提高单位时间内材料的体积变化量，从而加剧热应力的作用，增加热裂纹的密度。

拉伸裂纹的形成是由于电极表面不同深度材料凝固时间不同而产生了时间效应，电极材料的传热性质将对拉伸裂纹产生影响。传热性能好的材料，时间效应的影响不显著，各层材料间的应力作用小，有利于减少拉伸裂纹的形成。此外，脉宽对拉伸裂纹也有较大的影响。当脉宽增大时，电极表面受热时间增加，电热效应对电极表面材料的影响将加深，重铸层和热影响区都将变厚，材料在冷却过程中将产生较大的残余应力，拉伸裂纹更容易出现。

综上所述，从电极材料选择方面讲，采用热膨胀系数较小、固液相变体积收缩率较小的材料可以有效抑制电极表面的热裂纹和胀裂纹，采用传热性好的材料可以有效抑制电极表面拉伸裂纹的出现。从放电参数选择方面，降低放电电容、脉冲电压及减小脉宽都可以控制电极表面裂纹的出现。此外，选用抗拉强度较好的电极材料也可以改善加工表面裂纹的状态。

6.2　电火花加工表面微观特性的研究

6.2.1　加工表面微观形貌形成过程

表面微观形貌是指零件在加工过程中因诸多因素综合作用而残留于零件表面的各种不同形状和尺寸的微观几何形态，它的形成原因主要是加工过程中对零件表面和次表面状态的改变，这些改变将影响零件的性能和使用寿命。

对于电火花加工，整个加工表面的表面形貌是由无数个微小的放电凹坑排列、叠加组成的，因此首先要对其表面形貌的基本组成单元——放电凹坑进行研究。而经过电火花加工过程后，电极表面材料性质变化最大的就是表面的重铸层，而重铸层性质的变化将影响加工后电极的表面形貌和材料性能。此外，分析熔融材料冷却瞬时的微观变化过程，有利于研究电火花加工表面微观形貌的形成过程。

1）表面重铸层特性分析

电火花加工中放电凹坑不同热影响区的不均匀残余热应力影响情况如图 6.7 所示，加工后工件表面材料由表至里性质显著不同，可依次分为重铸层（也称凝固层）、热影响区及无变化区（基体），其中热影响区的上表层为淬火层。处于表面的重铸层受电火花加工热影响最严重，其性能变化对电火花加工表面特性的影响也最大。

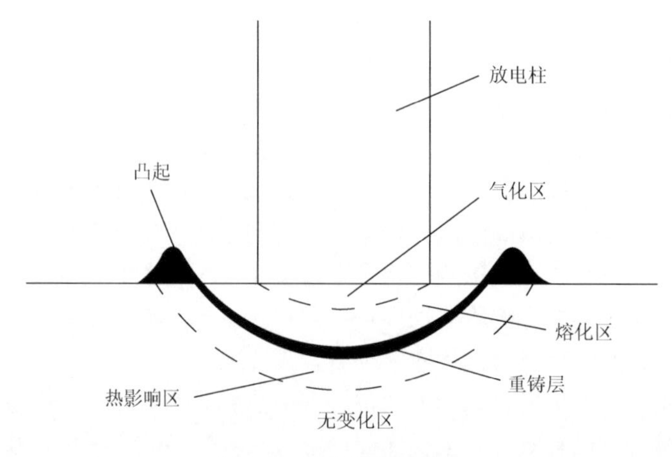

图 6.7　放电凹坑示意图

重铸层存在于电火花加工面的最表层，是金属材料受温度影响产生相变的结果，常常伴随着材料的高硬度、高脆性及表面裂纹。在电火花模具加工中，模具型腔表面的完整性是制造工艺的一个重要指标，重铸层的存在严重影响了电火花加工的表面质量。

（1）重铸层的产生过程。

由未被抛出的熔融金属冷却后重铸形成金相组织和材料性能与基体差别较大的金属重铸薄层，即重铸层。在电蚀产物抛出阶段，处于放电通道压力压迫下的一部分熔融金属会在脉宽结束、放电通道消失瞬间喷爆而出，剩余部分则由工作液迅速冷却凝固。部分表面材料虽被加热至熔融状态，但并没有随着喷爆作用被抛出，而是残留在基体表面重新迅速冷却凝固，形成重铸层。电火花的作用过程会改变重铸层的金相组织，使其产生与基体大不相同的材料特性。

此外，在电火花加工过程中，电极的热效应会使绝缘液中的烃类物质发生分解，大量的碳会在材料熔融状态时渗入重铸层，因而重铸层的含碳量相比基体显著增加，其材料结构、特性也会发生显著变化。

（2）重铸层的结构。

重铸层是相变的结果，由材料在去除过程中被快速加热和骤然冷却而形成的细小晶粒组成，其中还包含残余的大晶粒和渗入的碳。在电火花加工过程中，极间介质对工件材料的冷却作用是十分显著的，残余表面的熔融金属将被瞬时冷却，因此重铸层材料结晶速度较快，完成结晶的时间也很短，晶核生长时间短，形成的晶粒细小而密集。加之含碳量的增大，重铸层材料在宏观上则表现为硬而脆的金属薄层。

与重铸层紧密相邻的金属材料为淬火层，淬火层的金属并没有经历熔融过程，但其所处的表层位置使其材料在高温加热的情况下快速冷却，经历了一个淬火过程，因而其金相组织结构与重铸层较为相似，不同的是没有碳元素的渗入。重铸层和淬火层结构相似，与基体结合松散，因此其发生失效的形式也类似，两者往往同时在相同部位发生相应失效。而加工过程中电极表面材料所承受的急热急冷变化将进一步导致电极表面质量产生变化，形成表面裂纹与剥落。图 6.8 为微细电火花加工后电极的剖面图，从图中可以清晰地看到由于重铸层与基体部分松散结合而形成的裂缝。

（3）重铸层的失效形式。

导致重铸层失效的原因主要有两方面：一方面是重铸层的脆性，导致其与基体界面上存在裂纹，并且裂纹受应力作用沿界面扩展，大块的颗粒按剥层方式脱落；另一方面，重铸层的再凝固过程中伴随着裂纹的萌生，为疲劳裂纹的扩展创造了条件。基于以上两种负面作用的存在，重铸层的失效形式主要有以下两种：①分层剥落，这种失效形式在拉应力与压应力作用下都可能发生，由

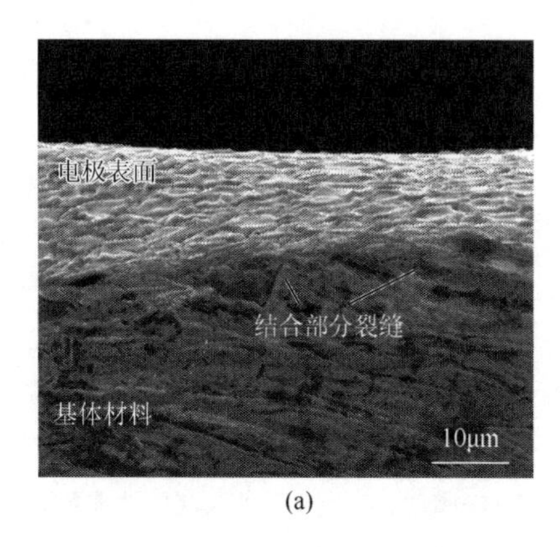

(a)

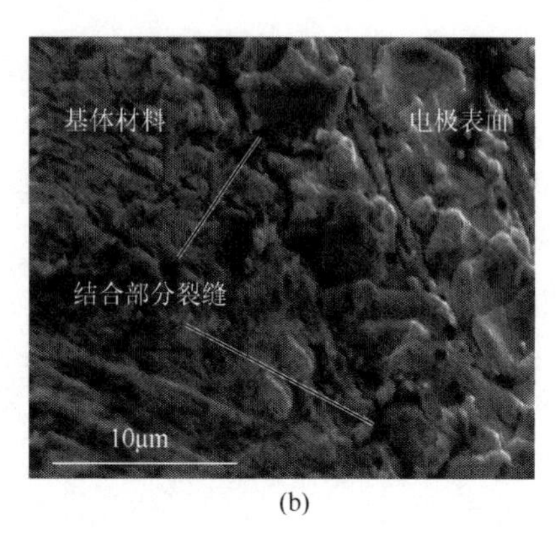

(b)

图 6.8　微细电火花加工后电极剖面图

于重铸层和淬火层材料与基体材料金相组织有显著区别，它们和基体材料的结合并不紧密，甚至有时界面上会存在微裂纹，并且重铸层和淬火层内部不同深度位置处热应力的时间效应也使得它们的结合较为松散，当表面受到交变或周期应力作用时，失效形式表现为分层剥落；②表面裂纹，由于距表面不同深度的材料受电火花加工的影响不同，重铸层中普遍存在与表面呈不同角度的微观裂纹，裂纹在加工过程中受应力作用会沿表面或纵深方向扩展，将在表面形成宽而深的裂纹。

2）加工区域的瞬间冷却过程

电火花加工是将脉冲电能以放电击穿的形式施加于两电极表面的局部区域及它们之间的绝缘介质，电源通过放电通道瞬时释放能量、迅速加热，并在电极表面局部区域形成由金属熔化而导致的熔池，熔池中部分熔融金属在热爆炸力的作用下喷爆而出。此外，放电通道等离子体振荡形成的磁流体力和加工区域表面压力变化产生的流体动力都将导致材料抛出。当脉冲结束时，放电作用消失后，加工区域被冷却，熔融材料遇冷凝固形成电火花加工特有的表面形貌。

电火花加工是一个瞬时过程，在脉冲加工时间内，电极表面经历的一切变化，都将在脉冲结束时被冲入的工作液瞬时冷却固化，因此加工后的电极表面基本保持其加工过程中凌乱的状态。此外，有些表面特征是在加工过程中被抛出的熔融材料瞬时凝固而形成的，这些特征就形成了放电加工后的表面形貌。对于金属电极，它们的熔点一般都在 1000℃以上，而工作液的温度接近常温，二者相遇将使熔融电极材料急冷凝固，而工作介质也将遇热升温，甚至气化形成气泡。当工作介质入侵加工区域时，附着在放电凹坑内表面及边缘的熔融材料将立即冷却凝固，形成电极表面的重铸层和凹坑边缘的重凝凸起，部分抛出材料在飞出过程中被工作介质拦截而凝固，保留了其抛出过程中的圆球状或雨滴状形态。电蚀产物降落于电极表面上残余的热量使电蚀产物附着在表面并产生微弱的黏结力，使得这些杂质黏结于电极表面。而由于放电通道消散过程中的压力变化，熔融材料中溶解的气体析出，气泡在熔融材料内部形成并因浮力作用上升，这时熔融材料遇到工作介质而凝固，气泡则在凝固的固体内部形成球形空气隙，上升到表面的气泡在破裂瞬时遇冷凝固而形成表面球形凹坑。

加工区域的瞬时冷却过程也是熔融电极材料快速凝固的过程，金属材料将由液态迅速结晶为固态。液态金属的结晶过程主要分为晶核的形成和晶核的生长两部分，晶核的形成有两种方式：一种是不依附杂质的形核，称为均质形核；另一种是依附于液态金属中某些杂质的形核，称为异质形核。电火花加工重铸层的凝固过程中，由于熔融材料快速遇冷形成，少数碳单质微粒混入材料中也产生了异质形核。就晶核生长而言，由于其冷却时间短、数量多，晶核没有足够的时间和空间生长，因此重铸层大多由细小的晶核密集排布而成。结晶过程可以这样描述：脉冲结束后，放电通道溃散，低温的工作介质涌入放电区域，部分附着在放电凹坑表面的熔融材料与工作介质的表层液体接触受到激剧冷却，产生很大的过冷度，再加上工作介质与熔融材料的界面附近的碳单质颗粒可以作为异质形核基底，因此在熔融材料表层及其附近大量形核，并同时向各个方向生长。由于晶核数量很多，邻近的晶粒很快彼此碰撞，不再继续生长，这样便在熔融材料表层形成很薄的表层细晶区。

在结晶过程中，通常由于温度梯度的影响，在表层细晶区形成后，内部过冷度减小，晶核形成的数量较少，存在晶粒生长现象。而对于电火花加工，放电加工的能量微小导致熔融材料的体积较小，加之加工过程的材料抛出作用将熔融材料分散，因此瞬时冷却的熔融材料体积很小。分散抛出的熔融材料液滴及附着于放电凹坑内表面的未抛出熔融材料与工作介质形成了很大的接触面积，体积小而表面积大的熔融材料在瞬时冷却时受温度影响的纵深小，几乎全部材料的过冷度都非常大，而凝固成的材料组织都以细晶体为主。

淬火层和热影响区的组织结构视金属材料的不同而不同，但整体来说，淬火层材料由于高温加热和瞬时冷却，其晶粒普遍较细。热影响区由于距离表层较远，瞬时冷却时受热影响较小而保持与基体相似的组织结构，部分黑金属的热影响区可见回火现象。电极的基体组织晶粒是较为粗大的，这与重铸层材料的细晶组织结构相差较大，这也是表层细晶区与基体材料结合松散的原因。

由于不同部位的熔融金属在凝固过程中的过冷度不同，其结晶过程的时间也不同，处于表面的熔融金属将首先完成结晶过程。金属在凝固过程中的体积是变化的，表层金属先结晶，将会限制内部金属凝固过程的体积变化，所以会产生内应力，甚至会产生微观裂纹，同时结晶的分层时效使得材料层与各层之间结合较为松散，容易发生分层剥落。

6.2.2　表面微观形貌分析

1）放电凹坑的不同表面形貌

图 6.9 为在不同放电电容作用下加工后所得到的表面形貌，从图 6.9（a）中可以看出，放电凹坑浅而平，凹坑轮廓清晰，形状较为规则；图 6.9（b）中放电凹坑深且重凝凸起较多，放电坑形状杂乱且表层含杂质较多。这是因为当极间电容较大时，极间介质在放电击穿前所承受的电能较高，形成的放电通道直径较大，因而通道截面面积较大，放电能量瞬时释放，形成的金属熔池表面面积很大，而深度较浅。当极间电容较小时，单脉冲能量不能在放电通道形成后一次性释放，电场力迫使电子在狭窄的放电通道内加速，轰击电极表面。电子流的热效应使得局部金属迅速熔化、气化。气化过程产生的蒸气炬将熔融金属喷爆而出。与此同时，脉冲能量持续电子轰击的热效应，电蚀凹坑将在同一放电点处继续加深，因而形成的放电凹坑窄而深。由于小能量放电过程中放电能量比较集中，靠气化热爆炸力的方式排出的熔融金属所占比例较大，因而加工后表面有较多剧烈喷爆后快速冷却而形成的重凝凸起。此外，爆炸力的溅射作用使得电蚀产物向四周飞射，因而形成的表面杂质较多。

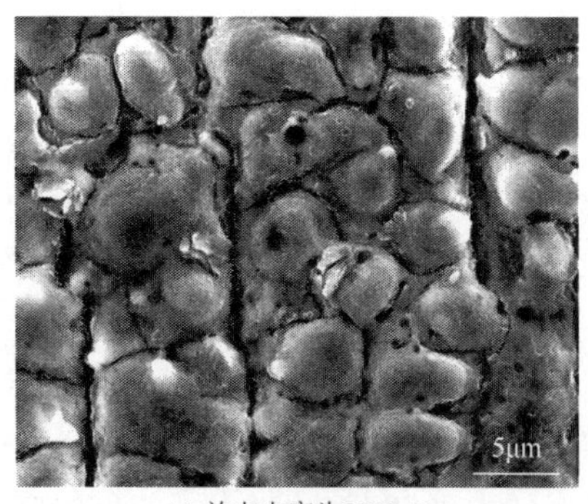

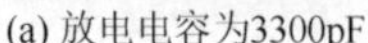
(a) 放电电容为3300pF

(b) 放电电容为100pF

图 6.9　不同放电电容加工后的表面形貌

通常来说，增加放电能量将导致直径大而深的放电凹坑，从而增大表面粗糙度。但是从以上对比来看，放电能量和电极材料抛出过程似乎存在一个优化组合，可以用更高的能量获得一个更光滑的表面，这一问题还有待更加深入的研究。

2）表面球状凸起

从图 6.8 和图 6.9 中均可以观察到表面球状附着物，通常存在于放电凹坑环状凸缘处，且高于环状凸缘。其中，有些与表面存在明显的界线，有些则与环状凸缘相连接。那些与表面存在明显界线的球状附着物，是电蚀产物抛出过程中进入工作液的熔融金属冷凝球重新掉落且吸附在电极表面上形成的，也有部分表面球状凸起是由于对面电极上的熔融粒子撞击并附着于电极表面而形成的。图 6.10 为微细电极加工不锈钢材料前后元素能谱分析图，通过元素能谱分析可清楚地看出加工前后钨电极表面 Fe、Cr 等元素含量存在差别，说明加工后电极表面增加的 Fe、Cr 元素是对面不锈钢电极熔融粒子溅射并附着到钨电极表面的。

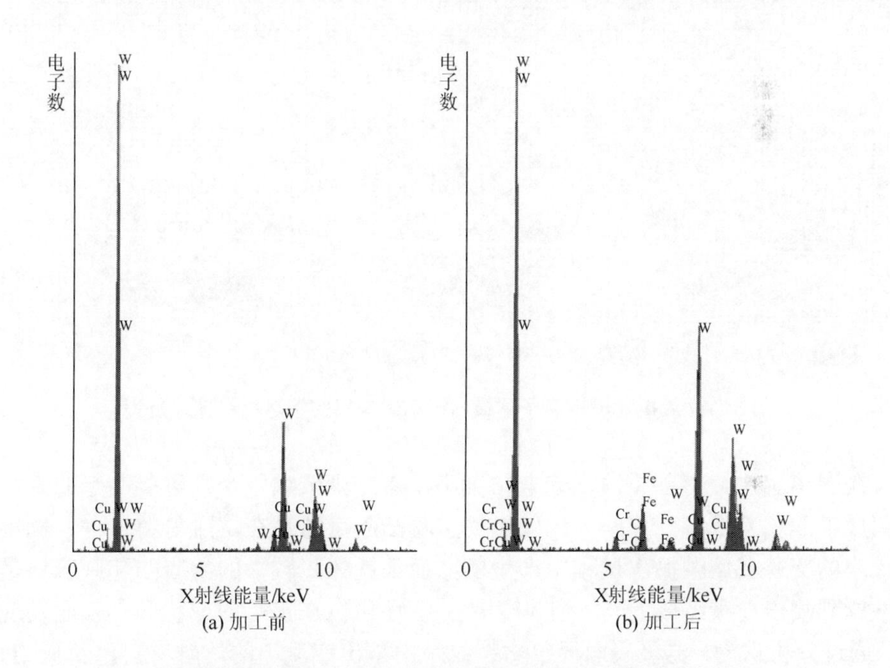

(a) 加工前 (b) 加工后

图 6.10 微细电极加工不锈钢材料前后元素能谱分析

与表面连接的球状附着物则是在爆炸力作用下，熔融材料飞出，但在脱离其他熔融金属束缚之前就冷却凝固而形成的。由此可以推断，尽管爆炸力是由爆炸中心向四周辐射的，但是空间的某一方向上的抛出材料仍然拥有高于其他方向上抛出材料的加速度。材料在抛出过程中遇到工作液冷凝，快速抛出的材料与其他材料一同形成放电凹坑的环状凸缘及球状凸起。

电火花加工表面的重凝凸起并不是各向均一的，熔融的电蚀产物似乎是从一个方向抛出来的。这也许是因为放电通道等离子体由于横向振动作用，从原来的接触中心突然向一侧错开了一段位移，熔融的液态金属随即从缺口处喷出而冷凝在凹坑的边缘。图 6.11 说明了这一材料蚀除过程，其中左图展示了放电通道电热作用熔融局部电极材料的过程。当等离子体横向振荡加剧时，放电点的位置会发生改变，等离子体的电热效应作用区域也相应变化，原本高压作用下的部分熔融材料表面压力骤降，熔融材料由侧向抛出，如中间图所示。图 6.11 中最右侧图片则显示了这一放电过程完成后，电极表面放电凹坑相应的表面形貌。

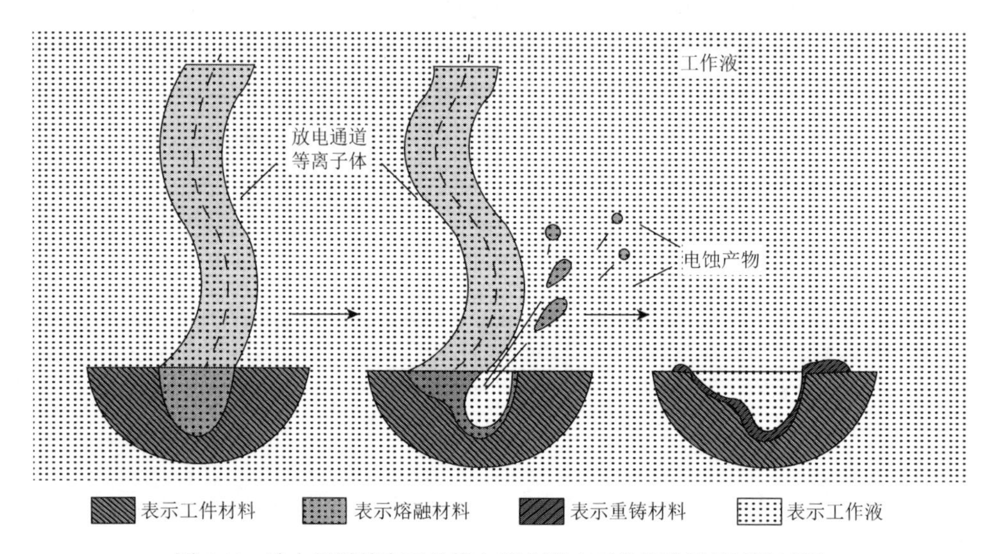

图 6.11　放电通道等离子体横向振动影响下的熔融材料蚀除过程

在图 6.9 中，有些重凝凸起非常细小，有些则较大，个别重凝凸起的直径甚至和放电凹坑差不多。那些体积较小的重凝凸起可能是在熔融材料较少、抛出能量较小的交替式熔融抛出过程中产生的，而那些体积较大的重凝凸起则应该是一次性剧烈喷出而凝结成的。仔细观察图 6.9，还可以在重凝的球状凸起表面发现裂纹，通过分析认为，电极表面局部微裂纹是由挤出或溅出的熔融材料重新凝结时，材料内外层冷凝速度不同所引起的拉伸裂纹。拉伸裂纹的存在证明了重凝凸起具有足够的体积，也证明了电火花加工中的电极材料抛出过程较为剧烈。

在一些特殊的情况下，熔融材料的抛出力非常大，体积较大的熔融材料被高速抛出，材料在抛出过程中遇冷凝固，但强大的抛出力将使表层之下高温的熔融金属突破已凝固的金属薄层的阻拦，沿抛出方向继续运动。随着表层金属不断凝固，内部熔融金属的移动也会停止，这样就形成了一种形状独特的表面球状凸起，如图 6.9（b）中白框所示。

3）表面球形孔

在微细电火花加工表面可以观察到球形孔，如图 6.12（a）所示，大多分布于放电凹坑溢出熔融材料所凝结的凸缘上。可能是熔融金属材料中夹带的气泡或溶解于液态金属中的气体由于压力骤降、溶解度下降而析出，气泡在瞬间遇冷凝固破裂，而周围液态材料凝固后无法及时填充，从而形成了球形孔。通过对大量球形孔的观察可以看出，气泡的位置距离加工表面是不同的。有的球形孔是半球形的，有的只露出一小部分，气泡的大部分埋于表面以下，由此可以推测，必然存在一些没有来得及浮出表面就被凝固的气泡隐藏在材料内部的某一深度处，球形孔和气泡分布截面图如图 6.12（b）所示。

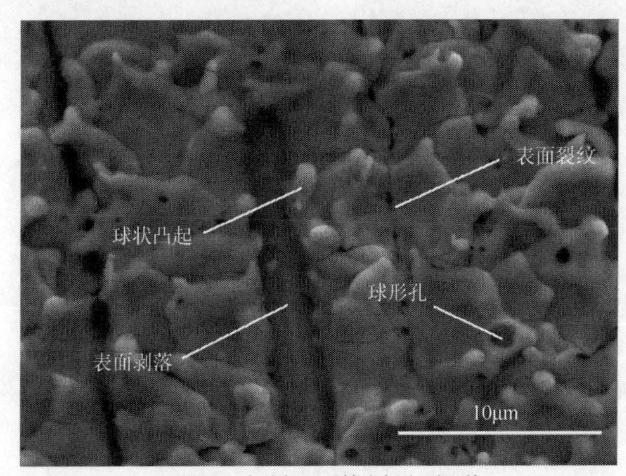

(a) 微细电火花加工后钨电极表面形貌

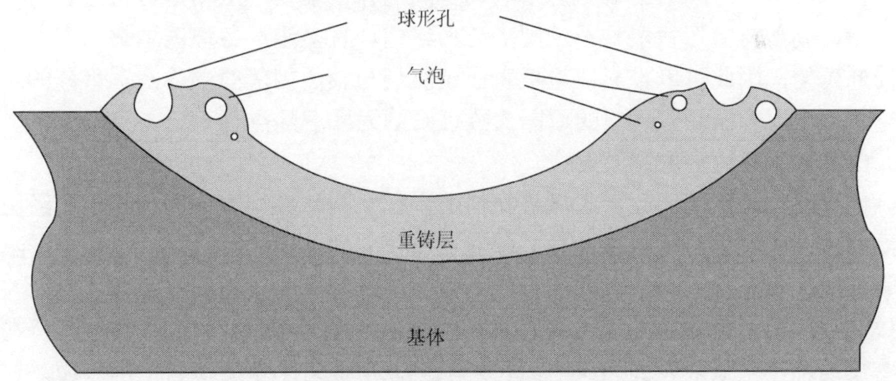

(b) 球形孔和气泡分布截面图

图 6.12　钨电极表面形貌及球形孔和气泡分布截面图

6.2.3　表面剥落现象

图 6.13 为电火花加工后电极表面剥落 SEM 图，从图中可以看出，电极表面存在明显的剥落现象。

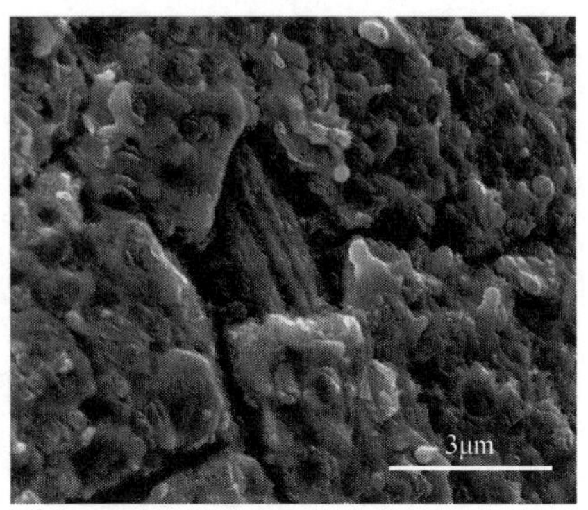

图 6.13　电火花加工后电极表面剥落 SEM 图

1）表面剥落的成因

仔细观察图 6.13 可以发现，剥落现象只发生在电火花加工后电极的表层。从剥落部位的情况看，剥落处露出的里层材料没有受电火花加工影响的痕迹，说明里层材料属于受加工热作用影响不大的热影响区材料，因此可以推断剥落材料为加工中受热影响剧烈的重铸层及淬火层材料。从剥落部位边缘的表层材料来看，剩余表层材料与基体的结合较为松散并存在裂纹，且有与基体分离的趋势，说明剥落材料与基体之间的结合更为松散，之间也存在裂纹。从剥落材料边缘的扩展情况看，剥落材料形状多为不规则多边形结构，且多边形各边基本都以裂纹的形式向外延伸，因此可以推断，电极表面裂纹是与表面剥落的形成密不可分的。由此可见，出现表面剥落现象的原因大致可归纳为以下几点。

（1）加工过程中的裂纹。

电火花加工热效应改变了电极材料的金相组织特性，重铸层及淬火层经历了重结晶和淬火过程，组织结构与基体存在显著差别并形成分界面，热应力导致电极表面与材料基体间形成微观热裂纹。而加工过程中的拉伸裂纹及其他宽而深的裂纹使得剥落材料与周围材料彻底分开。剥落主要形成于裂纹的扩展过程，在裂纹密集的部位，众多表面裂纹交织在一起可以形成若干个近似封闭的区域，这些区域材料基本与周围的表面材料脱离。

（2）加工环境中的各种作用力。

剥落材料与基体间松散结合，电极表面受到任何微小的作用力，都有使电极表面材料与基体分离的可能。电火花加工过程中，电极表面所受的作用力有以下几种：①热爆炸力，脉冲电流的电热过程使部分熔融金属材料进一步气化，气化过程产生的热爆炸力抛出熔融金属材料的同时对电极表面局部产生相当大的压力；②磁流体力，带电粒子流在电场力作用下高速轰击电极表面，对电极表面局部产生强大的压力；③库仑力，脉冲电压在两极间施加了强电场，电场力在电极表面将产生很大的拉应力；④流体力，加工过程中的冲液和电极旋转形成电极表面与周围绝缘介质之间的流体作用力，有助于重铸层的松散组织脱离电极表面。

2）*表面剥落的危害*

表面剥落造成的危害有很多，对于工具电极，在其用来加工之前或加工过程中，如果形成表面剥落会为其后续的加工带来影响。在工具电极进行电火花加工时，表面剥落的危害有以下几种：①表面剥落会改变工具电极的形状，被加工工件的形状也随之改变，导致加工的精度变差；②工具表面材料的剥落降低了工具电极的质量，使其未经过火花放电过程就损耗材料，加剧电极的损耗；③剥落的材料随即进入加工区域中，在常用的工具在上、工件在下、Z 轴向下进给的加工系统中，剥落材料将在重力作用下降落并附着于工件材料之上，使工件表面产生杂质，这些杂质不但影响了加工的表面质量，而且其作为工件电极的一部分，将参与火花放电而继续加剧工具电极的损耗；④表面剥落是一种随机的失效形式，很难预测，表面剥落的发生加剧了电极损耗，将使离线的电极损耗补偿策略由于突发的电极损耗而失去补偿精度，影响补偿效果。

对于微细电火花加工，由于线电极电火花磨削的广泛应用，由此方法加工出的工具电极常用于微细铣削加工、微细冲压加工、微细电化学加工及微细超声波加工等。工具电极表面剥落现象的存在同样给这些加工带来了影响，主要如下：①工具电极应用于微细铣削加工和微细冲压加工等微细接触加工时，加工中的作用力将对已产生的剥落或潜在剥落的表面造成巨大的破坏，工具电极在加工初期将产生大量的损耗，造成工具加工精度的明显偏差；②工具电极用于微细电化学加工时，由于电化学加工机理决定的“反拷”作用，工具电极可以将表面的一切特征反映在加工工件上而不产生任何损耗，剥落的存在将使工件加工后与预期存在偏差，而剥落这一特征作为工具的缺陷，将被复印到所有被加工工件上；③在微细超声波加工中，磨料对工具电极的冲击作用会将现有的剥落扩大或形成新的剥落，加剧工具的损耗，也将影响后续加工的精度与系列加工的一致性。

此外，加工后的工具电极还可作为微细轴、梁等，表面剥落、裂纹等缺陷都将影响其工作性能并为其后期的破坏、失效留下隐患。

对于工件电极来说，表面剥落现象及加工表层材料与基体结合松散的情况也是很常见的。在电火花的复杂结构的加工中，应用于模具的三维型腔加工较多，加工表面的质量好坏将直接影响模具的使用性能和寿命。如果模具存在剥落或者表层材料与基体结合松散，在频繁的使用中，剥落会不断扩大或者形成新的剥落，使得模具加工出的工件瑕疵越来越明显，严重影响产品的批量生产。

由此可见，剥落现象及潜在的剥落隐患给生产加工带来了很大的危害。因此，探求剥落形成的原因，寻找抑制电火花加工后表面材料结合松散和剥落的有效措施，具有较大的实际意义。

3）避免表面剥落现象发生的措施

由于裂纹是表面剥落形成的必要条件，前面提及的抑制表面裂纹产生的措施同样可以用来减小表面剥落发生的概率。此外，降低加工环境中的物质对电极表面的作用力也是避免表面剥落现象发生的方法。

苏联学者津格尔曼推导出的放电热爆炸力公式为[5]

$$P = \beta \sqrt{\frac{\rho W_l}{t_r t_f}} \tag{6.1}$$

式中，P 为放电热爆炸力的最大值；β 为某复杂积分数；ρ 为液体介质的密度；t_r 为放电脉冲前沿时间；t_f 为放电脉宽；W_l 为单位放电通道长度上的能量。

由式（6.1）可推导出[6]：

$$P = \beta \sqrt{\frac{\rho \int_0^{t_f} u(t) i(t) \mathrm{d}t}{t_r t_f l}} \tag{6.2}$$

由式（6.2）可知，在放电电压相同的情况下，影响热爆炸力的主要因素为放电峰值电流 i 和放电脉冲前沿时间 t_r，因而，降低放电峰值电流和增加脉冲前沿时间，可以降低热爆炸力的影响[7]。

磁流体力来源于高速带电粒子对电极表面的轰击压力，降低脉冲电压可降低带电粒子在极间加速运动的加速度，降低脉冲电流可减小高速运动的带电粒子数量，而缩短极间放电间距可以减小带电粒子在极间的加速时间，这些方法都可以有效地减小作用于电极表面的磁流体力。此外，如果脉宽较大，则磁流体力作用时间较长，且放电过程中放电通道等离子体容易产生波动，波动将导致强弱交变的磁流体力，动态的磁流体力将成为导致电极表面剥落的重大威胁。因此，减小放电脉宽也是降低磁流体力对表面剥落影响的重要措施。

库仑力的作用一般表现在脉间，它与极间电场强度成正比，而通常情况下极间电场强度又与脉冲电压和极间距离相关。文献[8]中精确计算了极间电场表面电荷所产生的库仑力，从中可知降低脉冲电压和增大极间距离是降低作用于电极表面库仑力的有效途径。

对于流体力，降低工作液压力、减小工具电极转速、增大放电间隙和减小电极表面黏性摩擦力等方法均可以降低工作液流体力的影响。

此外，对于已经造成的表面剥落或重铸层组织松散、有剥落趋势的加工表面，可采用一些前处理方法将表层松散材料去除，再进行后续的加工。

6.3 沉积加工涂层表面质量研究

电火花沉积工艺是利用电容放电时瞬间产生巨大的能量进而在瞬间产生高温的情况下，将电极材料和基体材料熔化，使熔化的电极材料金属液滴渗入基体中，生成强化物质，进而提高涂层综合性能。基体上表面沉积涂层的厚度、表面粗糙度、微观表面形貌、涂层与基体间界面的结合情况等都对沉积涂层的综合性能、表面质量、界面行为有着至关重要的影响，而电火花沉积加工的工艺参数对涂层的厚度、表面粗糙度、表面形貌、涂层与基体界面的结合情况等有重要的影响。因此，研究电火花沉积工艺参数对提高涂层厚度、减小表面粗糙度、改善微观表面形貌、提高沉积效率有着重要意义，电火花沉积工艺参数主要为沉积电压、沉积电流、沉积频率、沉积电容、沉积气氛、加工时间等。本节采用某型号的电火花沉积/堆焊机，使用镍基合金电极在钛合金工件上进行电火花沉积试验，研究工艺参数对涂层表面形貌和表面粗糙度的影响规律，获得可使表面质量好、加工过程稳定可靠、加工效率高的工艺参数，研究电火花沉积工艺参数对涂层表面形貌及表面粗糙度的影响并分析电火花沉积涂层的工艺规律。

6.3.1 钛合金电火花沉积加工试验条件

1）试验材料及装置

电火花表面沉积工艺可以提升零件的硬度、耐腐蚀性、耐磨性等综合性能，增加零件的使用寿命。电火花表面沉积工艺不仅仅是一种表面涂覆技术，其最大的特点是涂层与基体呈冶金结合。在挑选电极材料时，主要是从沉积层所需达到的功能进行考虑。本节试验采用的基体材料为 TC4 钛合金，表 6.1 为 TC4 钛合金主要成分含量，表 6.2 为 TC4 钛合金的力学性能。由表 6.2 可知，TC4 钛合金具有硬度较低的缺陷，可以通过选择合理的加工工艺参数来提高 TC4 钛合金的硬度。试验中，TC4 钛合金板的尺寸为 150mm×110mm×10mm，利用电火花线切割技术将钛合金板切割成尺寸为 25mm×15mm×10mm 的小块作为试验的基体试样。

表 6.1 TC4 钛合金主要成分含量

	成分							
	Ti	Al	V	N	Fe	H	C	O
质量分数/%	Bal.	5.5～6.8	3.5～4.5	≤0.05	≤0.30	≤0.01	≤0.10	≤0.20

表 6.2　TC4 钛合金的力学性能表

合金名称	杨氏模量 E	抗拉强度 R_m	比强度（Sb/g）	断面收缩率 δ	硬度（HV）
TC4	110GPa	1012MPa	23.5N·m/kg	25%	283

选用镍基合金电极进行试验，目前常见的镍基合金电极有 NiCu-7、NiCr-3、NiCrMo-3、NiCrCoMo-1、Ni-1 等，若要改善钛合金硬度较低的缺陷，需要选择硬度较大的镍基合金电极进行电火花沉积试验。在钛合金电火花沉积工艺规律试验设计前分别使用 NiCu-7、NiCr-3、NiCrMo-3、NiCrCoMo-1、Ni-1 电极进行电火花沉积试验，在相同的电火花沉积工艺参数下进行试验并测量沉积涂层的显微硬度，表 6.3 为不同电极加工下沉积涂层的显微硬度，进而可以确定电火花沉积试验的镍基合金电极种类。

表 6.3　不同电极加工下沉积涂层的显微硬度

	电极				
	NiCu-7	NiCr-3	NiCrMo-3	NiCrCoMo-1	Ni-1
涂层显微硬度（$HV_{0.2}$）	640	715	680	700	580

通过表 6.3 可知，当电火花沉积工艺参数相同时，选择不同的镍基合金电极，沉积涂层的显微硬度不同。当选择 NiCr-3 镍基合金电极加工时，沉积涂层显微硬度可高达 715$HV_{0.2}$。因此，选用 NiCr-3 镍基合金电极作为电火花沉积试验的电极最为合适，以此来探究工艺参数对沉积涂层的表面粗糙度、微观表面形貌、硬度、厚度的影响规律。工艺规律优化试验中仍选用 NiCr-3 镍基合金电极进行电火花沉积工艺试验，探究工艺参数对涂层的厚度及表面粗糙度的影响程度，表 6.4 为 NiCr-3 镍基合金电极的主要成分含量。

表 6.4　NiCr-3 镍基合金电极的主要成分含量

	成分						
	Ni	Cr	Co	Nb+Ta	Mo	Fe	Ti
质量分数/%	Bal.	20.24	2.92	2.45	1.60	1.36	0.39

选用某型号电火花沉积/堆焊机，其示意图如图 6.14 所示，该设备可控制电极旋转的方向，沉积电压调节范围为 0～100V，沉积频率调节范围为 50～500Hz，百分比调节范围为 10%～100%，其中百分比是指材料颗粒细化的程度，每种材料都有对应的百分比数值供加工时选择，沉积电压、沉积频率、百分比旋钮连续可调。电极旋转方向分为左旋和右旋两个方向，电极材料的旋转方向的选择与电火花表面沉积加工的方向有关。

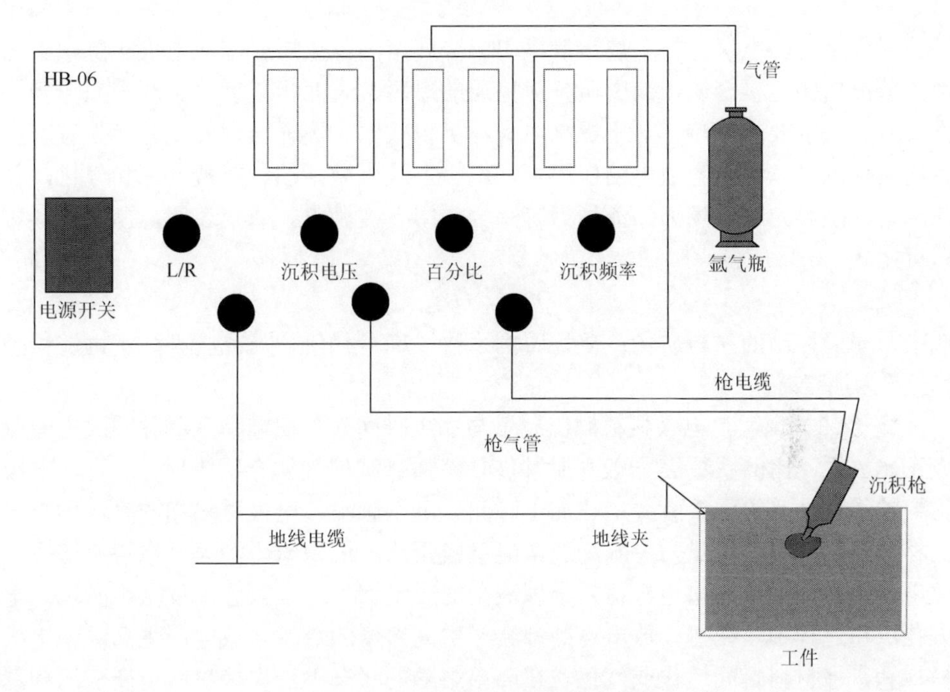

图 6.14 电火花沉积/堆焊机示意图

由图 6.14 可知，电火花沉积设备中，阴极连接工件，阳极连接沉积枪，沉积枪中还需连接氩气瓶气管，这样在电火花沉积加工过程中产生的热量可以及时释放，热量不会向基体输入从而造成缺陷，并且氩气气体性质比较稳定，不易与材料发生相应的氧化反应，因此可以保证涂层表面质量。

电火花沉积工艺是利用电容放电时产生的能量瞬间在电极与基体间高频释放，通过沉积气氛气体介质电离，形成放电通道，基体表面瞬间产生高密度热量，同时电极材料熔滴在重力及其他力的作用下渗入基体中，使涂层与基体冶金结合。该设备有许多超越传统电火花表面沉积设备的性能，主要体现在以下几个方面：①额定输出功率为 3000W，最大输出电流可高达到 1000A，沉积频率最高可达 500Hz；②此设备采用微处理器系统，可精确地控制放电电流的大小，放电时间的长短、沉积电压的大小等，并且加入了气体循环系统使得输入热量等于散发热量，保障加工过程相对稳定可靠；③设备采用新型外观设计，体积较小、质量较轻（尺寸：405mm×210mm×450mm；质量：15kg），便于操作和移动，适合于各种恶劣工况条件。

2）工艺规律试验设计

通过前期的试验探索和文献调研可知，电火花沉积主要过程分为电极材料和基体材料熔化、电极材料金属熔滴抛出、金属熔滴覆盖层凝固。电火花沉积工艺中，放电熔化电极金属液滴的质量对涂层的厚度、表面粗糙度、微观表面形貌等都有着至关重要的影响，对于提高电火花沉积效率、选择合理的工艺参数有着重要的指导意义。在电容放电的作用下，电极上放电微区的材料被熔化和气化，并在重力、磁场力、电场力、流体力等综合作用下被抛出。研究表明，抛出材料质量可用式（6.3）表示[9]：

$$m = KTfW_m \tag{6.3}$$

式中，m 为抛出的材料质量；K 为比例系数；W_m 为单脉冲放电能量；f 为沉积频率；T 为加工时间。

式（6.3）说明，电极材料抛出质量与加工时间、沉积频率及单脉冲放电能量成正比关系，比例系数 K 一般与脉冲能量峰值、沉积气体介质成分、脉宽、电极材料的物理性质等因素有关，在加工时间、沉积频率、电极材料相同时，抛出电极材料金属液滴的质量与单脉冲放电能量成正比。沉积电压增大，电势差增大，放电能量增加导致抛出电极材料金属液滴的质量增加，电极会出现微小凹坑。电火花沉积过程中，在每一放电点处都会产生高密度的热源，放电产生高温使电极材料和基体材料瞬间熔化或气化。在高温熔融的状态下，电极材料金属液滴和基体材料在沉积气体介质条件下发生反应并向基体表面渗透、沉积，并与基体表面相结合，在钛合金表面形成性能较好的沉积涂层，呈现冶金结合。

根据式（6.3）可以得出，电极材料金属液滴的质量与单次脉冲放电能量呈正比关系，单次脉冲放电产生的能量又与沉积电压、沉积电流、沉积电容等一系列电参数有关。这里引入一个新的名词：比沉积时间，其对应的是电火花沉积基体工件单位面积所需要的时间，即电火花沉积效率，沉积效率越高越有利于电火花沉积加工。

因此，在进行钛合金电火花沉积工艺规律试验设计时，综合考虑各方面因素，选择沉积电压、沉积频率、比沉积时间作为钛合金电火花沉积工艺规律试验的因素，通过前期试验探索及文献查阅选择的各因素及其参数取值范围如表 6.5 所示，钛合金电火花沉积工艺规律试验如表 6.6 所示。

表 6.5　钛合金电火花沉积工艺条件

工艺条件	参数范围
沉积电压	30～90V
沉积频率	150～450Hz
比沉积时间	1～6min/cm^2

表 6.6 钛合金电火花沉积工艺规律试验

编号	沉积电压/V	沉积频率/Hz	比沉积时间/(min/cm^2)
1	30	350	2
2	40	350	2
3	50	350	2
4	60	350	2
5	70	350	2
6	80	350	2
7	90	350	2
8	50	150	2
9	50	200	2
10	50	250	2
11	50	300	2
12	50	400	2
13	50	450	2
14	50	350	1
15	50	350	3
16	50	350	4
17	50	350	5
18	50	350	6

3）试样的金相制备及涂层制备

金相试样制备包含以下步骤：取样、镶嵌、磨光、抛光。金相试样制备的质量也直接影响着沉积层与基体是否紧密结合，有无孔隙及孔洞等缺陷。金相试样的取样以不影响试样的显微组织为前提，沉积层与基体的结合情况及沉积层的微观缺陷是评定沉积层质量的重要指标之一，所以切割试样时，电火花线从基体的底部进行切割，以保证基体表面的微观组织不被破坏。并且切割时要使用预先设置好的程序进行线切割，不可以使用手动控制的方式进行线切割操作，因为这样会影响试样的尺寸精度。另外，线切割的切割速度也要进行适当调整，这样切割出来的试样才会非常整齐。由于试样基体的尺寸比较大，不需要进行镶嵌操作。

由于切割时产生的表面损伤需在磨光这一步进行处理，磨光在制备试样过程中是极为重要的一步，如果切割过程产生的表面损伤无法在磨光时去除，则需重新取样。磨光处理同样会产生表面损伤层，需在后面阶段进行处理。磨光结束时，试样基体损伤层只是由最后一道工序留下的。磨光分为粗磨、细磨两个阶段，粗磨后的磨痕较粗，会产生较深的变形层，试样表面是凸凹不平的，可肉眼观察到，故需要使用不同粒度的砂纸细磨，得到磨痕较细、较浅的变形层。本节试验中，基体试样先粗磨后精磨，依次使用型号为600目、800目、1000目、1500目、2000目的砂纸进行打磨，打磨时需要注意力度、方向、角度等，这些因素是决定试样表面质量的关键。另外，手要紧握住基体试样，注意试样需转90°角与旧磨痕垂直，同时要使用清水不断地冲洗，使得二者间的接触更为紧密，并冲洗掉磨屑，打磨至试验面平整。

经过预磨以后的试样，需在抛光机上进行粗抛光，抛光布为细绒布，使用W2.5金刚石抛光膏。粗抛光进行10～20min后，需在抛光机上进行精抛光，抛光布为锦丝绒，抛光膏为W1.5金刚石。加入少量的精抛溶液，辅助磨去试样表面的划痕，缩短抛光所需的时间，直至试样表面呈现镜面且表面划痕减少，试样基体打磨完成。然后用纯酒精进行试样基体表面及其四周的清洗，去掉试样表面及其四周的杂质、污染物等，清洗后，使用密封袋将基体存放。

试验中采用某型号的电火花沉积/堆焊机进行钛合金表面电火花沉积工艺试验研究，试验分为以下几个步骤。

（1）制备涂层时首先需要使用纯酒精将试样表面及四周进行擦拭，然后使用丙酮溶液进行二次清洗擦拭，这样可以保证试样表面不存在任何杂质和污染物，防止电火花沉积时出现涂层表面质量差、厚度测量不准确、涂层与基体结合界面间存在缺陷等问题。

（2）选择氩气为试验气体介质，进行电火花沉积时将输出沉积电压、沉积频率、百分比调节到所需的数值，将试样基体夹持在自制工作台架上，使用沉积枪对试样基体进行电火花沉积操作。

（3）在电火花沉积过程中要保证试样固定不动，沉积枪要尽可能保证为匀速运动，同时还要控制沉积枪与试样基体的距离和角度，因为沉积枪与试样基体间的距离较远时，电极与基体之间不会产生火花放电的现象；沉积枪与试样基体距离较近时，电极与基体表面容易产生黏结现象。因此，控制沉积枪与基体之间的距离是至关重要的，还需要注意沉积枪与基体的角度保证在45°～60°，这时沉积涂层的表面质量较好。另外，还需保证电极旋转方向与沉积枪的运动方向一致，这样可以保障沉积层与基体结合情况良好，避免空隙、孔洞等质量缺陷问题。

进行电火花沉积时，要尽量保证沉积涂层的厚度均匀，除了要保证沉积枪移动的速度为匀速外，还可以使电极采用循环往复式运动和螺旋交叉式运动来保证涂层厚度的均匀。

6.3.2 工艺参数对涂层表面形貌的影响

在电火花沉积加工中，沉积枪带动电极进行高速旋转运动，当旋转电极与基体间的距离达到放电间隙时，工作电源的电容器开始充电，旋转电极与基体的距离继续减小，电源中的电容器开始放电，在极短的时间内，电极材料与基体材料接触的微小区域内瞬间产生高密度电流，电流密度可达 10^5～10^6A/cm^2，电极材料与基体材料接触的放电微小区域外，温度可高达 8000～25000℃，在如此高的温度作用下，基体材料和电极材料的局部接触区域会瞬间被熔化或气化。整个电火花沉积过程时间比较短暂，沉积涂层的微观表面形貌可能会呈现不同的状态，因此通过研究不同工艺参数对涂层表面形貌的影响规律可得到较优取值。本节选用德国卡尔蔡司公司生产的 SUPRA 55 场发射扫描电镜检测沉积层表面形貌，该设备放大倍率为 12～1000000 倍，可真实地呈现沉积层表面微观组织形貌，设备如图 6.15 所示。

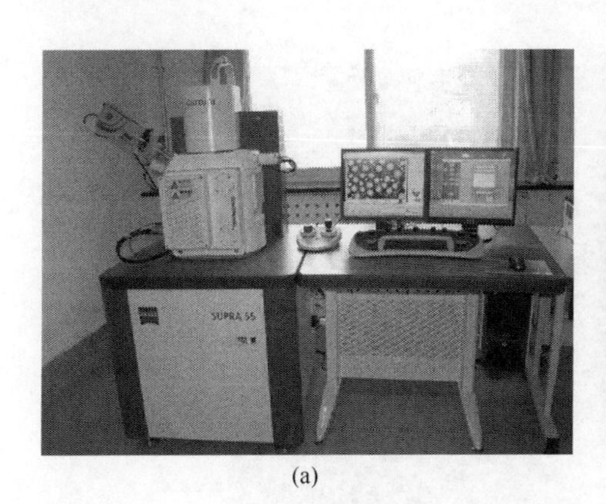

(a)

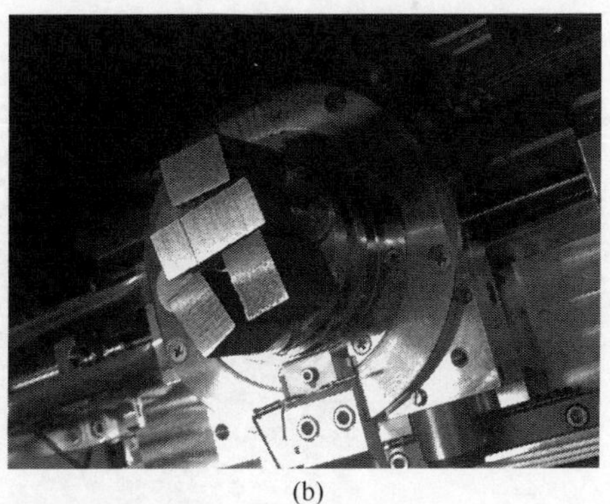

(b)

图 6.15 SUPRA 55 场发射扫描电镜

1）沉积电压的影响

通过对钛合金表面电火花沉积工艺进行规律试验设计，探究工艺参数对涂层微观表面形貌的影响，由前期试验和相关文献可知，沉积电压为 50V，沉积频率为 350Hz，比沉积时间为 2min/cm^2 时，电火花沉积加工稳定性较好。试验选取的参数：沉积频率为 350Hz，比沉积时间为 2min/cm^2，沉积电压分别为 30V、50V、70V、90V，来进行涂层试样制备。图 6.16 为不同沉积电压下的沉积涂层表面形貌。

通过图 6.16 可以看出，电火花沉积涂层是由许多不间断单脉冲强化点重复叠加而成的，涂层表面呈橘皮状，放电点具有“喷溅”现象，这是因为在电火花沉积瞬间放电产生的高温作用下，电极和基体材料会瞬间被气化或熔化，熔化的金属液滴会过渡到基体材料上，而外围的金属材料液滴受到较大的热冲击力等综合作用，会向空气中喷溅以达到快速降低温度的目的，故“喷溅”现象可以明

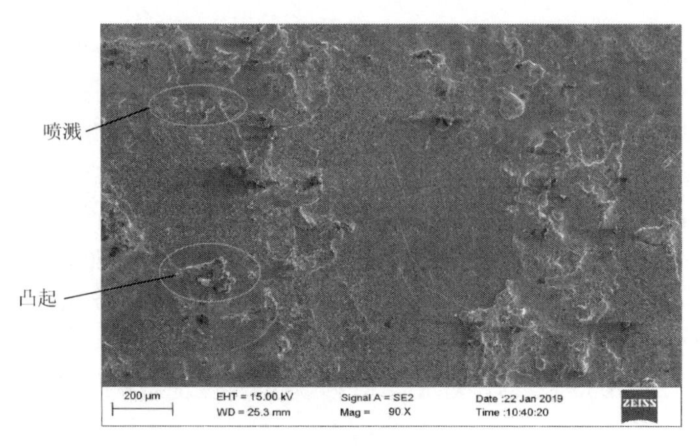

(a) 30V

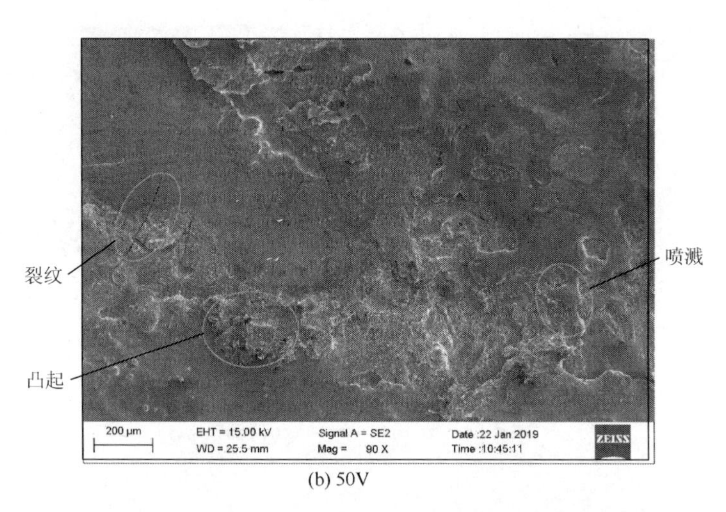

(b) 50V

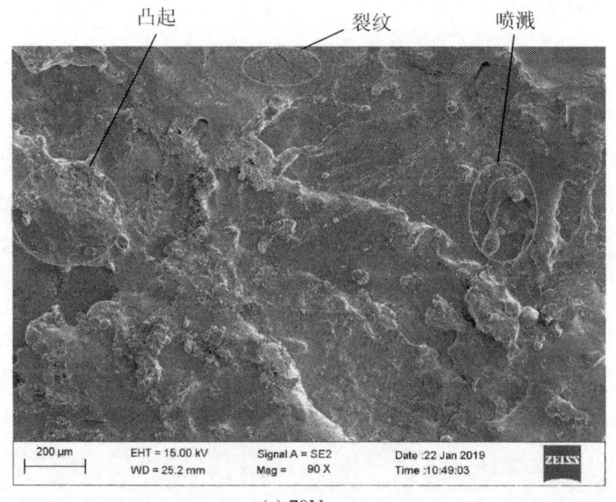

(c) 70V

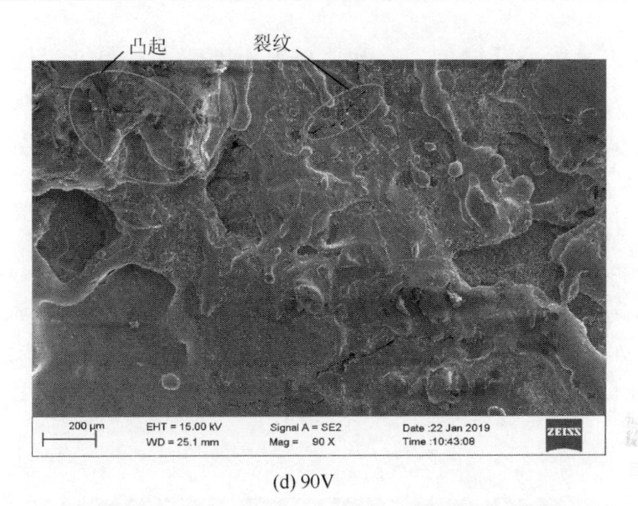

(d) 90V

图 6.16　不同沉积电压下的沉积涂层表面形貌

显地在涂层表面形貌观察到。“喷溅”现象存在于表面较平的区域并且有向外扩散延展的趋势，延伸的方向具有不确定性，从沉积涂层表面可以明显地看出，其向四周扩散延展，当冲击力较大时，可看出其向外延伸的特征更加明显。进一步可以看出，随着沉积电压的不断增大，涂层表面平整区域的面积越来越小，凸起数量越来越多。而凸起则是由小液滴慢慢堆叠形成的，呈岛状，由许多金属液滴堆叠形成较高的不规则形状。随着沉积电压不断增大，涂层表面会出现裂纹，裂纹的数量逐渐增多，在同一放大倍数下的裂纹宽度也逐渐增加。从图中可以明显看出，凸起部分表面并不平整，并且厚度略高于周围其他位置，呈现不规则形状。

当沉积电压为 30V 时，涂层表面比较平整，凸起较少，组织致密表面质量较好，有明显的“喷溅”现象，但无裂纹。当沉积电压为 50V 时，涂层有少量的凸起，但涂层表面质量较好，组织连续致密，存在较少的裂纹缺陷。当沉积电压为 70V 和 90V 时，表面有较多的凸起，几乎无平整区域，表面质量较差，存在较多裂纹，并且在相同放大倍数下可看出裂纹宽度较宽、缝隙较大，单脉冲放电点“喷溅”现象较明显，可以直观地看到。

从试验结果可以得出这样的结论：在其他钛合金表面电火花沉积加工工艺参数相同的情况下，随着沉积电压的增大，沉积涂层的微观表面形貌会出现较多的凸起并会产生裂纹，裂纹宽度随着沉积电压增大而增大，涂层表面质量也随之变差。

产生该规律的原因是，随着沉积电压的增大，瞬间释放的能量增大，释放热量增多，使得熔融的金属液滴体积变大，出现金属液滴堆叠的现象，局部呈岛状，导致沉积涂层表面凸起随着沉积电压的增大而增多。随着沉积电压不断增大，电火花沉积释放的热量逐渐增加，向基体材料不断输入热量，当输入的热量达到材料本身的应力临界值时，多余的热量无法释放，只能通过裂纹的形式进行释放。随着热量的增加，裂纹的宽度和数量也会逐渐增加，使得多余热量快速地向外扩散。

2）沉积频率的影响

电火花沉积加工中，沉积频率的变化同样会影响沉积涂层的微观表面形貌，试验参数选取如下：沉积电压为50V，比沉积时间为$2min/cm^2$，沉积频率为150Hz、250Hz、350Hz、450Hz，来进行试样涂层制备，图6.17为不同沉积频率下的沉积涂层表面形貌。

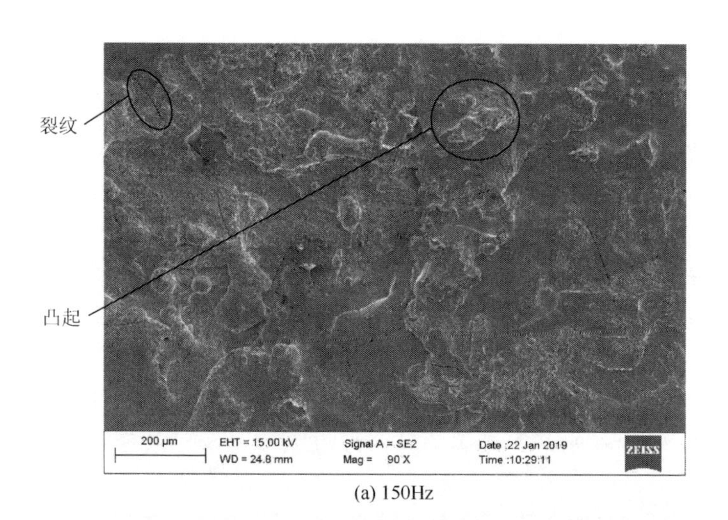

(a) 150Hz

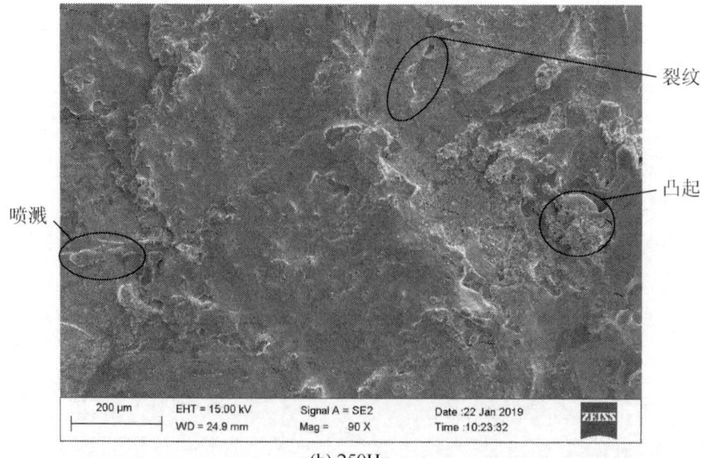

(b) 250Hz

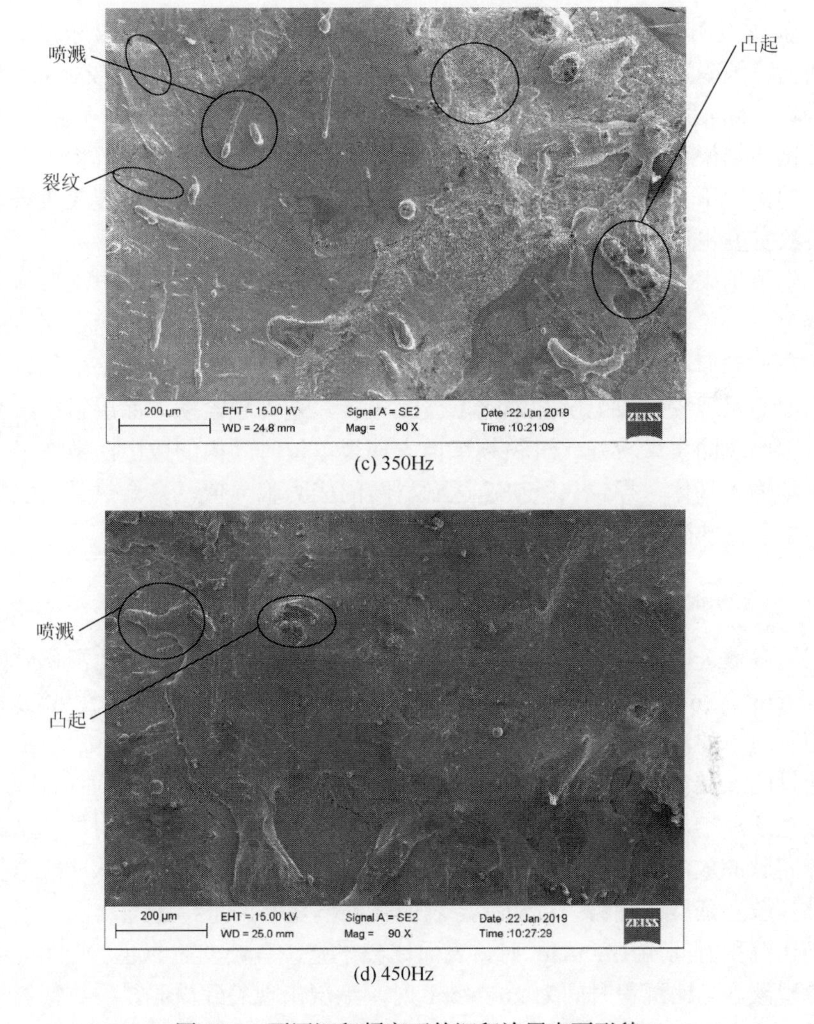

(c) 350Hz

(d) 450Hz

图 6.17　不同沉积频率下的沉积涂层表面形貌

从图 6.17 可以看出，随着沉积频率的增大，沉积涂层的微观表面形貌趋于平整，凸起的数量逐渐减少，裂纹的数量也逐渐减少，裂纹宽度也逐渐变小。“喷溅”现象出现在沉积频率为 250Hz、350Hz、450Hz 时，表面形貌较为平整，可观察到有延伸及扩散的趋势。

当沉积频率为 150Hz 时，涂层表面局部出现较多处凸起，金属液滴堆叠，呈岛状，几乎无平整区域并且涂层表面有较多处裂纹，裂纹宽度较大，涂层表面质量较差。当沉积频率为 250Hz 时，涂层中较多凸起仍然呈岛状，几乎无平整区域，但裂纹的数量减少且宽度变小。当沉积频率为 350Hz 时，沉积涂层出现平整区域，涂层凸起较少，金属液滴堆叠现象不明显，裂纹数量减少且宽度减小，金属液滴有明显向四周“喷溅”的现象，涂层表面质量较好。

当沉积频率为450Hz时，可以看出沉积涂层表面较为平整，有较少的凸起，无裂纹缺陷，表面呈橘皮状，表面质量较好，金属液滴有明显向四周“喷溅”的现象。

从试验结果可以得出这样的结论：在其他钛合金表面电火花沉积加工工艺参数相同的情况下，随着沉积频率增大，沉积涂层表面凸起减少，裂纹数量逐渐减少，裂纹宽度也逐渐变小，组织致密连续且表面质量逐渐变好。

产生该结果的原因是，沉积频率增加，即单位时间内电容放电次数增多，这会使得上一次单脉冲放电熔融的金属液滴和这次单脉冲放电熔融的金属液滴紧密地搭接在一起而不是堆叠起来，这样便不会出现之前由于金属液滴堆积较多而呈现的局部岛状现象，放电脉冲强化点彼此搭接，越来越紧密，涂层组织致密均匀连续，因此表面质量较好。沉积频率增大使得单位时间内的放电次数增多，放电能量持续输入基体，导致热量快速达到材料的应力临界值，多余热量无法释放，进而产生裂纹缺陷。

3）比沉积时间的影响

试验参数选取如下：沉积电压为50V，沉积频率为350Hz，比沉积时间分别为1min/cm^2、2min/cm^2、3min/cm^2、4min/cm^2，来进行沉积试验，图6.18为不同比沉积时间下的沉积涂层表面形貌。

通过图6.18可以看出，随着比沉积时间的增加，涂层平整区域面积逐渐减小，裂纹数量逐渐增加，裂纹宽度逐渐变大，金属液滴堆叠现象比较明显，呈岛状，涂层伴随脉冲放电强化点出现“喷溅”现象，且该区域较平整，脉冲放电强化点有向外扩散及延展的趋势，沉积涂层表面呈现橘皮状。

当比沉积时间为1min/cm^{2}时，表面比较平整，有较少的凸起，无明显金属液滴堆叠现象。当比沉积时间为2min/cm^{2}时，涂层出现裂纹缺陷，裂纹数量较少且宽度较小。当比沉积时间为3min/cm^2、4min/cm^{2}时，涂层表面出现金属液滴堆叠的情况，使得表面凹凸不平，裂纹宽度较大且数量较多，涂层表面质量较差。

试验结果表明，在其他钛合金表面电火花沉积加工工艺参数相同的情况下，随着比沉积时间的延长，表面产生的凸起增多，裂纹数量增多、宽度变大，并且可以明显看出局部形成岛状液滴，涂层的表面质量较差。

产生该结果的原因是，随着比沉积时间的延长，电极材料熔化的速率变快，金属液滴还未完全过渡到基体表面时，下一个金属液滴就已经开始熔化并滴落，二者出现堆叠现象，凸起越来越大，进而形成岛状，导致沉积涂层表面粗糙度变大，表面质量也因此变差。当比沉积时间延长时，沉积效率提高，使得单位面积的沉积时间变长，电极和基体材料被瞬间熔化和气化，材料向四周“喷溅”，金属液滴彼此之间发生堆叠现象。

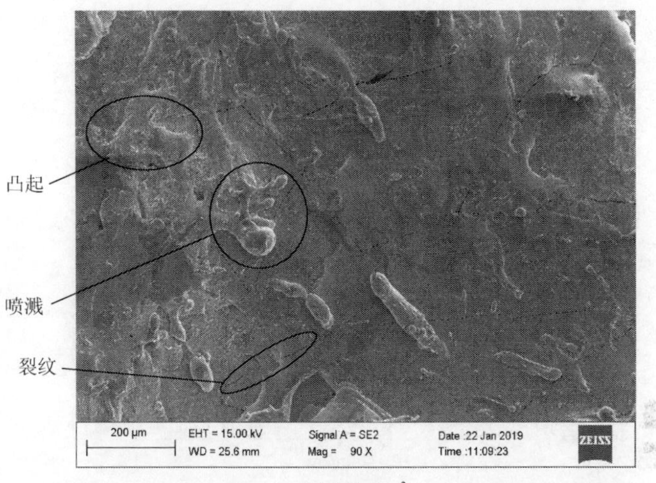

(a) 1min/cm^2

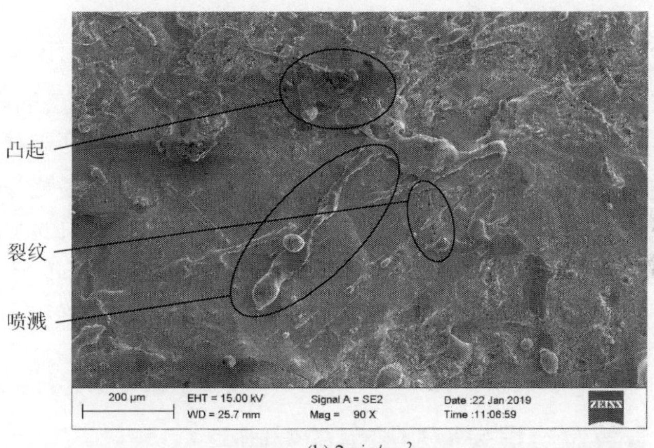

(b) 2min/cm^2

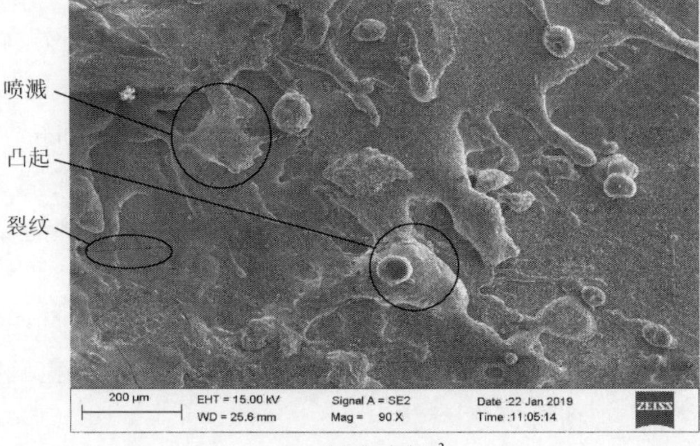

(c) 3min/cm^2

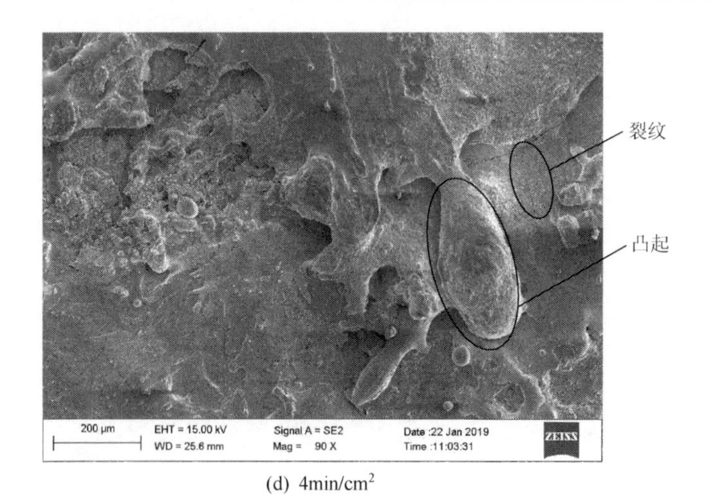

(d) 4min/cm^2

图 6.18　不同比沉积时间下的沉积涂层表面形貌

电火花沉积加工实际是经过密集放电生成的强化物质和强化合金渗透、沉积、涂覆在基体表面并与材料融合的结果，通过观察电火花沉积涂层的表面微观形貌，可以看出涂层主要由熔滴沉积点逐层覆盖形成，有一定的凹凸起伏，表面呈现橘皮状，单个熔滴在表面沉积后完整铺展开，沉积点边缘呈“喷溅”状，熔滴受力均匀，铺展充分，熔滴彼此之间搭接紧密，形成了较致密均匀的沉积层[10]。熔化的金属液滴会过渡到基体材料上，而外围的金属材料液滴受到较大的热冲击作用会向空气中“喷溅”，以快速降低温度。由于整个过程时间比较短暂，在这种骤冷骤热的情况下，基体表面产生了超高速淬火现象[11]。

6.3.3　工艺参数对涂层表面粗糙度的影响

表面粗糙度是指加工表面具有的较小间距和微小峰谷的不平度，加工过程中刀具与表面的摩擦、高频振动都可能造成表面粗糙。表面粗糙度会影响零件的耐磨性、配合的稳定性、疲劳强度、抗腐蚀性、密封性等，因此测量涂层的表面粗糙度是至关重要的。本节采用的粗糙度测量标准为 ISO-25178-2，表面轮廓粗糙度通常有 *Sa* 和 *Ra* 两种表示方法，二者之间是有区别的，*Ra* 是基于线轮廓法的评定参数，表示物体表面轮廓上点到基准线距离和的平均值，它表示轮廓的算术平均偏差，用于表征物体表面一维轮廓的粗糙程度。*Sa* 是由 *Ra*（线的算术平均高度）扩展得到的参数，它表示相对于表面的平均面，各点高度差的绝对值的平均值，不仅计算所有凸起的位置，还包含所有凹陷的位置。*Sa* 是区域形貌粗糙度的评定参数，用于表征物体表面二维形貌的粗糙程度。

使用 Alicona 光学三维表面形貌测量仪进行工件表面粗糙度测量时，分为轮廓粗糙度测量、表面粗糙度测量两种方式，轮廓粗糙度测量通过 *Ra*、*Rq*、*Rz* 三个指标进行表征，表面粗糙度测量通过 *Sa*、*Sq*、*Sz* 三个指标进行表征，其中 *Sa* 表示表面的算术平均高度、*Sq* 表示表面形貌的均方根偏差、*Sz* 表示表面中最高点的高度。电火花沉积加工技术不仅是单一方向上的加工，还是两个相互垂直方向上的复合加工，通过以上分析，选择测量 *Sa* 来表征沉积涂层的表面粗糙度。

通常测量表面粗糙度有两种方法，一种是使用共聚焦显微镜拍摄物体表面 3D 形貌照片，然后进行测量，另一种是使用便携式粗糙度测试仪进行测量。本节使用第一种方法来进行表面粗糙度的测量，测量仪如图 6.19 所示，由于显微镜一次扫描的范围较小，可以在同一涂层表面进行多次扫描，将结果取平均值作为最终沉积涂层试样的表面粗糙度数值。

图 6.19 Alicona 光学三维表面形貌测量仪

1）沉积电压的影响

为了研究沉积电压对沉积涂层表面粗糙度的影响，本节选取沉积频率为 350Hz，比沉积时间为 $2min/cm^2$，沉积电压分别为 30V、40V、50V、60V、70V、80V、90V，来进行试样准备，不同沉积电压下的沉积涂层表面三维形貌如图 6.20 所示。并且对沉积涂层表面粗糙度进行测量，绘制沉积涂层表面粗糙度随沉积电压的变化曲线，如图 6.21 所示。

图 6.21 所示的试验结果表明，随着沉积电压的增加，沉积涂层的表面粗糙度逐渐提高，涂层的表面质量下降。当沉积电压为 30V 时，此时沉积涂层的表面粗糙度 *Sa* 达到最小值，为 11.804μm，而随着沉积电压的增大，沉积涂层的表面粗糙度也上升。当沉积电压为 90V 时，涂层的表面粗糙度 *Sa* 达到最大值，为 37.746μm。从试验结果可以得出这样的结论：在其他钛合金表面电火花沉积加工工艺参数相同的情况下，随着沉积电压逐渐增大，沉积涂层表面粗糙度也会逐渐增大。

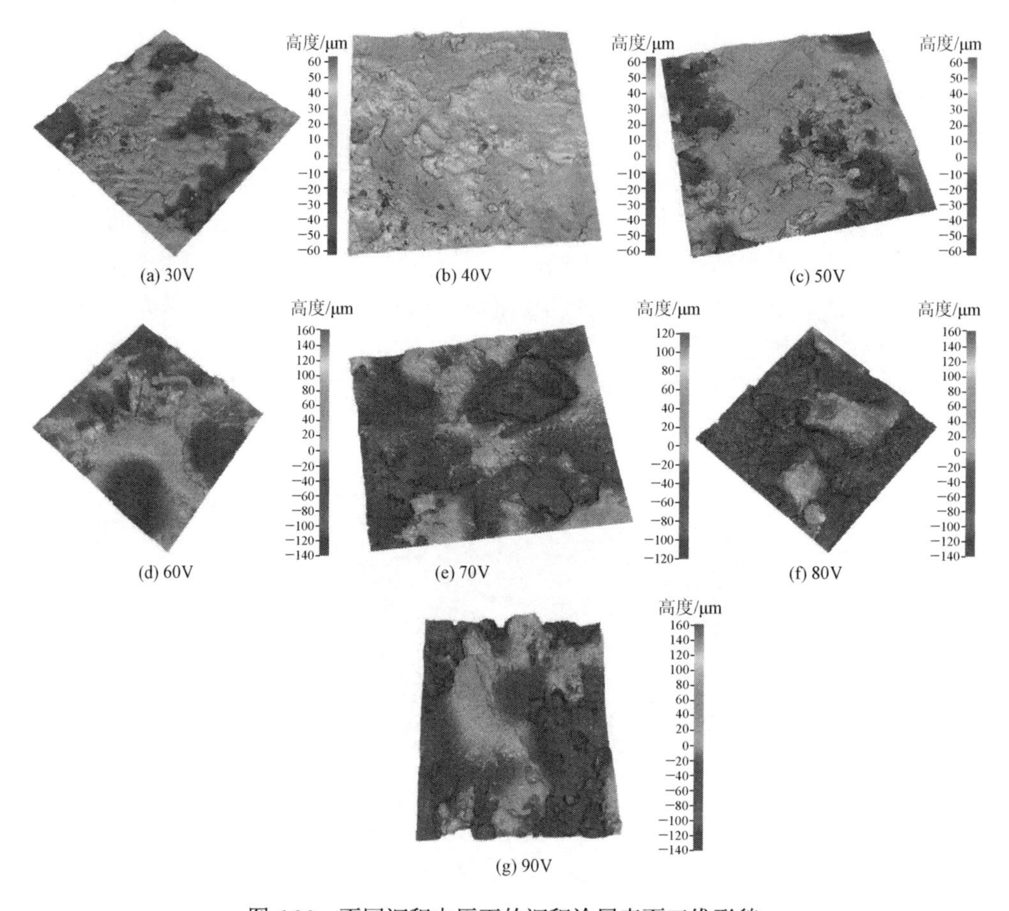

图 6.20　不同沉积电压下的沉积涂层表面三维形貌

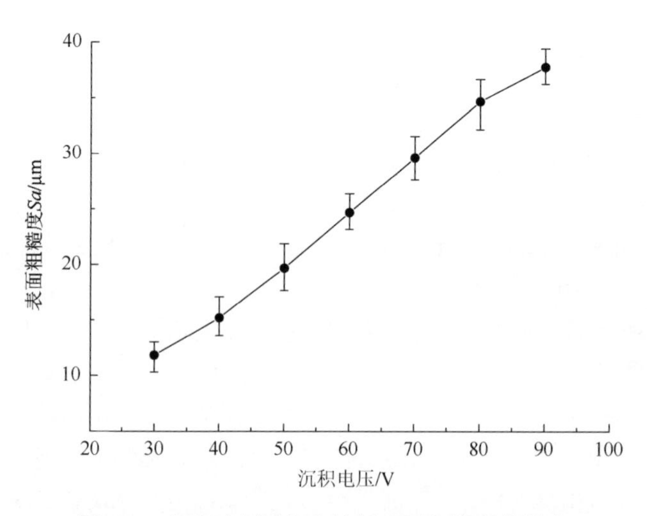

图 6.21　沉积电压对沉积涂层表面粗糙度的影响

产生该结果的原因是，电火花沉积工艺的气体介质氩气被电离产生电子流，熔融的金属液滴在重力、电场力、电子流冲力等综合作用下沉积到基体材料上，由 $E = 1/2CU^2$ 可知，沉积电压的大小会影响单次脉冲放电的能量。沉积电压增大，单次脉冲放电能量变大，当沉积电压为 30V、40V、50V 时，产生脉冲放电能量相对较小，瞬间释放能量较小，电极材料和基体材料的熔化质量较少，基体大部分区域都被金属熔融液滴所覆盖，涂层表面质量较好，表面形貌组织致密，无明显的凹坑和起伏现象。当沉积电压为 60V、70V、80V、90V 时，沉积涂层表面形貌发生巨大变化，有明显的凹坑和凸起现象，凹凸的区域呈波浪状，其他区域也有金属液滴堆叠的现象，这是因为沉积电压进一步增大，单次脉冲放电能量随之增大，使得电极材料熔化的质量增大，而熔融液滴体积变大，使得沉积涂层表面粗糙度也相应增大。因此，在保证能够实现电火花沉积加工要求时，尽量选择沉积电压为 30～50V。

2）沉积频率的影响

为了研究沉积频率对涂层表面粗糙度的影响，选取沉积电压为 50V，比沉积时间为 2min/cm^2，沉积频率分别为 150Hz、200Hz、250Hz、300Hz、350Hz、400Hz、450Hz 来进行试验，不同沉积频率下的沉积涂层表面三维形貌如图 6.22 所示。再进行沉积涂层表面粗糙度的测量，并绘制沉积涂层表面粗糙度随沉积频率的变化曲线，如图 6.23 所示。

图 6.23 所示的试验结果表明，随着沉积频率的增大，沉积涂层的表面粗糙度减小。当沉积频率为 150Hz 时，沉积涂层的表面粗糙度 Sa 达到最高值，为 41.954μm。当沉积频率为 450Hz 时，沉积涂层的表面粗糙度 Sa 达到最小值，为 12.086μm。通过表面形貌测试仪可以看出，当沉积频率为 150Hz 时，涂层表面平整区域较少，有较多的凹坑和凸起，金属液滴堆叠的现象比较明显，呈岛状。而随着沉积频率的逐渐增加，涂层表面平整区域面积变大，表面凸起和凹坑减少，

(a) 150Hz　(b) 200Hz　(c) 250Hz

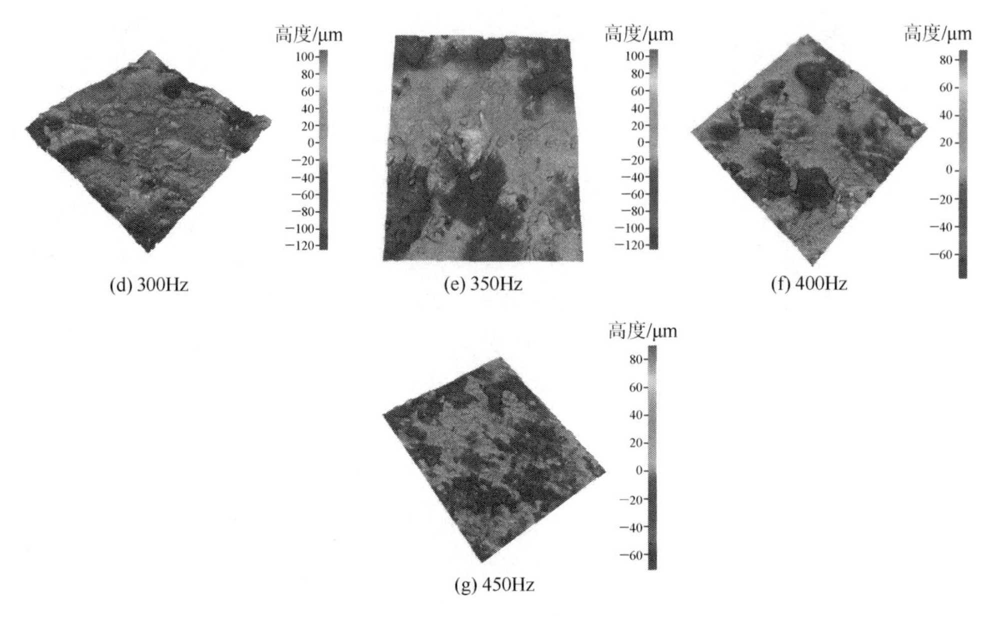

图 6.22　不同沉积频率下的沉积涂层表面三维形貌

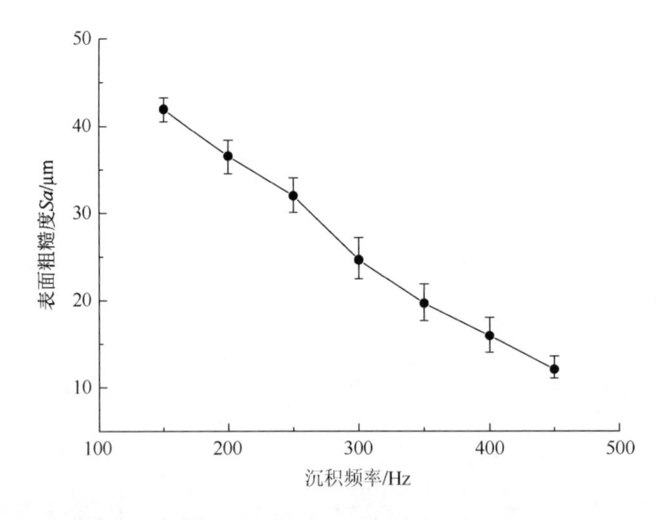

图 6.23　不同沉积频率对沉积涂层表面粗糙度的影响

金属液滴堆叠的现象不再明显，沉积涂层表面质量较好。从试验结果可以得出这样的结论：在其他钛合金表面电火花沉积加工工艺参数相同的情况下，随着沉积频率的增大，沉积涂层的表面粗糙度会降低。

产生该结果的原因是，沉积频率是单位时间内脉冲放电的次数，当沉积频率变大时，单位时间内的脉冲放电次数增加，但每次脉冲放电能量会变少，使得电极材料和基体熔化材料的质量降低，但电极材料熔化的速度加快，可以使熔化的金属液滴与下一次脉冲放电能量熔化的金属液滴搭接更加紧密，因此金属液滴彼此之间的空余部分减少。高沉积频率下的沉积涂层的空余部分较少，因此沉积涂层的表面质量较好，表面粗糙度较小。综上，在钛合金表面进行电火花沉积加工时，在满足沉积涂层厚度及加工要求的情况下，应尽量选择大的沉积频率。

3）比沉积时间的影响

前期试验发现，当比沉积时间为 7min/cm^2 时，涂层表面质量较差，呈现暗黑色，无法应用于实际生产中。因此，本节选取沉积电压为 50V，沉积频率为 350Hz，比沉积时间分别为 1min/cm^2、2min/cm^2、3min/cm^2、4min/cm^2、5min/cm^2、6min/cm^2 来进行试验，不同比沉积时间下的沉积涂层表面三维形貌如图 6.24 所示。再进行涂层表面粗糙度的测量，并绘制沉积涂层表面粗糙度随比沉积时间的变化曲线，如图 6.25 所示。

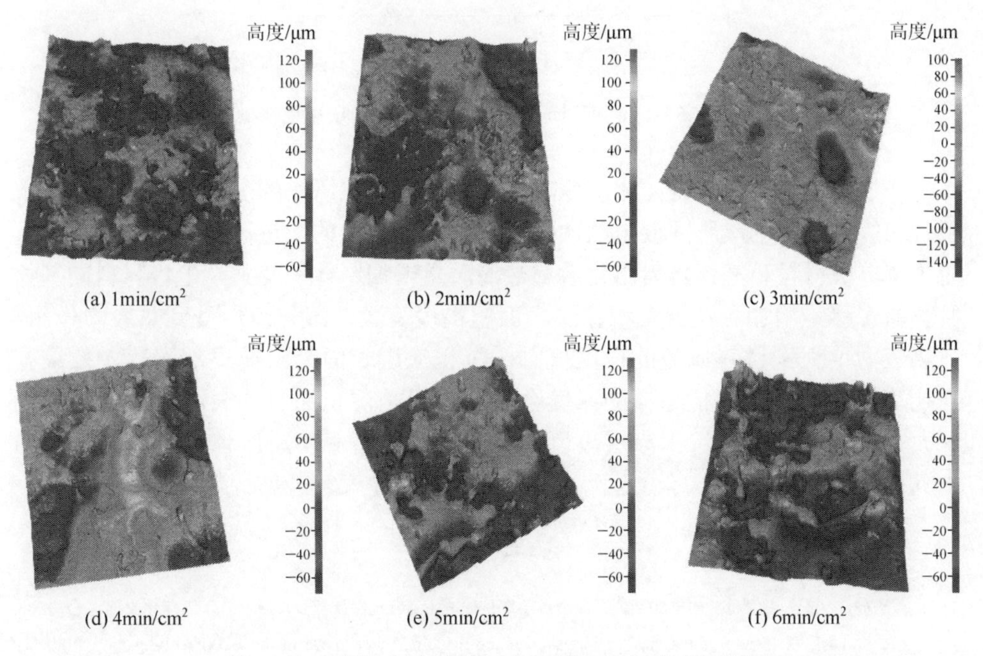

图 6.24　不同比沉积时间下的沉积涂层表面三维形貌

图 6.25 所示的试验结果表明，当比沉积时间为 1min/cm^2 时，沉积涂层表面粗糙度达到最小值，为 12.428μm，当比沉积时间为 6min/cm^2 时，沉积涂层表面粗糙度达到最大值，为 30.546μm。采用表面形貌仪观察可以发现，当比沉积时间为

$1min/cm^2$、$2min/cm^2$、$3min/cm^2$ 时，涂层表面较平整，无明显的金属液滴堆叠现象。当比沉积时间为 $4min/cm^2$、$5min/cm^2$、$6min/cm^2$ 时，涂层表面平整区域面积较小，有较多的凹坑和凸起，呈岛状，金属液滴堆叠现象较明显。试验结果表明：在其他钛合金表面电火花沉积加工工艺参数相同的情况下，比沉积时间越长，沉积涂层表面粗糙度越大。

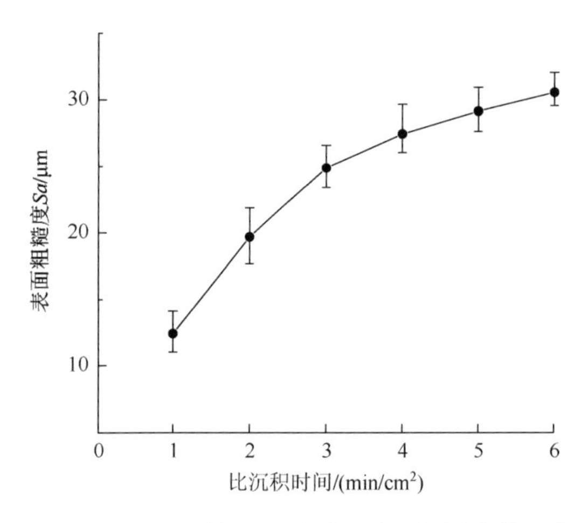

图 6.25　比沉积时间对沉积涂层表面粗糙度的影响

产生该结果的原因是，比沉积时间为单位面积上所需的沉积时间，随着比沉积时间的延长，单次脉冲放电的次数增加，脉冲放电的能量不断输入，产生大量的热使电极材料和基体材料熔化金属液滴质量增加，体积变大，电极材料向基体材料的转移量增加，使得沉积涂层表面粗糙度变大。沉积涂层受到热应力作用，当热应力增大到材料自身的极限值时，沉积涂层表面会出现局部剥落、裂纹和气孔等现象，这时沉积涂层的厚度会减小，但是沉积涂层的表面粗糙度会继续变大。因此，在保证沉积涂层厚度和表面质量的情况下，应该尽量选择较小的比沉积时间。

参 考 文 献

[1] 戴子尧，李骅登，吕学杰. 放电加工之表面裂纹敏感性研究[C]//台湾金属热处理学会九十五年论文研讨会，2006.

[2] Lee S H，Li X. Study of the surface integrity of the machined workpiece in the EDM of tungsten carbide[J]. Journal of Materials Processing Technology，2003，139（1-3）：315-321.

[3] 王振龙，赵万生. 微细电火花加工中电极材料的蚀除机理研究[J]. 机械科学与技术，2002（1）：128-130.

[4] 吕占竹，赵福令，杨义勇. 混粉电火花表面显微裂纹的研究[J]. 电加工与模具，2007（2）：9-12.

[5] 宋博岩，郭金全，胡富强，等. 难加工材料的电火花加工脉冲电源研究[J]. 电加工与模具，2006（5）：17-21.

[6] 刘媛，曹凤国，桂小波，等. 电火花加工放电爆炸力对材料蚀除机理的研究[J]. 电加工与模具，2008（5）：19-25.

[7] Cao F. A new technology of high speed machining polycrystalline diamond with increased electric discharge breakdown explosion force[C]//9th International Symposium for Electromachining ISEM IX，Nagoya，1989：309-312.
[8] Herrero A，Azcarate S，Rees A. et al. Influence of force components on thin wire EDM[C]//4th International Conference on Multi-Material Micro Manufacture（4M 2008），Cardiff，2008.
[9] 郑良桂. 电火花表面强化工艺[M]. 北京：机械工业出版社，1987.
[10] Gao W，Li Z，He Y. High temperature oxidation resistant coatings produced by electro-spark deposition[J]. Materials Science Forum，2001，369-372：579-586.
[11] 徐滨士，朱绍华. 表面工程的理论与技术[M]. 北京：国防工业出版社，2010.